病毒转基因技术原理

范雄林　主编

科学出版社

北京

内 容 简 介

本教材由来自全国 8 所高等院校和科研院所的专家学者合作编写完成。重点介绍了常用病毒的转基因技术原理、纯化制备技术和医学应用现状。力图结合对病毒基本生物学特性和新进展的介绍，讲透病毒转基因技术的基本问题，突出各种不同系统的优点，探讨了存在的问题和发展趋势。

本教材不仅可供医学研究生使用，还可作为相关专业的教师、科研和制药等行业工作者的参考书。

图书在版编目（CIP）数据

病毒转基因技术原理/范雄林主编. —北京：科学出版社，2015.1
ISBN 978-7-03-043064-9

Ⅰ. ①病… Ⅱ. ①范… Ⅲ. ①病毒–转基因技术–研究生–教材
Ⅳ. ①Q939.4

中国版本图书馆 CIP 数据核字（2015）第 013805 号

责任编辑：高　嵘/责任校对：朱光兰
责任印制：高　嵘/封面设计：苏　波

科 学 出 版 社 出版
北京东黄城根北街 16 号
邮政编码：100717
http://www.sciencep.com

武汉市科利德印务有限公司 印刷
科学出版社发行　各地新华书店经销
*
2015 年 1 月第 一 版　开本：787×1092 1/16
2015 年 1 月第一次印刷　印张：11
字数：243 000
定价：28.00 元
（如有印装质量问题，我社负责调换）

《病毒转基因技术原理》编委会

主 编 范雄林

编 委（以姓氏笔画为序）

王晓春（安徽理工大学）

石春薇（华中科技大学同济医学院）

叶嗣颖（华中科技大学同济医学院）

杨红枚（华中科技大学同济医学院）

张芳琳（第四军医大学）

范小勇（复旦大学附属上海市公共卫生临床中心）

范雄林（华中科技大学同济医学院）

周东明（中国科学院上海巴斯德研究所）

郑春福（苏州大学）

胡志东（复旦大学附属上海市公共卫生临床中心）

侯　炜（武汉大学）

徐　飚（华中科技大学同济医学院）

梁锦屏（宁夏医科大学）

程林峰（第四军医大学）

熊海蓉（武汉大学）

前　言

目前，随着科学研究的深入，社会和经济的高速发展，人类对生命的认识也在不断深入，对健康的需求也越来越高。以生物技术为基础的生命科学和医药卫生领域的研究，受到全社会的普遍关注。转基因技术，尤其是以病毒为基础的转基因技术，是目前生命科学和医学领域最核心和支柱性的基础技术，为推动相应领域基础研究的发展，甚至为人类疾病的防治，提供了全新的思路和技术手段。转基因技术正受到研究机构、产业界等的广泛重视。但由于潜在的生物安全问题，转基因技术在基因治疗和疾病预防领域带来的新问题，也受到各国政府、一些非政府组织、甚至普通百姓的关注和重视。

中国的科学研究也同其经济一样，正处在快速的发展阶段。对新型技术的全面介绍，有利于人们学习、消化、吸收和创新，甚至形成"后发优势"。随着分子克隆技术的发展，20 世纪 80 年代出现的基因转移技术，正成为分子医学的一种革命性的技术手段，并已成为治疗许多遗传性和获得性疾病的潜在希望。2003 年，我国国家食品药品监督管理局（SFDA）批准了全球第一种复制缺陷型 AdHu5 载体表达抑癌蛋白 p53 治疗头颈部恶性肿瘤的基因治疗药物"今又生"上市。2005 年，以复制型 AdHu5 溶瘤载体表达 p53 制成的 H101 用于治疗头颈部肿瘤，再获得 SFDA 批准上市。这些产品的上市，奠定了我国在以病毒载体为基础的基因治疗领域的领先地位。迄今，全球进行的基因治疗临床试验方案多达 1900 种。2009 年 12 月 18 日出版的 Science 杂志将 "Return of Gene Therapy" 作为年度重大的科学突破之一。2012 年年底，欧盟批准以 rAAV-1 介导的脂蛋白脂肪酶（lipoprotein lipase，LPL）基因药物 Glybera 正式上市，能修复患者脂蛋白脂肪酶缺陷并降低体内的甘油三酯，成为发达国家第一种基因治疗药物。结合上述背景，2012 年，华中科技大学启动了研究生高水平国际化课程的建设项目，提出了《病毒转基因技术原理》的教材建设和教学计划，并有幸邀请到来自国内相关高校和科研院所的长期在科研一线从事相关病毒研究的中、青年学者，在我校的研究生中开设病毒转基因技术课程。本书由参与教学的各位学者依据各自的讲稿撰写而成。共分为十二章。包括转基因技术概述，以 DNA 病毒载体、RNA 病毒载体和杂合病毒载体为基础的转基因技术原理，纯化制备技术和医学应用，以及涉及的生物安全和医学伦理问题。最后附加了相对重要的网址便于进一步学习参考。本书较为全面翔实地介绍了不同种类病毒载体的转基因技术原理、医学应用的现状及未来的发展趋势，可供大专院校相关专业的师生作为教学和科研的参考用书，也对从事相关研究、生产和管理的有关人员具有较大的参考价值。希望本书的出版，有益于进一步推动我国病毒转基因技术制药和疫苗的研究开发及产业化进展。

特别感谢参与编写的编委会成员，他们绝大多数在海外留学工作过，并在学术上取得了显著的成绩，是各单位的骨干，承担着繁重的教学科研任务，为本书的反复修改和完成付出了大量的心血和精力。华中科技大学同济医学院病原生物学系研究生马记磊、张京燕、谭昆、滕新栋、袁雪峰和田茂鹏等对本书所有的图、表和参考文献等进行了格式修订和编排。华中科技大学基础医学院施静副院长、研究生办吴文珊主任和华中科技大学研究生院廖启靖主任等领导为本书的出版提供了大力的支持和帮助。特别感谢华中科技大学研究生院和卫生部"十二五"传染病防治重大专项为本书的出版提供的资助。

限于篇幅，很多医学应用的内容未能写入，由于编者水平有限，各位作者专长不同，所编写的各章节的语言风格和结构难以统一，书中难免存在不足之处，恳请批评指正（作者邮箱：xlfan@hust.edu.cn）。

范雄林

2014 年 1 月于武汉

目　　录

前言

第一章　转基因技术概述……………………………………………… 1

　　一、常见的基因转移方式 ……………………………………………… 1

　　二、基因转移入真核细胞的方法 ……………………………………… 2

　　　　复习思考题 …………………………………………………………… 10

　　参考文献 ………………………………………………………………… 10

第二章　腺病毒 …………………………………………………………… 11

　　第一节　腺病毒简介 …………………………………………………… 11

　　　　一、生物学特性 ……………………………………………………… 11

　　　　二、致病性与免疫性 ………………………………………………… 14

　　　　三、微生物学检测方法 ……………………………………………… 14

　　第二节　腺病毒载体转基因技术原理 ………………………………… 15

　　　　一、腺病毒载体的发展 ……………………………………………… 15

　　　　二、腺病毒载体的构建策略 ………………………………………… 17

　　第三节　腺病毒载体的医学应用 ……………………………………… 19

　　　　一、腺病毒载体介导的基因治疗 …………………………………… 19

　　　　二、基于腺病毒载体的新型候选疫苗 ……………………………… 21

　　　　三、展望 ……………………………………………………………… 24

　　　　　复习思考题 ………………………………………………………… 25

　　参考文献 ………………………………………………………………… 25

第三章　腺相关病毒 ……………………………………………………… 27

　　第一节　腺相关病毒简介 ……………………………………………… 27

　　　　一、生物学特性 ……………………………………………………… 27

　　　　二、致病性与免疫性 ………………………………………………… 33

　　第二节　腺相关病毒载体转基因技术原理 …………………………… 33

　　　　一、蛋白质表达型腺相关病毒载体 ………………………………… 33

　　　　二、基因打靶型腺相关病毒载体 …………………………………… 38

　　　　三、rAAV 的纯化和定量 …………………………………………… 38

　　第三节　腺相关病毒载体的医学应用 ………………………………… 39

　　　　一、血友病 B ………………………………………………………… 40

　　　　二、囊性纤维化 ……………………………………………………… 40

　　　　三、视网膜疾病 ……………………………………………………… 40

　　　　四、帕金森病和阿尔茨海默病 ……………………………………… 40

　　　五、肿瘤 …………………………………………………………………… 41

　　　六、其他疾病 ………………………………………………………………… 41

　　　七、基因打靶 ………………………………………………………………… 41

　　　八、展望 …………………………………………………………………… 41

　　　复习思考题 ………………………………………………………………… 42

　　参考文献 ……………………………………………………………………… 42

第四章　Ⅰ型单纯疱疹病毒 …………………………………………………… 44

　第一节　Ⅰ型单纯疱疹病毒简介 ……………………………………………… 45

　　　一、生物学特性 ……………………………………………………………… 45

　　　二、致病性与免疫性 ……………………………………………………… 47

　　　三、微生物学检测方法 …………………………………………………… 47

　　　四、防治原则 ……………………………………………………………… 48

　第二节　HSV-1 载体转基因技术原理 ……………………………………… 48

　　　一、扩增子载体 …………………………………………………………… 49

　　　二、复制缺陷型载体 ……………………………………………………… 50

　　　三、复制减毒型载体 ……………………………………………………… 51

　　　四、重组 HSV-1 病毒粒子的纯化和定量 ………………………………… 51

　第三节　HSV-1 载体的医学应用 …………………………………………… 52

　　　一、溶瘤性治疗 …………………………………………………………… 52

　　　二、疫苗开发的应用 ……………………………………………………… 54

　　　三、治疗慢性疼痛 ………………………………………………………… 55

　　　四、展望 …………………………………………………………………… 56

　　　复习思考题 ………………………………………………………………… 57

　　参考文献 ……………………………………………………………………… 57

第五章　莫洛尼氏鼠白血病病毒 ……………………………………………… 60

　第一节　莫洛尼氏鼠白血病病毒简介 ………………………………………… 60

　　　一、生物学特性 …………………………………………………………… 60

　　　二、致病性与免疫性 ……………………………………………………… 63

　　　三、临床体征 ……………………………………………………………… 65

　　　四、诊断与防治 …………………………………………………………… 65

　第二节　莫洛尼氏鼠白血病病毒载体转基因技术原理 ……………………… 66

　　　一、构建原理 ……………………………………………………………… 66

　　　二、逆转录病毒载体结构 ………………………………………………… 68

　　　三、包装 …………………………………………………………………… 69

　　　四、重组病毒制备 ………………………………………………………… 70

　第三节　莫洛尼氏鼠白血病病毒载体的医学应用 …………………………… 71

　　　一、制备转基因动物 ……………………………………………………… 71

二、RNA 干扰 ……………………………………………………………… 71

三、肿瘤治疗 ……………………………………………………………… 72

四、基因治疗 ……………………………………………………………… 72

复习思考题 ………………………………………………………………… 72

参考文献 …………………………………………………………………… 72

第六章　慢病毒 …………………………………………………………… 75

　第一节　HIV-1 病毒简介 ………………………………………………… 75

　　一、生物学特性 ………………………………………………………… 75

　　二、致病性与免疫性 …………………………………………………… 78

　　三、微生物学检测方法 ………………………………………………… 78

　第二节　慢病毒载体转基因技术原理 …………………………………… 79

　　一、以 HIV-1 为基础的慢病毒载体组成 ……………………………… 79

　　二、慢病毒载体创新设计的安全性考虑 ……………………………… 83

　　三、重组慢病毒的产生 ………………………………………………… 84

　　四、慢病毒载体制备的浓缩方法 ……………………………………… 85

　第三节　慢病毒载体的医学应用 ………………………………………… 87

　　一、功能基因组学 ……………………………………………………… 87

　　二、转基因动物 ………………………………………………………… 87

　　三、细胞工程 …………………………………………………………… 88

　　四、基因治疗 …………………………………………………………… 88

　　复习思考题 ……………………………………………………………… 89

　参考文献 ………………………………………………………………… 89

第七章　痘病毒 …………………………………………………………… 92

　第一节　痘病毒简介 ……………………………………………………… 92

　　一、生物学特性 ………………………………………………………… 92

　　二、致病性与免疫性 …………………………………………………… 94

　　三、微生物学检测方法 ………………………………………………… 97

　　四、治疗与预防 ………………………………………………………… 97

　第二节　痘病毒载体转基因技术原理 …………………………………… 98

　　一、常用的痘病毒载体 ………………………………………………… 98

　　二、构建原理 …………………………………………………………… 98

　　三、重组痘病毒鉴定、纯化和定量 …………………………………… 100

　　四、重组痘病毒的安全操作 …………………………………………… 101

　第三节　痘病毒载体的医学应用 ………………………………………… 102

　　一、新一代抗天花疫苗/疫苗载体 ……………………………………… 102

　　二、预防传染病 ………………………………………………………… 104

　　三、肿瘤基因治疗 ……………………………………………………… 105

四、展望 ···106

复习思考题 ··107

参考文献 ···107

第八章 杆状病毒 ···109

第一节 杆状病毒简介 ···109

一、分类 ···109

二、病毒结构 ···110

三、病毒复制 ···113

第二节 杆状病毒载体转基因技术原理 ·······························114

一、杆状病毒表达系统的基本特征 ·····································114

二、杆状病毒表达系统基本原理及构建原则 ·························115

三、杆状病毒表达系统重要技术要点 ··································116

四、杆状病毒表达系统的改进 ···120

第三节 杆状病毒载体的医学应用 ·······································122

一、表达外源蛋白 ··122

二、杆状病毒表面展示 ···122

三、基因治疗 ···122

四、抗体与疫苗 ···123

五、基因工程病毒杀虫剂 ···124

六、展望 ···125

复习思考题 ··125

参考文献 ···125

第九章 甲病毒 ···127

第一节 甲病毒简介 ···127

一、生物学特性 ···127

二、致病性 ···128

第二节 甲病毒载体转基因技术原理 ·····································129

一、甲病毒表达载体的构建 ··129

二、甲病毒表达载体的转染 ··130

第三节 甲病毒载体的医学应用 ···131

一、蛋白质表达 ···131

二、肿瘤疫苗与肿瘤治疗 ···132

三、靶向性基因治疗 ···134

四、展望 ···135

复习思考题 ··135

参考文献 ···135

第十章　仙台病毒 ···137
　第一节　仙台病毒简介 ···137
　　一、生物学特性 ···137
　　二、致病性与免疫性 ···139
　　三、微生物学检测方法 ···139
　第二节　仙台病毒载体转基因技术原理 ···139
　　一、构建原理 ···140
　　二、发展方向 ···141
　第三节　仙台病毒载体的医学应用 ···142
　　一、减毒活疫苗 ···142
　　二、治疗肢端缺血 ···142
　　三、治疗肿瘤 ···143
　　四、细胞核重编程诱导多能干细胞 ···143
　　五、其他应用 ···144
　　复习思考题 ···144
　参考文献 ···144

第十一章　生物安全 ···146
　第一节　生物安全实验室与转基因生物安全 ···146
　　一、生物安全实验室 ···146
　　二、病原微生物分类 ···147
　　三、实验室转基因技术生物安全 ···150
　第二节　基因治疗生物安全 ···151
　　一、载体安全性 ···152
　　二、表达产物安全性 ···154
　　三、关于基因治疗和病毒载体活疫苗生物安全的要求 ·····································155
　　复习思考题 ···155
　参考文献 ···155

第十二章　临床试验伦理 ···157
　　一、基因治疗的伦理学问题 ···157
　　二、病毒载体疫苗的伦理学问题 ···159
　　复习思考题 ···161
　参考文献 ···161

附录　常用的网址 ···163

第一章　转基因技术概述

在自然界，生命的种类繁多且复杂。尽管生命的遗传性状在不同种类或同种不同个体间是有差异的，但相对稳定。在特定的条件下，遗传性状可因突变、基因转移（gene transfer）等而发生不同程度的改变。基因转移现象在自然界的生物体中非常常见。在原核细胞型微生物，基因的转移常采用转化、接合、转导、溶源性转换和原生质体融合等方式进行，可赋予受体生物新的生物学性状，如形态结构、耐药性、毒力和抗原性等的改变。而在非细胞型微生物，如病毒，可发生病毒基因组之间的重组和重配，或基因产物的互补和表型混合等；此外，部分肿瘤相关病毒的基因组可以整合到病毒感染的宿主细胞染色体中，造成宿主细胞基因组发生变异，甚至恶性转化。转基因技术，就是基于自然界中常见的基因转移现象，人为地加以利用，用于不同生命体之间基因转移，尤其是将外源基因转移入真核细胞，用以研究生命科学的基本现象和机制、基因工程产品制备、基因治疗、疾病预防和动物模型制备等，为人类的健康事业做出贡献。

一、常见的基因转移方式

（一）转化

早在 1928 年，Frederick 在研究肺炎链球菌时，最先报道了细菌的转化（transformation）现象。将有荚膜的、菌落呈光滑（S）型的Ⅲ型肺炎链球菌注射至小鼠体内，小鼠死亡，从死鼠血中可分离到Ⅲ型肺炎链球菌。将无荚膜的、菌落呈粗糙（R）型的Ⅱ型肺炎链球菌，或将ⅢS 型菌加热杀死后再注射小鼠，则小鼠存活。但如将热杀死的ⅢS 型菌与活的ⅡR 型菌混合在一起注射小鼠，则小鼠死亡，并从死鼠血中分离出活的ⅢS 型菌。这表明活的ⅡR 型菌从死的ⅢS 型菌中获得了产生ⅢS 型菌荚膜的遗传物质，使活的ⅡR 型菌转化为ⅢS 型菌。1944 年，Avery 等用提取的ⅢS 型菌的 DNA 片段代替热杀死的ⅢS 型菌，与活的ⅡR 型菌一起注射小鼠，仍导致小鼠死亡，且从死鼠血中分离到ⅢS 型菌。终于证实引起ⅡR 型菌转化的物质是ⅢS 型菌的 DNA。这就是著名的小鼠体内肺炎链球菌的转化实验。

现在，转化因此而被定义为：受体菌直接摄取供体菌游离的 DNA 片段，并将其整合到自己菌体基因中去，从而使受体菌获得供体菌新的遗传性状的过程。转化可以分为自然转化和人工转化两种。自然转化强调的是细菌只要处于感受态（competence）这一特殊的生理状态，即可摄取外源的线性染色体 DNA 分子和质粒。感受态的出现时间和持续时间因菌种而异。除肺炎链球菌外，其他细菌如流感嗜血杆菌、葡萄球菌和芽孢杆菌等均具有自然转化的能力。人工转化则是通过人为的方法，如低温 $CaCl_2$ 法诱导细菌处于感受态，使细菌具有摄取 DNA 的能力，或电穿孔法人为地将 DNA 导入菌体内，为不具有自然转化能力的很多细菌提供了一条获取外源 DNA 的途径，并且也是目前基因工程的基础技术之一。

（二）转导

1951年，Joshua和Norton发现了噬菌体介导的基因转移方式——转导（transduction）。用两株具不同的多重营养缺陷型的鼠伤寒沙门氏菌混合培养后，基本培养基上长出原养型菌落，证实了该菌中存在重组现象。继续用 Davis 的"U"形管实验证实这一过程是否需要细胞间的直接接触。"U"形管中间隔有滤板，只允许培养基通过而细菌不能通过。其两臂装入完全培养基，将两株营养缺陷型菌株分别接种到"U"形管两臂进行培养后，在供体和受体细菌不接触的情况下，同样出现原养型细菌。表明这一重组过程并不需要细菌的直接接触。仔细检查后发现所用的沙门氏菌 LT22A 是携带 P22 噬菌体的溶源性细菌，另一株是非溶源性细菌，因此可透过"U"形管滤板的应该是 P22 噬菌体并进行着基因的传递。

现在，转导被定义为以温和噬菌体为媒介，将供体菌的 DNA 片段转移到受体菌内，使受体菌获得新的遗传性状的过程。转导在革兰氏阳性和革兰氏阴性细菌均可发生。依据噬菌体和宿主菌关系，可把噬菌体分为毒性噬菌体和温和噬菌体。只有温和噬菌体能介导细菌的转导。根据 DNA 片段涉及的范围，转导可分为普遍性转导和局限性转导两种。普遍性转导是指噬菌体可以转导供体菌染色体的任何部分到受体菌中；而局限性转导是指噬菌体只能携带前噬菌体整合在染色体两侧的基因片段到受体菌中。

（三）转染

通常，感染（infection）被定义为病原体通过自然的途径进入动物或人体，突破宿主的防御机制并引起不同程度的病理过程。在感染涉及的病原体中，病毒是非常具有特征性的一类病原体，属于非细胞型微生物，在自然界的分布非常广泛，可在人、动物、植物、昆虫、真菌和原核细胞型微生物中寄居并引起感染。病毒体积微小，结构非常简单，仅含一种类型的核酸，因此必须在活细胞内寄生以完成其复制周期。利用病毒专一性活细胞寄生及部分病毒整合感染的特点，对病毒的基因组进行分子遗传学改造，设计出基因工程病毒载体。这种利用病毒载体将外源基因转移入真核细胞的过程称转染（transfection），以便与病毒的自然感染过程相区别（图 1-1）。近年来，转染的广义概念是指外源基因通过非病毒载体转基因技术（物理、化学方法）或病毒载体转基因技术的方法进入真核细胞的过程。

二、基因转移入真核细胞的方法

（一）基因转移入真核细胞的影响因素

原核生物如细菌，为了防止外源 DNA 的入侵，其体内的限制性内切核酸酶会将外源 DNA 水解成不同的片段，而同时对自己的核酸相应的酶切位点进行甲基化修饰，保护自己的基因不受自己酶的破坏，这就是细菌的限制-修饰系统（restriction-modification system）。如果是质粒参与的基因转移，依据质粒复制时对宿主的依赖程度，可分为窄宿主谱质粒和宽宿主谱质粒；两种以上的质粒在同一宿主中还存在相容性和不相容性的

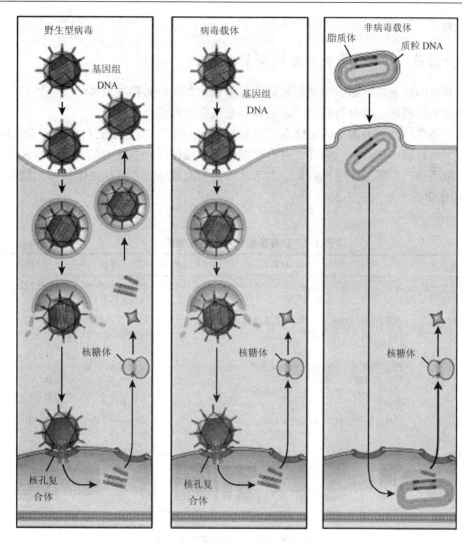

图 1-1　野生型病毒的自然感染、病毒载体转染和质粒经化学法介导的转染

问题，这些因素会影响质粒在宿主菌中的稳定性。外源基因进入受体菌，必须依赖 RecA 蛋白与受体细菌同源序列之间发生同源重组；或不依赖 RecA 蛋白和同源序列发生非同源重组，从而让受体菌获得新的遗传性状。

外源基因进入真核细胞的影响因素与上述原核生物有显著差别。真核细胞具有不同的膜样结构，如细胞膜将细胞与外环境隔离开来，只允许特定的物质进行膜内外的交换；细胞核膜将细胞核和细胞内环境隔离开来；细胞器膜将细胞内环境的不同功能空间隔离开来。因为外源基因的化学性质是 DNA，为大分子质量的物质，并且对核酸酶非常敏感。外源基因进入真核细胞，要突破三大障碍因素。首先是必须到达细胞膜的表面，其次是如何突破细胞膜进入细胞质，最后是如何进入细胞核并启动外源基因的表达。理想的转基因技术方法必然包括以下几个方面：能够保护外源基因不被核酸酶降解、能输送外源基因到达细胞膜表面、有利于外源基因跨过细胞膜并促进其进入细胞核。

（二）外源基因转移入真核细胞的类型和方法

外源基因进入真核细胞的类型包括质粒型载体和病毒颗粒型载体两类，后者即病毒介导的转基因技术，可分为假型病毒载体和重组型病毒载体两种。

质粒型载体是将外源基因克隆入含有真核细胞（病毒）复制子的真核细胞表达质粒，既可在大肠杆菌中传代，也能在允许真核细胞中以染色体外质粒的形式复制和表达外源基因，但不会产生感染性病毒颗粒。对于这种类型的载体进入真核细胞，常用物理（表1-1）和化学的方法（表1-2）。

表 1-1　介导基因转移常用的物理方法

物理方法	原理	材料	DNA 用量	优点	缺点
传统的针头注射	外力	注射器	高	便宜、简单，便于应用于临床	效率比较低
显微注射	细胞内注射 DNA	显微镜和显微注射针	低	适用于细胞水平的研究，不易降解	步骤烦琐，不适用于临床，专业技术要求高
粒子轰击	高压气体使微小的载体加速	不同的加速装置	低	对靶组织有很高的效率	需要很多的设备和步骤
电穿孔	电脉冲	电穿孔仪	低	高转染效率	未得到广泛认可
流体动力学	流体动力学的力量	特殊的注射器	中等	简单易于使用、转染效率高	组织局限性
包裹微球	胶囊化的微球包裹 DNA		中等	控制下投递和释放	制备的质量控制
超声	超声仪超声	超声仪	中等偏低	安全、组织损伤小	技术不断发展、经验有限

表 1-2　介导基因转移常用的化学方法

公司	产品	组成
Amersham-Biosciences	CellPhect transfection Kit	$CaPO_4$ or DEAE-Dextran
Bio-Rad Labs	CytoFectene Transfection Reagent	Cationic lipid
BD Biosciences-CLOMTECH	CLONfectin™	Cationic lipid
	CalPhos™	Calcium phosphate
CPG Inc.	GeneLimo™ Transfection Reagent Plus	Polycationic lipids+lipid compound
	GeneLimo™ Transfection Reagent Super	Polycationic lipids+lipid compound
Gene Therapy Systems	GenePORTER™	DOPE+Proprietary compounds
	GenePORTER™ 2	Proprietary material
	BoosterExpress™ Reagent Kit	Proprietary material
	PGene Grip™ Vector/Transfection Systems	GenePORTER+plasmid vector
Glen Research	Cytofectin GS	Cationic lipid

续表

公司	产品	组成
Invitrogen	LipofectAMINE 2000™ Reagent	Polycationic lipid
	LipofectAMINE PLUS™ Reagent	Polycationic lipid（DOSPA：DOPE）
	LipofECTIN® Reagent	Cationic lipid（DOSPA：DOPE）
	Transfection Reagent Optimization System	LipofectA MINE PLUS™+Lipofectin®+ CellFectin®+DMRIE
	CellFectin® Reagent	Cationic lipopolyamine
	OligofectA MINE™ Reagent	Proprietary
InvivoGen	Lipo Vec™	Cationic phosphonolipids
	LipoGen™	Non-liposomal lipid
MBI Fermentas	ExGen 500	Cationic polymer
	ExGen 500 *in vivo* delivery agent	Cationic polymer
Novagen	GeneJuice™ Transfection Reagent	Proprietary polyamine
PanVera Corporation	TransⅡ®-TKO Reagents	Polyamine®
	TransⅡ®-LT-1 and LT-2	Polyamine®
	TransⅡ® Express Transfection Reagent	Polyamine®
	TransⅡ® PanPack	Polyamine+cationic lipid®
	TransⅡ®-Insecta	Cationic lipid®
	TransⅡ®-293	Polyamine®
	TransⅡ®-Keratinocyte	Polyamine
Promega	TransFAST™ Transfection Reagent	Cationic lipid
	Tfx™-10，-20，and -50 Reagents	Cationic lipid
	Tfx™ Reagents Transfection Trio	Cationic lipid
	Transfectam® Reagent	Cationic lipid
	ProFection® Mammalian Transfection System	DEAE-Destran or calcium phosphate
Qbiogene	GeneSHUTTLE™-20 and-40 Reagents	Polycationic lipids
	In vivo GeneSHUTTLE™ Reagent	Liposome-mediated DOTAP：Chol.
	DuoFect™ Reagent System	Receptor-mediated endocytosis
	Calcium Phosphate transfection kit	Calcium phosphate
Qiagen	TransMessenger™ Transfection Reagent	Proprietary lipid
	SuperFect® Transfection Reagent	Activated dendrimer
	Effectene™ Transfection Reagent	Nonliposomal lipid
	Transfection Reagent Selector Kit	Dendrimer+nonliposomal lipid
	PolyFect® Transfection Reagent	Activated dendrimer
Roche Applied Science	FuGENE 6 Transfection Reagent	Nonliposomal proprietary lipid
	X-tremeGENE Ro-1539 Transfection Reagent	Proprietary lipid
	X-tremeGENE Q2 Transfection Reagent	Proprietary lipid
	DOSPAP	Polycationic lipid

公司	产品	组成
	DOTAP	Cationic lipid
Sigma-Aldrich Corporation	DEAE-Dextran Transfection Reagent	DEAE-Dextran
	Calcium Phosphate Transfection Kit	Calcium phosphate
	Escort™, -Ⅱ, -Ⅲ and -Ⅴ	Cationic lipid
	In vivo Liposome Transfection Reagents	Cationic lipid
Cell & Molecular Technologies	Mammalian Cell Transfection Kit	Calcium phosphate
	Transient Expression Kit	DEAE-Dextran
Stratagene	Lipo Taxi®	Cationic lipid
	Mammalian Transfection Kit	Calcium phosphate+DEAE-Dextran
	MBS Mammalian Transfection Kit	Modified calcium phosphate
	Primary Enhancer™ Reagent	Lipid+calcium phophate
	GeneJammer™	Proprietary polyamine
Wako USA	Genetransfer®	Cationic liposomes

假型病毒载体是指经过克隆在载体上的病毒基因组，仅保留了病毒复制和包装所必需的所有顺式作用基因，其余基因为外源基因的表达读框代替。在这些含有外源基因的重组病毒质粒转染表达病毒结构蛋白的包装细胞系或有辅助病毒存在的情况下，可以包装出假型病毒。这种假型病毒在未改变组织细胞嗜性的情况下，具有与野生型病毒相同的组织细胞感染性，但其一般不具备野生型病毒的复制能力，是复制缺陷型病毒，其复制扩增需要辅助病毒的参与或感染表达病毒结构蛋白的包装细胞系。

重组型病毒载体是通过将外源基因的表达读框克隆入一个转移载体，在该转移载体外源基因表达读框的两端已经克隆了部分病毒的非必需编码基因。构建的携带外源基因的转移质粒转染野生型病毒感染的细胞，可在细胞内发生基因重组和置换，导致野生型病毒的某一基因被外源基因表达读框插入失活，并通过外源基因的表达提供表型筛选标记，从而获得具有新性状的感染性病毒颗粒。

建立上述两种病毒颗粒型载体的过程中，均需要用携带外源基因表达读框的质粒转染细胞，仍采用物理或化学的方法进行。而一旦构建好携带外源基因表达读框的病毒颗粒型载体，它们均具有感染性，能利用本身与细胞表面特异的受体结合而将外源基因的表达读框带入细胞内，整合到细胞染色体中，或在染色体外以附加子形式存在，建立稳定的或瞬时的外源基因的表达。这种方式与物理、化学方法的优缺点比较见表 1-3。

表 1-3　不同类型转基因技术方法的优缺点比较

转基因技术方法	优点	缺点
生物学方法（病毒载体介导法）	转染效率高	复杂的生产程序
	适合全身应用	产品的高质量控制
	具有靶向组织细胞能力	高成本
		机体预存在的免疫力可以干扰载体

续表

转基因技术方法	优点	缺点
化学方法	易转染培养细胞 生产简单 易保存 基因大小不受限制	低温保存 安全问题 难以生产稳定产品 临床应用少
物理方法	基因大小不受限制 常离体应用，局部应用高效 非特定细胞型 操作程序易标准化	需要特殊设备

　　理论上，任何一种病毒均可以用于构建基因转移载体。目前研究应用最多的主要有腺病毒载体、腺相关病毒载体、单纯疱疹病毒载体、逆转录病毒载体、慢病毒载体、痘病毒载体、杆状病毒载体、鼠白血病病毒载体、甲病毒载体及仙台病毒载体等。其他的如流感病毒、麻疹病毒、EB 病毒、CMV 病毒、新城疫病毒（NDV）、水泡性口炎病毒（VSV）和脊髓灰质炎病毒等，也都被相继开发成为病毒载体的研究对象。在此基础上，还可充分利用各自不同的优势，构建杂合型病毒载体。本书重点讲解常用的病毒载体转基因技术，其优缺点的比较见表 1-4。

表 1-4　不同类型病毒载体的优缺点比较

分类	DNA 病毒载体					RNA 病毒载体			
	腺病毒载体	腺相关病毒载体	单纯疱疹病毒载体	痘病毒载体	杆状病毒载体	鼠白血病病毒载体	慢病毒载体	甲病毒载体	仙台病毒载体
优点	外源基因容量大（6～36kb）；不整合到宿主染色体中，安全性高；宿主范围广谱，可感染包括分裂期和静止期细胞在内的不同类型的人和多种哺乳动物细胞；易于制备和纯化；病毒滴度高达 10^9pfu/ml	外源基因可整合到人细胞基因组中可同时表达多基因；不能整合到细胞基因组中；宿主范围广谱，载体大量哺乳动物和鸟类的分裂细胞和非分裂细胞；无致病性，安全性好；病毒滴度高达 10^{10}pfu/ml，易于制备和纯化	载体容量大（30～50kb），并可同时表达多基因；可能整合到细胞基因组中；宿主范围广谱，包括载体大量哺乳动物和鸟类的分裂细胞和非分裂细胞，对神经系统有天然的亲嗜性，并能在神经元细胞中建立长期稳定的隐性感染	载体容量大（25～40kb），并可同时表达多基因；宿主范围广谱，能感染几乎所有哺乳动物细胞；不会整合到宿主细胞基因组中，安全性好	载体容量大（38kb），并可同时表达多基因；只能感染昆虫宿主，在人体细胞内不能复制；生物安全性高且无细胞毒性；外源蛋白的表达水平高达细胞总蛋白的50%	插入外源基因的容量相对较大（10kb）能够有效整合到靶细胞的基因组中；感染病毒种类广谱，效率高，病毒滴度较高（10^6～10^7pfu/ml）	可将外源基因有效地整合到人宿主细胞染色体上；长期稳定地表达；可有效地感染受精卵、神经元细胞、干细胞等多种类型的细胞；对分裂期和非分裂细胞均能感染；不易诱发宿主免疫反应	不易与宿主基因组整合；宿主范围广谱，感染哺乳动物及非哺乳动物的细胞系、原代细胞培养物，嗜神经元特性；机体对甲病毒载体自身的免疫反应较低	不会与宿主DNA发生整合，安全性高；宿主范围广谱；可在多种细胞内获得较强的基因表达

续表

分类	DNA 病毒载体					RNA 病毒载体			
	腺病毒载体	腺相关病毒载体	单纯疱疹病毒载体	痘病毒载体	杆状病毒载体	鼠白血病病毒载体	慢病毒载体	甲病毒载体	仙台病毒载体
缺点	潜在产生复制能力的腺病毒；缺乏靶向性；基因表达时间短；宿主对载体的免疫反应较强	载体的容量相对较小(4.5kb)；与宿主染色体的整合是一种随机整合	仅能瞬时表达；细胞毒性	免疫反应弱；病毒用量大；制备病毒的滴度低	表达产物的纯化困难	随机性的整合会造成表达的不确定性和潜在致瘤危险性	潜在的生物安全性和遗传毒性	转染效率比较低；稳定性差；细胞毒性；仅能在体内瞬时表达	包装容量小(3.4kb)；细胞融合毒性；宿主对载体的免疫反应较强

（三）构建外源基因的基本要素

要将外源基因介导进入真核细胞，必须对外源基因按照真核细胞基因表达调控的要求进行构建，代表性的表达读框构建如图 1-2 所示。其基本要素包括 3 个方面：转录控制元件、翻译控制元件和病毒复制包装信号（表 1-5）。前两者可用细胞基因组的序列，但常用来自病毒的序列。

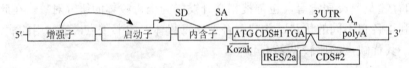

图 1-2　代表性的两个外源基因共表达的构建策略图

SD. splice donor，剪接供体；SAC. splice acceptor，剪接受体；CDS. 编码序列；Kozak 序列. CCACCATG

表 1-5　构建外源基因表达的关键序列

名称	长度/bp	GenBank 登录号	序列	注解
CMV 立即早期启动子	42	X03922	CCATTGCATACGTTGTATC CATATCATAATATG…	在各种组织中高表达
增强子			CGGGACCGATCCAGCCTCC	增强子起始 454bp，可与异源启动子连用
鼠 PGK 启动子	513	M18735	AATTCTACCGGGTAGGGGAGGCG… CATCTCCGGGCCTTTCGACCT	在各种细胞适量稳定表达
人 EF1α 启动子	1169	HUMEF1a	CGTGAGGCTCCGGTGCCC… TTTTTCTTCCATTTCAG	在广泛组织高稳定表达
人肝源性 ApoE 启动子	192	HSU32510	CCCTAAAATGGGCAAACATTGCA… GCGTGGTTTAGGTAG TGTGAGAGGG	肝特异性强增强子，和人抗胰蛋白酶 α-1 启动子用于组成 LP1 肝特异性启动子
人抗胰蛋白酶 α-1 启动子	256	HUMAIATP	AATGACTCCTTTCGGTAAG TGCAGGTG…CACCACTGACCTGGG ACAGTGAATC	肝特异性增强子，和人肝源性 ApoE 用于组成 LP1 肝特异性启动子
大鼠突触启动子	1108	RATSYNIA	GGGTTTTGGCTACGTCCAGAGC… ACCGACCCACTGCCCCTTGT	神经元特异性启动子

续表

名称	长度/bp	GenBank 登录号	序列	注解
人肌酸激酶增强子	206	AF188002	CCACTACGGGTCTAGGCTGCCC···AAAAATAACCCTGTCCCTGGTGGATC	肌肉特异性增强子，和肌酸激酶启动子连用
人肌酸激酶启动子	366	AF188002	CAATCAAGGCTGTGGGGGACTG···GGCTGCCCCGGGTCAC	肌肉特异性启动子，和肌酸激酶增强子连用
Rnase P H1 RNA 片段	211	NC.00014.8	GAATTCGAACGCTGACGTCATCA···	启动子用于表达少，发卡 RNA 来靶向敲除目的基因，主要用于载体 pSUPER；插入发卡结构，后面紧跟 TTTTT 序列
聚合酶III 启动子		20811229 20811569	GGAATCTTATAAGTTCTGTATGAGACCAC	
缺失 Rsa I 人 β-球蛋白内含子	547	GQ370762	GATCCTGAGAACTTCAGGGTGAGTCTATGG···GGCCCATCACTTTGGCAAAGAATT	增强许多细胞基因表达
SV40 内含子	93	J02400	CTCTAAGGTAAATATAAAATTTTTAAGTGTATAATGTGTGTTAAACTACTGATTCTAATTGTTTCTCTCTTTAGATTCCAACCTTTGGAACTGA	这极短的序列已被修饰以增强与剪接位点信号的相似性
ECMV 内部核糖体进入位点	556	NC.001479	CCCCCCCCCCTAACGTTACTGG···CGTGGTTTTCCTTTGAAAAACACGAT	把这段序列放到两个编码序列之间构建双顺反子载体；为了优化下游可读框，把 ATG 放置在这段序列结束后的 10bp 之内
猪 teschovirus-1 2A 肽	57	AJ011380	TGCTTTATTTGTGAAATTTGTGATGCTATTGCTTTATTTGTAACCATTATAAGCTGCAATAAACAAGTTAACAACAACAATTGCATTCATTTATGTTTCAGGTTCAGGGGGAGGTGTGGGAGGTTTTTTAAA	这段序列必须与两个可读框融合，且中间无终止密码子，以利于两个基因编码序列被有效翻译
牛生长激素多聚腺苷酸化序列	225	M57764	CTGTGCCTTCTAGTTGCCATCCA···GGGATGCGGTGGGCTCTATGG	非常强的多聚腺苷酸化序列
人 β-球蛋白多聚腺苷酸化序列	760	GQ370762	AATTCACCCCACCAGTGCAGGC···TGCCTCCCCCACTCACAGTGAC	非常强的长多聚腺苷酸化序列

　　转录控制元件包括启动子（promotor）、增强子（enhancer）和多聚 A（polyA）尾信号等。启动子位于转录起始的上游，为 RNA 聚合酶Ⅱ识别并形成转录起始复合物的位点。增强子作为启动子的调控元件，可显著提高基因的转录水平，定位于转录起始处的更远端、基因的下游或内部。启动子还可以有上游调控元件，位于转录起始位点上游约 100bp 处。构建携带外源基因的病毒表达载体时，启动子和增强子可采用病毒来源的或细胞来源的，或不同种类的嵌合。而且，病毒来源的启动子和增强子有组成型和诱导型之分，组成型表达如病毒晚期表达和立即早期表达基因的启动子，如 SV40 早期启动子/增强子。polyA 尾则有利于外源基因转录的 mRNA 在细胞内的稳定。要准确有效地添加 polyA 尾，必须在载体上构建这样的序列：位于 polyA 尾下游的 GU 丰富区或 U 丰富区；位于 polyA 尾位点上游 11～30 个核苷酸处高度保守的 AAUAAA 序列。

　　翻译控制元件能有效地在翻译水平控制外源基因的表达效率。最常用的是内部核糖体进入位点（internal ribosome entry site，IRES）和 ZA 肽序列。该序列置于 mRNA 的两个可读框之间，能对在一个启动子转录的双顺反子 mRNA 中的两个可读框进行翻译。这一特点在外源基因的构建上非常重要，可利用载体有限的插入容量，同时表达多个蛋白质，或协同表达蛋白质的亚基。

　　病毒复制包装信号有利于病毒在允许细胞进行自主复制，而病毒复制所需的其他反式作用因素，可以由野生型病毒感染细胞或表达反式作用因素的包装细胞所提供。病毒颗粒型载体的构建则必须要有病毒的包装信号。不同种类的病毒其包装信号显著不同，具体见各章详述。

（范雄林　华中科技大学同济医学院）

复习思考题

1. 影响外源基因进入真核细胞的因素。
2. 物理、化学和病毒载体转基因技术的优缺点比较。
3. 不同病毒载体转基因技术的优缺点比较。
4. 外源基因表达读框的构建原理。

参 考 文 献

贾文祥. 2001. 医学微生物学. 北京：人民卫生出版社.

金奇. 2001. 医学分子病毒学. 北京：科学出版社.

Heiser WC. 2004. Gene Delivery to Mammalian Cells. Vol. 2. New Jersey：Humana Press.

Machida CA. 2003. Viral Vectors for Gene Therapy Methods and Protocols. New Jersey：Humana Press.

Snyder RO，Moullier P. 2011. Adeno-Associated Virus Methods and Protocols. New Jersey：Humana Press.

第二章 腺 病 毒

腺病毒（adenovirus）是一种双链 DNA 病毒。腺病毒可转导不同类型的组织细胞，转导效率高；进入细胞后病毒核酸不整合到宿主基因组中且瞬时表达，故安全性好；另外，腺病毒容易在常规的细胞培养中扩增，纯化步骤简单。以上这些特点决定腺病毒可作为一种理想的转基因载体。因此，腺病毒从分离发现至今，已被广泛应用于各种转基因技术研究，包括基因治疗和疫苗研发。随着对腺病毒生物学特性了解的深入，以及现代生物医学技术的不断发展，腺病毒载体转基因技术在生命科学的基础和应用研究中扮演着越来越重要的角色。

第一节 腺病毒简介

腺病毒于 1953 年首次分离于健康人腺样组织。至今已分离鉴定有 100 多种血清型。其中包括 57 种人血清型，造成 5%～10% 的儿童上呼吸道感染及部分成人感染。感染腺病毒后，病毒可在眼、呼吸道、胃肠道和尿道等部位增殖并引起疾病，大多属亚临床感染；也可在淋巴和腺样组织中引起潜伏感染，进而在宿主体内持续数月。腺病毒少数血清型可在动物体内引起肿瘤。

一、生物学特性

（一）分类

腺病毒在自然界分布广泛。腺病毒科分 5 个属，分别为 *Mastadenovirus*、*Aviadenovirus*、*Atadenovirus*、*Siadenovirus* 和 *Ichtadenovirus*。目前已经鉴定出的人腺病毒有 57 种血清型，根据腺病毒纤突对各种血红细胞凝聚能力的不同，人腺病毒的 57 种血清型被分为 7 个亚属，即 A～G（表 2-1）；其中 B 亚属又分为 B1 和 B2 组。各亚属病毒在组织亲嗜性和致病性方面有一定的差异。如 A 亚属可引起隐性肠道感染，B1、C 和 E 亚属导致急性呼吸道感染，B2 亚属引起肾和泌尿道感染，D 亚属的部分血清型与流行性角膜结膜炎有关，F 亚属引起婴儿腹泻。

表 2-1　57 种人血清型腺病毒（AdHu1～AdHu57）

亚属	血清型
A	12、18、31
B	3、7、11、14、16、21、34、35、50、55
C	1、2、5、6、57
D	8、9、10、13、15、17、19、20、22、23、24、25、26、27、28、29、30、32、33、36、37、38、39、42、43、44、45、46、47、48、49、51、53、54、56

亚属	血清型
E	4
F	40、41
G	52

（二）病毒结构

腺病毒颗粒的直径为 70～90nm，无包膜，呈二十面体立体对称（图 2-1）。核心外层的衣壳由 240 个六邻体（hexon）、12 个五邻体（penton）及 12 根纤突（fiber）组成。病毒颗粒含 11 种蛋白质，即 Ⅱ 为六邻体，Ⅲ 为五邻体，Ⅲa 为五邻体周围与六邻体相关的蛋白质，Ⅳ 为纤维蛋白，Ⅴ 为次要核蛋白，Ⅵ 为六邻体相关蛋白前体，Ⅶ 为核蛋白，Ⅷ 为六邻体相关蛋白，Ⅸ 为六邻体特异性蛋白，Ⅹ 为前核蛋白，TP 是 DNA 的末端蛋白。其中，六邻体是形成病毒衣壳的主要蛋白质，既具有共同的群特异性抗原，

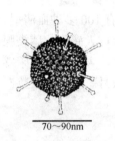

70～90nm

图 2-1　腺病毒示意图

也具有型特异性抗原。五邻体位于病毒颗粒的 12 个顶端，具有弱的群特异性抗原和一种使受感染细胞发生早期病变的毒性物质。每个五邻体上伸出 1 根长短不一的线状突起，称为纤突。纤突顶端形成头节区（knob），头节区是病毒感染细胞时结合细胞受体的部位。纤突与腺病毒血凝活性相关，且具有型特异性，因此常用血凝抑制试验（hemagglutination inhibition，HI）对临床分离株进行分型。

腺病毒基因组为线性双链 DNA，大小为 26～45kb，一般为 36kb 左右，病毒体分子质量约为 $150×10^6$Da（图 2-2）。其中蛋白Ⅶ和小蛋白 mu 紧密环绕在双链 DNA 周围，起到类组蛋白样的作用。蛋白Ⅴ将这种 DNA-蛋白复合物连接，并通过蛋白Ⅵ与病毒衣壳连接在一起。腺病毒基因组的两端各有一段 100bp 左右的末端反向重复序列（inverted terminal repeat，ITR），是复制的起始位点。在腺病毒基因组每条链的 5′端都有一个以共价键形式结合的 DNA 末端蛋白复合物（DNA-TPC）结构，与腺病毒的复制密切相关。在左侧 ITR 的 3′端有一长约 300bp 的包装信号（ψ），介导腺病毒

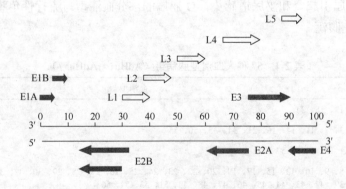

图 2-2　腺病毒双链线性基因组 DNA 的示意图

基因组包装进入病毒衣壳。对腺病毒而言，只有两端的 ITR 和包装信号（总长约 0.5kb 的序列）是顺式作用元件，即必须由腺病毒载体自身携带，而其余各种蛋白质都可以通过辅助细胞反式弥补。

（三）病毒复制

人腺病毒的血清型，除 B 亚属以 CD46 为受体外，其他大多数血清型与柯萨奇 B 病毒共用一种受体，即柯萨奇/腺病毒受体（coxsackie/adenovirus receptor，CAR）。腺病毒感染细胞时，首先由腺病毒纤突的头节区黏附到细胞表面的特异性受体，然后病毒纤突基底部五邻体表面的三肽 RGD（精氨酸-甘氨酸-天冬氨酸）序列与细胞表面的整合素（$\alpha v\beta 3$ 和 $\alpha v\beta 5$）结合，通过内吞作用将腺病毒内化到细胞中并进入溶酶体。在溶酶体的酸性环境下，腺病毒衣壳的构象发生改变，从溶酶体中释放出来。在细胞微管的帮助下，病毒颗粒被运送到核孔复合体。此时，病毒颗粒发生顺序性解体，即各种功能蛋白从病毒颗粒上脱离，这种解体为病毒颗粒释放其 DNA 做好准备。最后病毒 DNA 通过核孔释放至细胞核内。腺病毒基因组 DNA 进入细胞核是一个非常高效的过程，其效率可达 40%。腺病毒基因组 DNA 进入细胞核后，进行一系列复杂而有序的逐级放大的剪切和转录过程。通常以病毒 DNA 开始复制作为分界，按转录时间的先后，腺病毒基因大致分为早期转录单位（E1～E4）和晚期转录单位（L1～L5）（图2-2），每个转录单位至少有一个特异性启动子。腺病毒的各种基因又进一步分为更小的转录单位。

E1 可进一步分为 E1A 和 E1B。腺病毒基因组进入细胞核后，细胞转录因子首先与 E1A 区上游的增强子结合，表达 E1A 蛋白，该蛋白质的主要功能是调节细胞代谢，使病毒 DNA 更易于复制。E1A 蛋白还通过激活其他早期基因（E1B、E2A、E2B、E3 和 E4）的启动子，启动病毒基因组的复制。E1B 19K 蛋白与细胞 Bcl-2 基因的表达产物同源，通过灭活和清除 Bax 蛋白以防止细胞凋亡或坏死。E1B 55K 蛋白能与 p53 基因的转录活化区结合，下调 p53 基因的转录水平，其他腺病毒基因（如 E4 orf6）也参与这一过程。此外，E1B 55K 蛋白也和病毒晚期 mRNA 的转录、病毒 RNA 的转运及病毒复制有关。E2 分为 E2A 和 E2B。E2A 即 DNA 结合蛋白（DNA binding protein，DBP）。E2B 主要产物有两种，即末端蛋白前体（pTP）和病毒 DNA 聚合酶（Pol）。以上蛋白质与细胞内的因子相互作用，启动腺病毒 DNA 复制及病毒晚期基因的转录和翻译过程。E3 区基因表达产物与病毒基因组的复制无关，其主要功能是破坏宿主的免疫防御机制。E4 区的基因产物为 orf 1～orf 6/7，主要与病毒 mRNA 的代谢有关，并可促进病毒 DNA 复制及关闭宿主蛋白合成。

腺病毒晚期转录单位（L1～L5）是在病毒 DNA 复制启动后才开始有效表达，其产物主要为病毒的结构蛋白，主要功能包括：促进病毒 mRNA 的翻译、完成病毒颗粒的装配、稳定病毒颗粒结构及提供病毒的感染能力等。腺病毒入侵细胞、转录与复制的过程如图 2-3 所示。腺病毒整个复制周期为 24～30h，依据血清型的不同而变化。

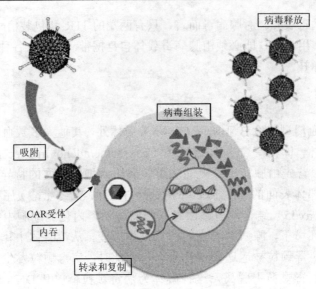

图 2-3　腺病毒侵入细胞、转录和复制过程

二、致病性与免疫性

腺病毒可感染猿、马、牛、猪、羊和狗等多种动物及人。实验证实部分血清型对动物有致癌性，如 AdHu12 和 AdHu18，但未证实是否可致人类肿瘤。腺病毒可感染眼、呼吸道、肝脏、胃肠道、泌尿道和膀胱等器官。约 1/3 的人血清型腺病毒与人类疾病相关。同一种血清型可引起不同的临床疾患，不同血清型也可引起同一疾患。

腺病毒主要引起 4 种不同综合征的呼吸道感染，即急性发热性咽喉炎、咽结膜炎、急性呼吸道疾病和肺炎。典型症状包括咳嗽、鼻塞和咽炎，并伴有发热、寒战、头痛和肌肉酸痛等。眼部感染腺病毒可致滤泡性结膜炎及角膜炎，由 8 型、19 型和 37 型腺病毒引起的角膜结膜炎为重型感染，具有高传染性，以急性结膜炎开始，扩至耳前淋巴结，随后发生角膜炎。腺病毒也可在肠道细胞中复制，随粪便排出。其中 40 型、41 型腺病毒可引起婴幼儿和幼童（4 岁以下）的胃肠炎，导致腹痛、腹泻。C 亚属腺病毒能引起某些婴幼儿肠套叠。腺病毒引起的其他疾患包括儿童急性出血性膀胱炎、女性宫颈炎、男性尿道炎和病毒性肝炎等。

感染腺病毒后，机体可产生针对同型的中和抗体，继而对同型腺病毒的再感染具有一定的抵抗能力。健康成人体内一般拥有针对多种血清型的抗体。另外，母体来源的抗体能保护婴儿抵御腺病毒引起的严重呼吸道感染。

对于腺病毒感染的预防，主要在于注意个人卫生习惯及公共场所的整体卫生状况。对于感染后的严重患者可采取抗病毒治疗，常用药物如 Cidofovir、Ribavirin 和 Zalcitabine 等。美国军方曾于 20 世纪 50 年代研发针对 3 型、4 型和 7 型腺病毒的二价或三价腺病毒疫苗，经几十年使用证明为安全有效。

三、微生物学检测方法

腺病毒常用的检测方法包括形态学检查、病毒分离和鉴定及血清学检测等。形态学检查主要针对难培养的肠道腺病毒，将粪便标本粗提后，经电子显微镜或免疫电镜查找病毒颗粒。腺病毒的分离培养，一般是从感染部位如咽喉、眼部和消化道采集的样本中获得病毒标本，经抗生素处理后接种至适宜细胞（如 HEK 293 细胞），37℃培养后观察典型细胞病变效应（cytopathic effect，CPE）。可用荧光标记的抗六邻体抗体与腺病毒感染的细胞直接作用来鉴定腺病毒。也可用血凝抑制试验（hemagglutination inhibition，HI）或中和试验（neutralization test，NT）检测属和亚属特异性抗原，从而确定病毒的血清型。除 HI、NT 外，常用的腺病毒血清学检测方法还包括免疫荧光和酶联免疫吸附试验等，分别检测患者急性期和恢复期血清。若恢复期血清的抗体效价比急性期增长 4 倍或以上，即有诊断意义。此外，PCR 技术也是常规的鉴定方法之一。

第二节　腺病毒载体转基因技术原理

腺病毒作为转基因载体的研究始于 20 世纪 60 年代初，当时病毒学家发现腺病毒基因组可与猴空泡病毒 40（SV40）基因组杂交，提示腺病毒基因组可承载异源基因。此后腺病毒逐步发展成为一种重要的载体系统。腺病毒的一些生物学特征决定腺病毒是一种理想的基因运载工具，如腺病毒宿主范围广谱；有多种血清型可供选择；不仅能感染增殖细胞，也能感染非增殖细胞；易于扩增及纯化；外源基因高表达等。因此，腺病毒载体被广泛应用于分子、细胞生物学及临床相关的研究。应用最多的腺病毒载体为人血清型 AdHu2 和 AdHu5 载体。但由于 40%～60%的人群，存在针对 AdHu2 和 AdHu5 的中和抗体，将削弱 AdHu2 或 AdHu5 载体的功效。为避免这一问题，与临床应用相关的研究一般选择人稀有血清型或其他种属来源的腺病毒作为载体。

一、腺病毒载体的发展

腺病毒载体是由野生型腺病毒通过实验室手段改造而来，其发展经历了以下 3 个阶段。

（一）第一代腺病毒载体

一般将腺病毒基因组 E1 和（或）E3 区缺失的复制缺陷型腺病毒载体称为第一代腺病毒载体。它可插入的外源基因容量约为 7.5kb。由于删除 E1，阻止了依赖 E1 和 E2 区功能蛋白的转录和随后病毒 DNA 的复制，以及病毒壳体蛋白的产生，因此获得的重组腺病毒为非增殖型，其复制、增殖必须在能够反式提供 E1 区表达蛋白的复制适宜型细胞中完成。目前提供 E1 区表达产物的常用细胞株为 HEK 293。第一代腺病毒载体的优点有：重组腺病毒产生的滴度很高；病毒基因组不整合至细胞染色体，可以避免插入突变的可能。但其不足包括：容纳外源基因的大小相对有限；表达水平相对较低；载体本身诱导强烈的免疫反应，从而影响重复感染的效果；由于许多宿主细胞含有 E1 样蛋白，因此存在回复成具有复制能力腺病毒（replication competent adenovirus，RCA）的风险。

（二）第二代腺病毒载体

针对第一代腺病毒载体存在的问题，研究发现如果进一步删除腺病毒基因组中的某些区域，不仅能提高插入基因的容量，减少载体自身的免疫反应，而且根据 RCA 的产生机制，腺病毒载体多处缺失可降低 RCA 的出现概率。因此，将不同的早期基因如 E1/E1+E3 和 E2/E4 区同时去除，研制成第二代腺病毒载体，构建成 E1/E1+E3 和 E2 区双缺失载体及 E1/E1+E3 和 E4 区双缺失载体。由于删除了大部分早期基因区，载体容纳外源基因的大小可达 14kb。同时，E1/E1+E3 和 E2 双缺失载体可延长外源基因的表达时间。然而，与第一代腺病毒载体相比，第二代腺病毒载体仍不能避免残余病毒基因表达物诱导的免疫反应及细胞毒性作用，且重组腺病毒的产量降低。

（三）第三代腺病毒载体

随着对腺病毒载体研究的不断深入，第三代腺病毒载体克服了前两代的一些不足，具有高容量、表达外源基因长久、低毒性及低免疫原性等优点。第三代腺病毒载体，又称无肠型腺病毒载体（gutless adenovirus）。该载体删除了病毒所有的编码基因，仅保留 5′端和 3′端反向重复序列（ITR）与腺病毒的包装信号（ψ），必须由辅助病毒提供编码序列，因此也称为辅助病毒依赖型腺病毒（helper-dependent adenoviral vector）。由于其具备容纳大约 36kb 外源基因的超大容量，也称为高容量无肠型腺病毒载体。

以第三代腺病毒载体制备重组腺病毒需要 3 个部分，分别是携带目的基因的重组第三代腺病毒载体、辅助病毒载体和适宜细胞株，后两个部分分别提供病毒复制包装所需的各种蛋白质和重组病毒的包装场所。由于第三代腺病毒载体删除了所有编码基因和基因组复制所需的蛋白质，因此壳体的生成和包装均需反向提供，这就需要第三代腺病毒载体与辅助病毒载体同时进行转染。由于辅助病毒和产生的重组腺病毒具有相同的壳体，因此，在重组病毒纯化前，必须将两者分离。同时，可通过辅助病毒载体的包装信号突变、改变基因组大小及特异性消除包装信号等手段，尽量降低辅助病毒载体自身的包装效率，以减少辅助病毒的产生。早期的研究曾利用野生型腺病毒作为辅助病毒与第三代腺病毒载体共同感染并转染适宜细胞，使两种病毒都繁殖，病毒扩增后，使用氯化铯密度梯度方法对重组腺病毒进行纯化，但辅助病毒难以被 100%分离清除。因此，第三代腺病毒的大规模生产和纯化存在严重问题。为了改变这种状况，近年来已经研究出许多优化方案，包括：Cre/loxP 重组系统使用 Cre 重组酶将包装信号特异性去除，可将辅助病毒污染率降低至 0.02%～0.1%；以非腺病毒载体作为辅助病毒，如利用包含有大部分腺病毒基因的杆状病毒作为辅助病毒感染 293Cre 细胞；采用表达蛋白IX的辅助细胞以改变包装容量等。虽然许多优化方法可在一定程度上降低辅助病毒的污染，并提高重组病毒产量，但是以第三代腺病毒载体制备重组腺病毒尚未达到理想的状况。

二、腺病毒载体的构建策略

（一）细胞内重组法

提高腺病毒载体的性能，客观上依赖于腺病毒载体的构建能力。腺病毒载体最初的构建方法为细胞内重组，这种方法是两个 DNA 分子之间进行重组，一个 DNA 分子，即穿梭载体（shuttle vector），含有腺病毒左侧的末端反向重复序列（LITR）、腺病毒包装信号（ψ）等顺式作用元件，以及目的基因表达元件和腺病毒基因组的左端部分序列；另一 DNA 分子，即骨架载体（backbone vector），与第一个 DNA 分子的 3′端部分重叠，并包含大部分病毒基因组序列。两种 DNA 分子共同转染腺病毒包装细胞系（如 HEK 293），经 DNA 分子间的同源重组，即可获得预期的复制缺陷型重组腺病毒。该方法是构建重组病毒载体的经典方法。但其缺点是：容易受到亲代病毒的污染，必须经过 2～3 轮的病毒空斑纯化，并通过多次的空斑形成方法鉴定重组病毒。另外，重组效率低下，发生重组一般需要两周左右的时间。

（二）位点特异性重组法

为提高重组效率和重组腺病毒的纯化效率，在细胞内重组的基础上，研发了位点特异性重组（site-specific recombination）以构建腺病毒载体。该方法是指发生在两条 DNA 链特异位点上的重组，重组的发生需要一段同源序列即特异性位点（又称附着点）和位点特异性的蛋白质（即重组酶）参与催化。目前应用较多的特异性重组酶有 Cre、FLP 和 BP，都属于重组酶 λ 整合酶家族，它们催化的反应类型、靶位点及重组机制十分相似。loxP、FRT 和 attBP 为特异性位点，也有相似的结构。这些特异性重组酶与特异性位点组成的重组系统分别为 Cre/loxP、FLP/FRT 和 BP/attBP。由于重组酶只能催化特异性位点间的重组，不能催化其他任何两条同源或非同源序列之间的重组，保证这种重组方式具有高度保守性和特异性。另外，该重组过程不需 RecA 酶参与。该方法虽然较经典的细胞内重组方法先进，但仍然存在重组效率相对较低、重组腺病毒筛选烦琐等问题。

（三）细菌内同源重组法

目前构建腺病毒载体最常用的方法为细菌内同源重组，如 Invitrogen 公司的 AdEasy™ System 所用技术。这种方法的基本策略是：在大肠杆菌内通过同源重组的方法构建重组病毒载体，经酶切线性化后再转染腺病毒包装细胞系，从而获得重组腺病毒。该重组系统由两种质粒 DNA 组成，一种是包含全部或右侧大部分腺病毒基因组 DNA 的骨架质粒；另一种是小的穿梭质粒，带有目的基因表达元件，以及位于表达元件两侧与骨架质粒上的目的基因拟插入部位同源的序列。与哺乳动物细胞内的同源重组相比，在大肠杆菌内筛选、鉴定、克隆无疑要便利许多，因此这种方法被国内外许多实验室所采用。然而，由于在大肠杆菌中腺病毒基因组序列的遗传选择压力较小，由突变导致腺病毒活力下降的可能性大大高于真核细胞内同源重组的方法。

（四）基因组分段克隆法

采用不依赖于同源重组将基因组直接克隆的方法构建腺病毒载体，可以避免以上各种腺病毒载体构建方法中存在的问题。该方法的策略是充分利用腺病毒基因组中存在的某些稀有酶切位点，将腺病毒基因组分段克隆于常用的真核表达载体上，如 pNEB193。在分步组装腺病毒基因组 DNA 时，删除 E1 或 E1+E3 区域，最终获得一个复制缺陷型的腺病毒载体克隆。将外源基因克隆于该腺病毒载体时，一般先将外源基因克隆至一穿梭载体如 pShuttle（Clontech），该穿梭载体与腺病毒载体都含有归位内切酶位点 *I-Ceu I* 和 *PI-Sce I*，因此最终可将外源基因从穿梭载体亚克隆至腺病毒载体。利用这种方法，一般在两个月内可将任何野生型腺病毒构建成重组腺病毒载体系统。在此基础上，两周内可完成将外源基因克隆至腺病毒载体，并获得携带外源基因的重组腺病毒。与其他腺病毒构建方法比较，直接克隆法操作简单，节省时间，可获得含有外源基因的单一重组腺病毒克隆，且获得的重组腺病毒稳定，无污染亲代病毒的可能。如腺病毒 AdC68 载体的克隆过程见图 2-4。

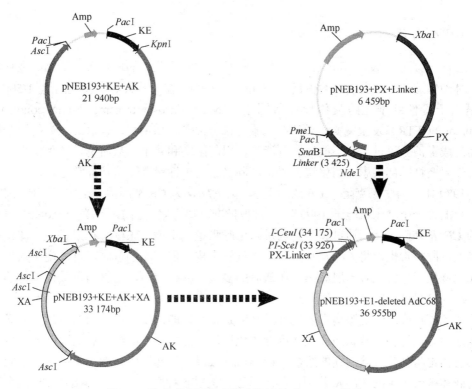

图 2-4　腺病毒基因组直接克隆法构建 AdC68 载体

A. 腺病毒 AdC68 基因组示意图，根据特殊酶切位点将 AdC68 基因组分割成 4 个片段；B. 分步克隆将 AdC68 基因组 4 个

片段组装在一起，成为复制缺陷型腺病毒载体

第三节　腺病毒载体的医学应用

　　腺病毒载体作为一种高效的基因运载工具，适合容纳大片段的外源基因；相对容易构建和操作；能有效地将外源基因携带至各种靶细胞或组织，宿主范围广谱；可通过不同途径进入不同组织；其感染性强，能感染非分裂期细胞；其基因组不整合至宿主细胞的染色体，无插入突变激活癌基因的危险；外源基因能游离表达。另外，腺病毒载体的临床应用已经证明其安全性。因此，腺病毒载体除应用于生物医学的各种基础研究外，还被广泛应用于基因治疗和疫苗研发。以下重点介绍腺病毒载体在基因治疗和疫苗研究领域的应用情况。

一、腺病毒载体介导的基因治疗

　　腺病毒载体是较早应用于基因治疗研究的载体系统之一，已经被应用于囊性纤维病、血友病、肿瘤和心血管疾病等多种疾病的基因治疗研究。以下就腺病毒载体介导基因治疗的几个重要的临床试验做介绍。

（一）囊性纤维病

囊性纤维病（cystic fibrosis，CF）是一种在欧洲及北美的白种人中常见的致死性常染色体隐性遗传病，发病率约占活产婴儿的 1/2000，在一些人群中甚至高达 1/500。该病是由于囊性纤维化跨膜传导调节因子（cystic fibrosis transmembrane conductance regulator，CFTR）发生突变，导致细胞膜对部分离子（如钠离子、氯离子）的通透性降低而造成黏液分泌过多，不能被及时清除，引起阻塞和感染，从而诱发各种疾患，表现为慢性阻塞性肺部疾患、消化道受累、汗腺受累及男性患者输精管异常等。

1989 年，科学家克隆了 CF 的相关基因 *CFTR*，为 CF 基因治疗奠定了基础。CF 基因治疗的第一个临床试验于 1993 年 4 月被批准。该方案是由 E1 缺失的 AdHu5 表达正确的 *CFTR* 基因，然后通过鼻腔给药进入上呼吸道。I 期临床试验结果显示，即使剂量相当低，腺病毒也能将 *CFTR* 基因带至支气管上皮。但在高剂量时，可能由于病毒载体引起免疫反应，受试者出现低热。在随后的多次临床试验中，由腺病毒载体引起的免疫反应越来越受到研究者的关注。虽然使用的腺病毒载体为复制缺陷型，病毒不足以引起严重的免疫反应，但是腺病毒表达外源基因是暂时性的，要取得长期的治疗效果必须反复多次给药，这将加重腺病毒载体诱导的免疫反应，并且初次给药后诱导的载体特异性中和抗体也将部分清除后续的给药，影响治疗效果。为此，研究者曾采用无肠型腺病毒作为载体携带正确的 *CFTR* 基因做临床试验。但以各种腺病毒为载体治疗 CF 至今尚未达到预期效果。

（二）鸟氨酸氨基甲酰转移酶缺乏症

鸟氨酸氨基甲酰转移酶（ornithine transcarbamylase，OTC）是尿素循环所需要的 5 种酶之一，该基因位于 X 染色体短臂的 p11.4，该酶缺陷是人类尿素循环疾病中最常见的原因，可导致氨蓄积，引起严重的神经功能紊乱。OTC 严重缺陷的新生儿，出生后不久就可出现昏睡、呕吐和昏迷，许多患者在生命初期就死亡。该病的发生率为 1/80 000～1/40 000。

1997 年 4 月，宾夕法尼亚大学的科学家对 OTC 缺陷症患者进行基因治疗，开始时采用的腺病毒载体为 E1 和 E4 双缺失的 AdHu5 载体，通过肝右动脉直接给药的方式对 17 例患者进行基因治疗，其中 7 例患者的肝细胞中可检测到外源基因的表达，但没有观察到显著代谢症状的改变，接受治疗的患者出现感冒样症状、发热、血小板减少等不良反应。为此，1999 年 9 月宾夕法尼亚大学的科学家采用第三代腺病毒载体对 OTC 缺陷患者进行治疗，其中 18 岁的 Jesse Gelsinger 接受了剂量为 3.8×10^{13} 病毒颗粒的重组腺病毒，但出现全身性炎症反应及多器官衰竭，并于治疗后 98h 死亡。这是第一例因基因治疗死亡病例。这事件的发生与研究者忽视美国食品药品监督管理局（FDA）关于临床实验的规则有密切关系，规则包括临床试验中患者的准入标准、不良反应、剂量等。为此 FDA 取消该临床试验主要负责人 James M. Wilson 十年内从事任何基因治疗临床试验的资格。

（三）肿瘤

虽然腺病毒载体在非肿瘤性疾病的临床基因治疗中进展缓慢，但是在肿瘤基因治疗的临床试验和应用中取得了显著进展。出于安全性考虑，近 20 年来复制缺陷型腺病毒载体在肿瘤基因治疗中一直占主导地位。2003 年，复制缺陷型 AdHu5 载体表达抑癌蛋白 p53 治疗头颈部恶性肿瘤的基因治疗药物"今又生"（Gendicine）被我国食品药品监督管理局（SFDA）批准上市，这是世界上首个被批准上市的基因治疗药物。至今，"今又生"已经治疗数千例国内外恶性肿瘤患者，该药与放疗、化疗、手术及热疗等联合使用具有显著的协同效果，可将疗效提高 3 倍以上。

复制缺陷型病毒载体的一个明显缺陷是无法感染肿瘤实体内部的大部分细胞，因此不能最大限度控制癌细胞的增殖及转移，而复制型病毒载体则可以克服这种缺陷。因此，最近几年癌症基因治疗载体已逐渐由复制缺陷型病毒载体向复制型载体过渡。复制型载体的特点是病毒能够选择性在目标癌细胞中复制增殖，导致癌细胞裂解，释放出的病毒可继续感染肿瘤实体中的邻近细胞，从而形成一个在瘤体组织中不断感染—增殖—裂解癌细胞的循环。复制型肿瘤裂解载体的效果目前已在临床前试验中得到广泛验证。因此腺病毒可设计成复制型溶瘤病毒载体将癌细胞清除，即该病毒可选择性地只在癌细胞中复制，在正常细胞中不复制，通过病毒的增殖从而导致癌细胞裂解消亡。

如何提高复制型腺病毒的靶向性是溶瘤治疗策略的关键，即该载体仅针对癌细胞，对正常细胞没有影响。有关研究显示，腺病毒的复制与细胞内的两条抑癌通路 p53 信号通路和 Rb 信号通路有密切联系，在很多癌细胞中 *p53* 和 *Rb* 都存在突变。在 *Rb* 突变的癌细胞中，E1A 区缺失的腺病毒可以介导肿瘤裂解；而口腔和肝癌的 I 期和 II 期临床研究表明，将腺病毒 E1B 区删除（称为 Onyx-015），这种病毒载体更易在 *p53* 突变的肿瘤部位增殖裂解。在胃癌 II 期临床试验中，使用 Onyx-015 同时辅以化疗药物 5-FU，则肿瘤转移程度显著减少，并且宿主抗肿瘤免疫反应也有所增强。提高腺病毒作为溶瘤病毒的靶向性的另一个策略是在载体中使用肿瘤特异性启动子，如存活蛋白（survivin）启动子或人端粒酶（human telomerase，hTERT）启动子，这些启动子主要在肿瘤细胞中有活性，如 hTERT 启动子在 90%的癌细胞中活性很高，在正常体细胞中则没有活性。经改造后的腺病毒载体，hTERT 启动子可控制腺病毒复制区 E1A 的表达，因此该腺病毒仅能在癌细胞中复制，并能有效裂解癌细胞。2005 年，由上海三维生物技术有限公司研制的 H101，以复制型 AdHu5 溶瘤载体表达 p53 用于治疗头颈部肿瘤，获得 SFDA 批准上市，是全球第一个批准上市的溶瘤病毒类抗肿瘤药物。

二、基于腺病毒载体的新型候选疫苗

腺病毒载体是目前最有应用前景的疫苗载体，被广泛应用于各种预防性或治疗性疫苗的研究，包括艾滋病、结核、流感、乙肝、丙肝、疟疾、狂犬病、宫颈癌、前列腺癌和黑色素瘤等疾病的疫苗，并取得可喜的进展。据统计，美国国立卫生研究所（NIH）批准的 25%以上的 I～III 期临床试验都使用腺病毒载体。与其他载体（如细菌或其他病毒）相比，腺病毒低毒性，感染腺病毒只引起轻微的感冒症状；经过基因改装后的腺病毒无安全性问题；腺病毒载体高表达；腺病毒同时诱导 B 细胞与 T 细胞免疫反应，腺病毒疫苗无需添加佐剂。因此，腺病毒成为新型疫苗的理想载体。

由于人群中普遍存在针对常见的人血清型腺病毒的中和抗体，将削弱相应腺病毒载体的免疫反应，为避免这一问题，研究者采用稀有人血清型如 AdHu35、AdHu26、AdHu6 或者其他种属来源的腺病毒如黑猩猩型腺病毒 AdC6、AdC7、AdC68 等作为疫苗载体。以下就腺病毒载体疫苗的重要临床试验及新型腺病毒载体疫苗的发展做介绍。

（一）艾滋病疫苗

人类免疫缺陷病毒（human immunodeficiency virus，HIV）感染引起的艾滋病至今依然是世界范围内的一个严重的公共卫生问题。目前针对 HIV 没有特效的药物，抗病毒治疗只能控制病毒复制，不能彻底清除病毒。因此研制安全、有效的疫苗是控制 HIV 传播的重要手段之一。

20 多年来尝试了灭活疫苗、减毒活疫苗、亚单位疫苗、DNA 疫苗和病毒载体疫苗等，但没有一种疫苗最终通过临床试验。科学家发现 HIV 病毒特异性的 CD8$^+$ T 细胞免疫反应在控制 HIV 感染过程中起关键作用，重组病毒载体，特别是复制缺陷型腺病毒载体能更有效地激发特异的细胞毒性 T 细胞（cytotoxic T lymphocyte，CTL）应答。为此设计了各种基于腺病毒载体的 HIV 疫苗，其中以 Merck 公司研发的以 AdHu5 为载体的 HIV 疫苗最有代表性。该疫苗在非人灵长类动物（猴）实验中，可诱导强烈的针对 HIV 抗原的特异性细胞免疫反应并且产生良好的免疫保护，因此被普遍认为是最有希望成功的 HIV 疫苗。该疫苗于 2004 年 11 月进入 II 期临床试验，来自南美、北美、加勒比海和澳大利亚高危人群共计 3000 名 HIV 阴性的男女志愿者参与了这项名为"STEP"的临床试验，志愿者的年龄为 18~45 岁，试验前这些志愿者都没有感染 HIV，但都是艾滋病的高危人群，包括同性恋者和性工作者。志愿者随机分为两组，其中一组接种 HIV 候选疫苗，即分 3 次每次分别免疫 AdHu5 载体表达的 HIV 抗原 Gag、Pol 和 Nef，另一组接受安慰剂。受试者每隔 6 个月检查 HIV 感染情况。至 2007 年 9 月，免疫组 914 名男性中有 49 人检出 HIV 阳性，对照组 922 名男性中有 33 人检出 HIV 阳性。综合结果显示，该疫苗不能降低接种者感染 HIV 的可能性，也不能降低感染者体内的病毒载量。因此该试验于 2007 年 10 月正式被宣布终止。该疫苗失败的原因尚不清楚，有科学家认为可能与以下因素有关：该疫苗仅诱导针对 HIV Gag/Pol/Nef 部分 T 细胞抗原表位的免疫反应，这些反应不足以抵御 HIV 感染；AdHu5 载体诱导的 CD8$^+$ T 细胞反应主要以分泌 IFN-γ 为主，而有效的疫苗应激活分泌多种细胞因子的多功能淋巴细胞；该疫苗仅能激活 T 细胞免疫，抵御 HIV 感染不仅需要依赖细胞免疫，还需要依赖体液免疫反应。

HIV "STEP" 临床试验的失败，对 HIV 疫苗研究造成了沉重打击，但是研究的脚步并没有因此停止。哈佛大学科学家 Barouch 以不同血清型的腺病毒载体分别表达 HIV Gag，通过初免和加强免疫的方式免疫猴，发现 rAd26/rAd5 的联合免疫可诱导更强、更广的特异性细胞免疫，对随后的攻击感染起到 100%的保护。在 500 多天的实验期间该免疫组动物都存活，而对照组都发病死亡。美国 Oregon National Primate Research Center 科学家 Picker 以猕猴巨细胞病毒载体 RhCMV 和人腺病毒载体 AdHu5 联合免疫，在 12

只被免疫猕猴中，有 7 只猕猴在攻击感染后得到了完全的免疫保护（血液中不能检测到病毒 RNA），该实验显示，抗原特异性记忆 T 细胞免疫在控制 HIV 感染中起重要作用。美国国立卫生研究院（NIH）科学家 Nabel 以 DNA 初免、AdHu5 加强免疫，50%的免疫猕猴对 SIVsmE660 病毒的攻击感染产生免疫保护，结果分析显示该免疫保护与特异性的 CD8$^+$T 细胞免疫反应无相关性，与低水平的中和抗体及特异性的 CD4$^+$T 细胞免疫相关。美国 Wistar 研究所科学家 Ertl 以新型黑猩猩型腺病毒载体 AdC6/AdC7 设计新型 HIV 疫苗，该疫苗在猴实验中也取得较好的免疫保护效果，近期将进入 I 期临床试验。

　　腺病毒载体依然是研发 HIV 疫苗的首选病毒载体之一，研究者试图筛选更有效的腺病毒载体或与其他载体联合使用，以激发更强、更广谱的免疫反应以对抗 HIV 感染。除特异性 T 细胞免疫外，以腺病毒为载体或其他形式的疫苗诱导广谱的 HIV 特异性中和抗体是目前 HIV 疫苗研究的重点。

（二）新型狂犬病疫苗

　　狂犬病是由狂犬病病毒引起的人畜共患性传染病，流行性广，病死率 100%。目前虽然有疫苗，但狂犬病依然是一个严重的全球性的公共卫生问题。特别是在我国，由于宠物养殖的增多及免疫管理等问题，狂犬病疫情呈上升趋势。近年来狂犬病居我国重要传染病死亡数和病死率的首位。2007 年全国狂犬病报告死亡数高达 3300 人。目前国内外大多使用细胞培养疫苗作为人用狂犬病疫苗。我国使用的有精制 Vero 细胞狂犬病疫苗和精制地鼠肾细胞狂犬病疫苗。一般来说，无动物咬伤的预防需免疫 3 次，而咬伤后的预防需免疫 5 次，因此免疫费用较高，免疫程序复杂，影响大规模预防接种，从而影响狂犬病疫情的控制。另外，细胞培养灭活疫苗存在安全性、毒性作用等问题。因此研制一种安全、高效且廉价的新型狂犬病疫苗将成为预防与控制狂犬病疫情的重要手段，并将产生重大的社会意义与经济价值。

　　以腺病毒载体研制新型狂犬病疫苗始于 20 世纪 90 年代初，Prevec 等将狂犬病病毒糖蛋白（G）克隆于 AdHu5 的 E3 缺失区，经口服免疫小鼠、狐狸、臭鼬等动物及经鼻腔免疫犬均可诱生高效价的中和抗体，保护动物抵抗致死剂量狂犬病病毒的攻击。Wistar 研究所的 Ertl 分别以复制缺陷型腺病毒载体 AdHu5 及 AdC68 在 E1 缺失区表达 G 蛋白。两种候选疫苗无论通过鼻腔免疫、口服免疫还是肌内注射，都仅需免疫 1 次就能诱导高效的特异性中和抗体，对随后致死剂量的攻击感染产生 100%的保护效果。在猴实验中，AdC68-rab.gp 经肌内免疫 1 次，即可对狂犬病病毒的攻击感染产生 100%的保护，目前已在中国完成技术转让，以便最终获准在临床上使用。

（三）新型流感疫苗

　　流感是人类面临的最严重的流行病之一，也是全球重点监测和造成死亡人数最多的传染病之一。由于传统流感疫苗对新出现的流感病毒无效，每年都需重新研制，以通用型流感疫苗为主的新型流感疫苗成为该研究领域的重点。

　　流感病毒编码膜蛋白胞外区（M2e）和核蛋白（NP）的基因相对保守，常作为通用疫苗的靶基因。但由于 M2e 免疫原性弱、NP 主要诱导特异性 T 细胞免疫反应，两者的免疫保护效果尚待提高。研究者尝试利用腺病毒载体的高免疫原性，以腺病毒载体表达 M2e 和 NP 作为新型流感疫苗。其中 Ertl 以 E1 缺失的黑猩猩型腺病毒 AdC68 载体为基础，将 H1N1、H5N1 及 H7N2 的 3 种 *M2e* 基因及 H1N1 的 *NP* 基因联合后，分别克隆于 AdC6 和 AdC68 载体的 E1 缺失区，经初免和加强免疫后，对多种 H1N1 亚型的流感病毒攻击感染产生保护。随后，Ertl 等进一步优化该疫苗，将流感病毒 H1N1 的 M2e 基因克隆至上述候选疫苗载体的 hexon R1 或 hexon R4 区，获得在 hexon 可变区及 E1 缺失区同时表达外源基因的多种重组腺病毒。免疫动物后发现，hexon R1 经改造后的双表达载体可诱导高强度、高亲和力的特异性抗体，并对致死剂量的流感病毒攻击感染产生 100% 的免疫保护效果；而 hexon R4 经改造后的双表达载体的免疫效果则相对低下。

流感病毒血凝素基因（*HA*）由 *HA1* 和 *HA2* 两个亚单位组成，其中某些区域高度保守，近年来被证实能诱导产生针对不同流感毒株交叉反应的中和抗体。以 NIH 科学家 Nabel 为代表，以 HA 为候选抗原设计新型流感疫苗。Nabel 等通过 DNA 初免、AdHu5 载体加强免疫，在小鼠、雪貂及猴实验中都能诱导广谱的中和抗体，这种中和抗体主要针对保守的 HA 干区（stem region），免疫后的动物对致死剂量的流感病毒攻击感染产生完全保护作用。

由于腺病毒载体在新型流感疫苗研究中显示出了良好的发展前景，美国 Vaxin 公司以复制缺陷型腺病毒载体表达流感病毒 *PR8 HA* 基因作为新型流感疫苗，于 2005 年完成 I 期临床试验，证明该疫苗的安全性和免疫原性。另外，该公司基于腺病毒载体的禽流感疫苗，在临床前研究中也取得了理想结果。

三、展望

30 多年来，腺病毒载体介导的基因治疗，不但激发了人类探索新方法、新技术以战胜疾患的热情，推动基因治疗相关的基础研究和临床应用的进展，而且取得了大量的实践经验，为今后更有效地应用病毒载体介导的基因治疗奠定了基础。大量的研究表明，腺病毒载体在基因治疗中主要的问题是载体本身具有很强的免疫原性，可激发免疫反应，对宿主产生免疫病理损害，这种反应也限制了同一种腺病毒载体的反复使用。另外，腺病毒载体携带的基因表达短暂性不能起到长期的治疗效果。针对腺病毒载体在基因治疗中存在的问题，有目的地对腺病毒载体进行改造，以降低载体本身的免疫原性、延长外源基因的表达时间及增强载体的靶向性等，或者研发其他病毒载体用于基因治疗。但需要指出的是，由于腺病毒固有的生物学特征，复制型腺病毒载体介导的肿瘤溶瘤治疗方兴未艾，将是腺病毒载体在人类基因治疗中重要的发展方向。

在疫苗研究中，腺病毒载体被广泛应用于各种疾病的预防或治疗，并且对于许多疾病的预防或控制都具有显著的效果。目前，新型腺病毒不断被分离鉴定，可以选择适合的腺病毒载体用于疫苗研发，以避免人群中预存中和抗体的影响，为开发新型腺病毒载体提供了资源保证；或者选择不同血清型腺病毒载体通过初免-加强免疫的方式获得理想的免疫效果。在以腺病毒为载体研发的新型候选疫苗中，虽然在 HIV "STEP" 临床试验中，腺病毒载体的 HIV 疫苗失败了，但并不能因此而否定腺病毒载体在疫苗研发领域的潜在价值。随着对腺病毒载体研究的不断深入，以腺病毒为载体的疫苗研发将一步步走向临床应用，特别是基于腺病毒载体的动物疫苗，如基于腺病毒载体的狂犬病疫苗、禽流感疫苗、包虫病疫苗等，将可能被快速推向市场。

（周东明　中国科学院上海巴斯德研究所）

复习思考题

1. 第一至三代腺病毒载体的优缺点。
2. 常用腺病毒载体的构建方法。
3. 为什么说重组腺病毒是一种理想的疫苗载体？

参 考 文 献

Alba R，Bosch A，Chillon M. 2005. Gutless adenovirus：last-generation adenovirus for gene therapy. Gene Therapy，12（Suppl 1）：18-27.

Dormond E，Perrier M，Kamen A. 2009. From the first to the third generation adenoviral vector：what parameters are governing the production yield? Biotechnol Adv，27（2）：133-144.

Grable M，Hearing P. 1992. Cis and trans requirements for the selective packaging of adenovirus type 5 DNA. J Virol，66（2）：723-731.

Graham FL，Prevec L. 1992. Adenovirus-based expression vectors and recombinant vaccines. Biotechnology，20：363-390.

Griesenbach U，Geddes DM，Alton EW. 2003. Update on gene therapy for cystic fibrosis. Curr Opin Mol Ther，5（5）：489-494.

Hansen SG，Ford JC，Lewis MS，et al. 2011. Profound early control of highly pathogenic SIV by an effector memory T-cell vaccine. Nature，473（7348）：523-527.

Huang P，Kaku H，Chen J，et al. 2010. Potent antitumor effects of combined therapy with a telomerase-specific，replication-competent adenovirus（OBP-301）and IL-2 in a mouse model of renal cell carcinoma. Cancer Gene Ther，17（7）：484-491.

Huang PI，Chang JF，Kirn DH，et al. 2009. Targeted genetic and viral therapy for advanced head and neck cancers. Drug Discov Today，14（11-12）：570-578.

Lasaro MO，Ertl HC. 2009. New insights on adenovirus as vaccine vectors. Mol Ther，17（8）：1333-1339.

Letvin NL，Rao SS，Montefiori DC，et al. 2011. Immune and genetic correlates of vaccine protection against mucosal infection by SIV in monkeys. Sci Transl Med，3（81）：81ra36.

Liu J，O'Brien KL，Lynch DM，et al. 2009. Immune control of an SIV challenge by a T-cell-based vaccine in rhesus monkeys. Nature，457（7225）：87-91.

Reddy VS，Natchiar SK，Stewart PL，et al. 2010. Crystal structure of human adenovirus at 3.5 Å resolution. Science，329（5995）：1071-1075.

Rowe WP，Baum SG. 1964. Evidence for a possible genetic hybrid between adenovirus stype 7 and SV40 viruses. Proc Natl Acad Sci USA，52：1340-1347.

Sekaly RP. 2008. The failed HIV Merck vaccine study：a step back or a launching point for future vaccine development? J Exp Med，205（1）：7-12.

Shi J，Zheng D. 2009. An update on gene therapy in China. Curr Opin Mol Ther，11（5）：547-553.

Sirena D，Lilienfeld B，Eisenhut M，et al. 2004. The human membrane cofactor CD46 is a receptor for species B adenovirus serotype 3. J Virol，78（9）：4454-4462.

Tabain I，Ljubin-Sternak S，Cepin-Bogović J，et al. 2012. Adenovirus respiratory infections in hospitalized children：clinical findings in relation to species and serotypes. Pediatr Infect Dis J，31（7）：680-684.

Tatsis N，Ertl HC. 2004. Adenoviruses as vaccine vectors. Mol Ther，10（4）：616-629.

Tatsis N，Lasaro MO，Lin SW，et al. 2009. Adenovirus vector-induced immune responses in nonhuman primates: responses to prime boost regimens. J Immunol，182（10）：6587-6599.

Ulmer JB，Valley U，Rappuoli R. 2006. Vaccine manufacturing: challenges and solutions. Nat Biotechnol，24（11）: 1377-1383.

Van Kampen KR，Shi Z，Gao P，et al. 2005. Safety and immunogenicity of adenovirus-vectored nasal and epicutaneous influenza vaccines in humans. Vaccine，23（8）: 1029-1036.

Wei CJ，Boyington JC，McTamney PM，et al. 2010. Induction of broadly neutralizing H1N1 influenza antibodies by vaccination. Science，329（5995）: 1060-1064.

Zhou D，Cun A，Li Y，et al. 2006. A chimpanzee-origin adenovirus vector expressing the rabies virus glycoprotein as an oral vaccine against inhalation infection with rabies virus. Mol Ther，14（5）: 662-672.

Zhou D，Wu TL，Emmer KL，et al. 2013. Hexon-modified recombinant E1-deleted adenovirus vectors as dual specificity vaccine carriers for influenza virus. Mol Ther，21（3）: 696-706.

Zhou D，Wu TL，Lasaro MO，et al. 2010. A universal influenza a vaccine based on adenovirus expressing matrix-2 ectodomain and nucleoprotein protects mice from lethal challenge. Mol Ther，18（12）: 2182-2189.

Zhou D，Zhou X，Bian A，et al. 2010. An efficient method of directly cloning chimpanzee adenovirus as a vaccine vector. Nat Protoc，5（11）: 1775-1785.

第三章　腺相关病毒

腺相关病毒属于微小病毒科的依赖性病毒属，无包膜，衣壳内含线性单链的 DNA，共鉴定了 11 个血清型及 108 个变株。尚未发现感染该病毒可导致典型的临床病理改变或疾病。腺相关病毒的复制周期包括裂解阶段和溶源性阶段，在溶源性阶段病毒可采用位点特异性地整合到细胞染色体上或以附加子（episomal form）的形式存在，在辅助病毒如腺病毒、单纯疱疹病毒存在的情况下，可被拯救，因此，是一种典型的复制缺陷型病毒。

重组腺相关病毒载体在基础研究和基因治疗领域非常具有吸引力。其显著优势在于以下方面。野生型腺相关病毒缺乏对人类的致病性，以此为基础研制的重组腺相关病毒载体具有非致病性和安全性的特点，到目前为止，已在小鼠、兔、狗和非人灵长类动物等动物模型进行了重组腺相关病毒载体的临床前的研究，腺相关病毒具有广谱的宿主范围。人体临床试验的方案和数量正持续增加，至少有 100 个临床试验方案是以重组腺相关病毒载体为基础的。已有超过 300 例的人体注射，从局部到全身性应用，尚未有严重不良反应的报道，说明人体试验的数据证实是非常安全的。在人体的免疫原性相对较低；可感染分裂细胞或非分裂细胞；应用途径包括骨骼肌内注射或靶向心脏、肝脏、中枢神经系统、视网膜和肺等组织；由于机体的组织细胞通常不表达病毒整合到细胞染色体上所需的 Rep 蛋白，因而重组腺相关病毒载体的 DNA 在细胞内常存在于染色体外，美国 FDA 将其归为非整合类载体，而且在体内持续存在的时间较长，可以持久表达外源基因。已发表的大量文献也支持绝大多数的 rAAV DNA 在细胞内以附加子形式存在。2012 年底，以重组腺相关病毒载体为基础的基因治疗药物 Glybera 已在欧盟获批上市。其他的如治疗先天性黑矇和帕金森病等的基因治疗药物，临床试验最接近成功。

第一节　腺相关病毒简介

一、生物学特性

微小病毒科（Parvoviridae）是目前动物病毒中最小、最简单的单链 DNA 病毒，无包膜，病毒体呈二十面体，大部分有 3 个衣壳蛋白，内含线性的单链 DNA。腺相关病毒（adeno-associated virus，AAV）属于微小病毒科的依赖性病毒属（dependovirus），是一种典型的复制缺陷型病毒。其特征在于：与辅助病毒如腺病毒、单纯疱疹病毒、痘病毒或人乳头瘤病毒等共同感染宿主细胞的情况下，辅助病毒可以改变细胞内环境，有利于 AAV 的基因表达并完成复制，最终形成产毒性感染（productive infection）。在缺乏辅助病毒的情况下，AAV 在多种类型的细胞中形成潜伏感染（latent infection），采用位点特异地整合到细胞染色体上或以附加子的形式存在。尤其是 AAV-2（serotype 2），它是目前唯一能够位点特异性地整合到染色体 19q13.4 上，建立稳定的潜伏感染状态的哺乳动物 DNA 病毒，在随后被辅助病毒感染后，AAV 可以被拯救，完成复制周期。

（一）血清型

　　AAV 是从腺病毒的污染物、人群或非人灵长类动物等的组织中分离鉴定到的。共鉴定了 11 个 AAV 血清型及 108 个 AAV 变株（variant）。AAV-1～AAV-6 血清型是从腺病毒的污染物分离得到的，AAV-5 从人细胞培养物中分离。人群中具有较高的针对 AAV-2、AAV-3 和 AAV-5 型的中和抗体，因此认为 AAV-2、AAV-3 和 AAV-5 型是人体来源的。AAV-4 来源于猴组织，针对它的中和抗体在非人灵长类动物较为常见。针对 AAV-1 的抗体存在于猴血清，但其基因组是在人体组织中分离到的。AAV-6 被认为由 AAV-2（左端 ITR 和 P5）和 AAV-1（除左端 ITR 和 P5 的剩余部分）重组形成，AAV-6 的血清学特点与 AAV-1 相似。血清型 AAV-9 来自于人体组织，血清型 AAV-7、AAV-8、AAV-10 和 AAV-11 来源于非人灵长类动物，与血清型 AAV-1～AAV-6 不同的是，它们被不断地从人或非人灵长类动物组织中分离到新的血清型和变株，不是作为活病毒形式，而是通过签名 PCR（signature PCR）技术，利用高度保守序列扩增 Cap 基因一小段可变区的 DNA 序列，以筛检是否是新 AAV 分离株，然后利用 PCR 技术获得新 AAV 分离株的 Cap 或（和）Rep 基因全长序列。基于这一技术，在人类、非人灵长类动物、马、猪、牛、绵羊、山羊和蛇等的不同组织器官，发现了大量具有多样性的 AAV 的基因组。但新分离的病毒株尚未进行血清学分型，通称为变株。

　　微小病毒科的基因组结构相对较为保守，AAV 不同血清型和变株的基因组结构与 AAV-2 型较为类似，主要由不同血清型的衣壳蛋白结构中表位的差异所造成，AAV 血清型 AAV-1～AAV-9 的衣壳蛋白在氨基酸水平的一致性大约为 45%。导致不同血清型在吸附细胞表面能力、病毒受体、胞内交通和抗原性等方面具有明显的区别，以及针对不同组织和细胞的转导效率不一致，体现出不同的组织极性（tissue tropism）。表 3-1 列举了转导不同组织器官的 AAV 最优血清型。

表 3-1　转导不同组织器官的 AAV 最优血清型

组织	最优血清型
肝脏	AAV-8、AAV-9
骨骼肌	AAV-1、AAV-7、AAV-6、AAV-8、AAV-9
中枢神经系统	AAV-5、AAV-1、AAV-4
肺	AAV-9
心脏	AAV-8
肾	AAV-2
胰腺	AAV-8
眼睛（光受体细胞）	AAV-5、AAV-4

（二）病毒结构

　　1965 年，人 AAV 最早是从人群体内分离的腺病毒储存物的污染物中发现的。1982

年，血清型 AAV-2 的第一个感染性克隆建立，此后，常用 AAV-2 作为原型病毒进行研究 AAV 的特性。本文以 AAV-2 型作为 AAV 的原型来讲述 AAV 的基本特征。AAV-2 型的基因组为线性、单链的 DNA 分子。正链和负链的单链 DNA 分子，以同等效率包装在病毒体衣壳中。基因组全长 4679 个核苷酸。如图 3-1A 所示，基因组包括两个可读框（open reading frame，ORF），3 个启动子（启动子已在基因组中处的作图位置标示，分别为 p5、p19 和 p40 启动子），以及两末端为 145 个核苷酸的反向末端重复序列（inverted terminal repeat，ITR）。

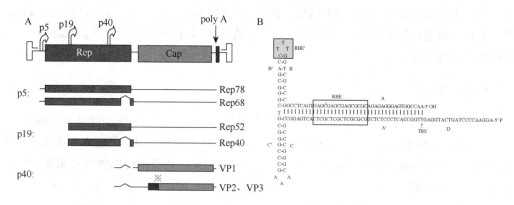

图 3-1　AAV-2 的基因组结构示意图（A）和 ITRⅡ级结构示意图（B）
※表示 ACG 密码子起始编码 VP3；RBE. GAGCGAGCGAGCGCGC；RBE'. CTTG；TRS. GTTGG

　　ITR 中的前 125 个核苷酸具有回文结构（图 3-1B），其中还存在两个小的内部回文结构，可自身折叠后经碱基配对形成"T"字形的发夹结构；剩余的 20 个核苷酸，保持非配对状态，称为 D 序列（D sequence）。另外，ITR 中还具有 Rep 结合元件（Rep binding element，RBE）、RBE 和 RBE'及一个末端解离位点 TRS（terminal resolution site）等重要序列。ITR 是 AAV 生物学中重要的顺式（cis）作用活性元件，在病毒复制中具有重要作用：在非容许条件下，ITR 在病毒复制的负调控中起关键作用；在容许条件下，作为病毒基因组复制的起点和引物。此外，ITR 对病毒基因组的包装、转录及位点特异性整合均是必需的。

　　左端的 ORF 包括 rep 基因，可编码 4 个 Rep 蛋白，即 Rep78、Rep68、Rep52 和 Rep40，均具有螺旋酶和 ATP 酶活性。较大的 Rep 蛋白如 Rep78 和 Rep68，由 p5 启动子指导转录，分别由未剪辑和剪辑的转录物产生，具有链和位点特异的限制性内切核酸酶活性（切割点在 TRS 附近）及位点特异的 DNA 结合活性（结合于 RBE）。因此它们是重要的调节蛋白，以反式（trans）方式参与调节 AAV 复制周期的所有阶段，如 DNA 复制、位点特异性整合、整合病毒基因组的拯救、调节病毒和细胞内基因表达的启动子等。特别是在辅助病毒存在的情况下，正向调节 AAV 基因的表达；反之，则负向调节 AAV 基因的表达。较小的 Rep 蛋白如 Rep52 和 Rep40，由 p19 启动子指导转录，分别由未剪辑和剪辑的转录物产生，参与单链 DNA 的聚集并包装入病毒体的衣壳。

右端的 ORF 包括 *cap* 基因，由 p40 启动子指导转录，产生两个转录物，可编码 3 个病毒衣壳蛋白，即 VP1、VP2 和 VP3。这些衣壳蛋白利用共同的 ORF，但转录起始位置不一致。包含 *cap* 基因全长 ORF 未剪接的转录物产生最大的衣壳蛋白 VP1（87kDa）。另外一个剪辑的转录物利用 ACG 作为起始密码子产生 VP2（73kDa），并利用其下游的 AUG 起始密码子产生 VP3（61kDa）。VP1 和 VP2 具有独特的 N 端，二者 C 端的氨基酸序列与 VP3 一致。AAV 的衣壳由 60 个衣壳蛋白组成对称二十面体，一般而言，VP1、VP2 和 VP3 的分子比是 1∶1∶（8/10）。VP3 含量占衣壳蛋白含量的 90%。研究显示，也可能产生仅 VP3、仅 VP3-VP1 或仅 VP3-VP2 样的病毒衣壳。这些病毒体衣壳蛋白比例的差异，最有可能影响病毒的感染性，尤其是在 VP1 含量低的情况下。缺乏 VP1 的病毒体没有感染性。

（三）病毒复制

AAV 病毒的复制，至少经历 8 个主要步骤（图 3-2）：①与细胞表面受体黏附或结合；②内吞（endocytosis）；③在细胞内经内吞体运输；④释放出内吞体；⑤进入细胞核；⑥脱壳并释放病毒基因组；⑦启动双链 DNA 的合成；⑧整合到细胞染色体或以附加子形式持久表达病毒基因。

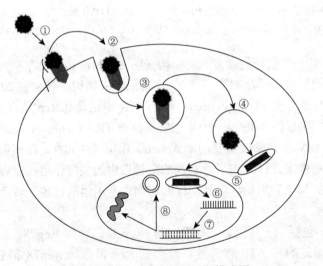

图 3-2　AAV 病毒复制周期模式图

作为最关键的第一步，不同血清型 AAV 感染的细胞类型不同，这取决于不同血清型 AAV 靶向细胞表面受体的差异。而且这也决定了不同血清型病毒在细胞内不同的运输途径。通常 AAV 病毒需要结合于细胞表面的主要受体，并在辅助受体的作用下（表 3-2），经内吞进入细胞内。依据受体类型，可将 AAV 血清型分为三大类：HS 受体（AAV-2、AAV-3 和 AAV-6）、唾液酸受体（AAV-1、AAV-4、AAV-5 和 AAV-6）、半乳糖受体（AAV-9、未界定的 AAV-7 和 AAV-8）。

表 3-2 AAV 病毒的糖苷受体和辅助受体

AAV 血清型	受体和辅助受体
AAV-1	α2～3/α2～6 N linked SA
AAV-2	HSPG、FGFR1、HGFR、integrin、37/67kDa LamR
AAV-3	HSPG、37/67kDa LamR
AAV-4	α2～3 O linked SA
AAV-5	α2～3 N linked SA、PDGFR
AAV-6	HSPG、α2～3/α2～6 N linked SA
AAV-7	
AAV-8	37/67kDa LamR
AAV-9	Galactose、37/67kDa LamR

注：HSPG. heparan sulfate proteoglycan（肝素硫酸蛋白多糖）；SA. sialic acid（唾液酸）；PDGFR. platelet-derived growth factor receptor（血小板衍生的生长因子受体）；FGFR1, fibroblast grouth factor receptor1（成纤维细胞生长因子受体）；HGFR, hepatocyte grouth factor receptor（肝细胞生长因子受体）；LamR, laminin recptor（层粘连蛋白受体）；integrin（整合素）

经 ssDNA 置换机制（displacement mechanism），完成 AAV 的 DNA 复制并形成双面复制中间体单体（monomer duplex replication intermediate，RFm）和二聚体（dimer duplex replication intermediate，RFd）（图 3-3）。ITR 作为复制起始，并且是 AAV DNA 复制唯一的顺式作用元件，并参与衣壳包装；Rep 蛋白 Rep78 和 Rep68 结合 ITR，通过特有的内切酶和螺旋酶活性，水解 TRS 位点并再次激活复制。细胞内或辅助病毒来源的 ssDNA 结合蛋白刺激病毒 DNA 复制。衣壳和衣壳蛋白在 RFm 和 RFd 的 DNA 形成中不发挥作用，但置换的 ssDNA 聚集需要依靠衣壳出现。

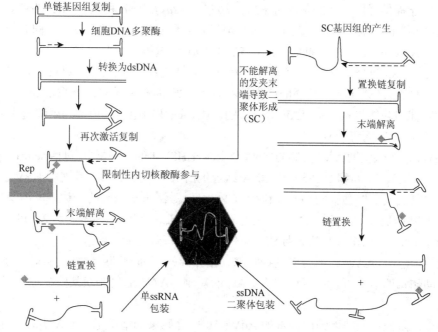

图 3-3 AAV 病毒基因组的复制模型

左为 RFm，右为 RFd

一旦 AAV 成功感染细胞，依据是否有辅助病毒存在的情况，AAV 的复制周期可以分为两个阶段：裂解阶段（lytic stage）和溶源性阶段（lysogenic stage）（图 3-4）。

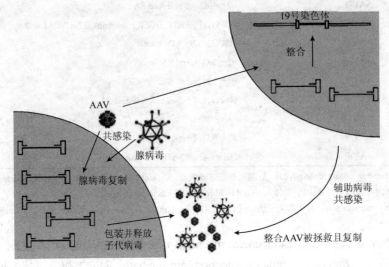

图 3-4　AAV 复制周期的两个阶段

裂解阶段：在辅助病毒如 AdV、HSV-1 等共同感染的情况下，AAV 可以经历核酸复制、病毒基因表达和病毒体产生等过程，最终形成产毒性感染。尽管 AdV 和 HSV-1 参与提供辅助功能的基因各不相同，共同之处在于它们均调节感染细胞内基因的表达，使感染细胞成为 AAV 复制的允许性细胞，有利于 AAV 形成产毒性感染。

AdV 能提供辅助功能的基因有 *E1a*、*E1b55K*、*E2a*、*E4orf6* 和 VA RNA（viral associated RNA）。*E1a*（transactivator）基因编码产物可以激活 AdV 其他的启动子，同时结合 YY1 以解除对 AAV p5 启动子的抑制。*E1b55K* 和 *E4orf6* 编码的蛋白质共同作用，促进 AAV 的复制及第二链的合成。*E2a* 基因编码产物是一个单链 DNA 结合蛋白（DBP），和 VA RNA 一起可以增加 AAV mRNA 翻译的稳定性和效率，尤其是 AAV Cap 蛋白的表达。总体来说，AdV 辅助功能包括增强 AAV 蛋白质的产生、改变细胞内环境、利用细胞内的 DNA 多聚酶促进 AAV 病毒的复制。

HSV-1 能提供辅助 AAV 复制的功能，至少涉及 HSV-1 的复制蛋白，包括 helicase/primase complex（UL5、UL8 和 UL52）和 DNA 结合蛋白 ICP8（UL29）。其他的 HSV-1 蛋白可联合这些复制蛋白增强辅助功能，包括 ICP0 可以激活 *rep* 基因的表达，ICP4 和 ICP22 可增强 ICP0 活性，HSV-1 DNA 多聚酶复合体（UL30 和辅助因子 UL42）可以不依靠 helicase/primase complex 作用，导致 AAV 基因组的有效复制。

此外，感染 AAV 的细胞受到羟基脲、拓扑异构酶抑制剂或紫外线照射等处理，在缺乏辅助病毒的情况下，也可以刺激 AAV 的复制。AAV 的复制在某些细胞也可以自发发生。

溶源性阶段：在缺乏辅助病毒如 AdV、HSV 等感染的情况下，AAV 几乎不能复制，基因表达受到抑制，AAV 基因组会整合到染色体 q13.4 的一个 4kb 大小的区域（命名为

AAVS1）上建立潜伏感染，这是 AAV 复制的特征之一。AAVS1 位点位于 *MBS85* 基因的上游，目前还不清楚 *MBS85* 基因具体的编码功能，仅认为其可能与肌动蛋白分布有关。AAVS1 相邻近的是一些肌肉特异性基因 *TNNT1* 和 *TNNI3*。组织培养证实外源基因整合于 AAVS1 位点是安全的。目前明确的是，参与这一过程的包括 AAV 病毒自身及受感染细胞。AAV 病毒成分包括：起顺式作用的 ITR 和定位于 p5 启动子的长度为 138bp 的整合效率元件（integration efficiency element，IEE）；起反式作用的 Rep78 或 Rep68 蛋白。尚不明确是否需要全长的 IEE 或仅其中 16bp 的 RBE 就可充分整合。AAV-2 潜伏感染的培养细胞是没有致病性的，其中 Rep 蛋白依靠其自身的启动子进行表达，并受负反馈的调节。但 Rep 蛋白的过表达会抑制细胞的分裂或诱导细胞的凋亡。染色体 q13.4 的 AAVS1 位点中最少的是 33bp 的序列，包含由 8 个核苷酸分开的 RBE 样和 TRS 样序列，对 AAV 的靶向整合是必要而且充分的条件。位点特异性的整合过程即使是在 Rep78 和 Rep68 蛋白理想表达的条件下，也未必完全是位点特异的，40%～70% 的整合发生在 AAVS1 位点。因此，细胞内参与整合的调节因素目前尚知之甚少。

（四）对环境理化因素的抵抗力

AAV 对理化因素如温度和 pH 的抵抗力强，对化学消毒剂如 1% 次氯酸钠、2% 戊二醛、0.25% 十二烷基硫酸钠等敏感。

二、致病性与免疫性

约 80% 人群的血清抗 AAV 抗体阳性，这些抗体针对的血清型是 AAV-1、AAV-2、AAV-3 和 AAV-5 型。但针对 AAV 在人群自然感染史的认识非常少，且未发现这些感染导致临床典型的病理改变或疾病。有流行病学证据表明，仅 14% 的女性宫颈癌患者体内检测到低滴度的抗 AAV 抗体，而在高达 85% 的健康女性体内可检测到高滴度的抗体。因此，除了在急性的腺病毒感染分离到 AAV 病毒颗粒外，有人假设 AAV 可经性传播，伴随 HPV 或 HSV 感染，并对机体提供保护作用。

第二节　腺相关病毒载体转基因技术原理

一、蛋白质表达型腺相关病毒载体

（一）三成分包装系统

在细胞水平进行重组 AAV 病毒体（rAAV、ssAAV、single-stranded AAV）的组装，必须依赖于 3 种成分，即转移载体，由转基因可读框及野生型 AAV 两侧的 ITR 区组成；AAV 的 *cap* 和 *rep* 编码序列；辅助病毒功能。依据这一原理，建立了各种各样的方法和细胞培养系统以制备 rAAV，并且这些方法和培养系统还在不断完善之中。目前最常使用的 rAAV 载体系统是二（或三）质粒转染 HEK293 法（two/three plasmid transfection of adherent HEK293 cell），包括 rAAV 转移载体、rAAV 辅助质粒和（或）辅助病毒质粒 3 部分（图 3-5）。

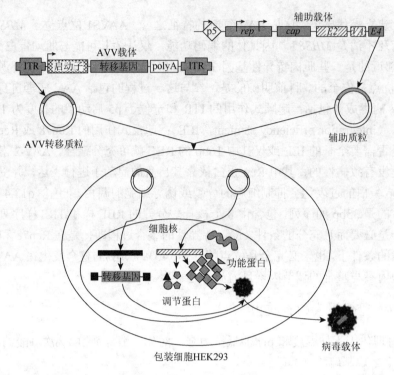

图 3-5　重组腺病毒（二质粒）包装系统

　　rAAV 转移载体的制备原理是，仅保留野生型 AAV 基因组中决定其复制、包装和整合必需的顺式作用元件——基因组两端的 ITR 序列；全部去掉 *rep* 和 *cap* 基因及其控制序列，用外源基因及其控制序列代替。因此 ssAAV 的包装能力，如包括 ITR 序列，则为 4.7~5.0kb，或外源性转基因的大小为 4.4~4.7kb；如果考虑去掉启动子和 polyA 尾信号等序列，实际包装外源基因的上限仅为 4.4kb。

　　rAAV 辅助质粒是克隆 ITR 缺失的野生型 AAV 的基因组，以反式方式提供 *rep* 和 *cap* 基因编码蛋白质的功能。这样做的目的在于在病毒包装过程中，避免野生型 AAV 病毒的形成。

　　最初常用野生型 AdV 或 HSV-1 作为辅助病毒，直接与上述系统共感染细胞，产生 rAAV 病毒体。但此过程中也会产生大量的子代辅助病毒 AdV 或 HSV-1。因此，设计辅助病毒质粒以解决此难题。例如，AdV 辅助病毒质粒，包括其起辅助功能的基因 *E2a*、*E4orf6* 和 VA RNA。*E1a* 和 *E1b55K* 可由 HEK293 细胞提供。当 3 种质粒通过磷酸钙法共转染 HEK293 细胞后，ssAAV 中的外源基因构件可被拯救并进行复制，最终包装入新生的 AAV 衣壳，产生 rAAV 颗粒。ITR 缺陷的 rAAV 辅助质粒与 ssAAV 转移载体无同源性，仅提供互补功能，不能被包装，因此不会产生野生型 AAV 污染；缺乏 E1 区基因的辅助病毒质粒，仅在 HEK293 细胞提供 E1 区基因产物的情况下，启动 AdV 辅助病毒基因的表达，而不能复制，因此也不会产生野生型 AdV 的污染；最终获得的产物是仅具有感染性的 rAAV 病毒颗粒。

　　二（或三）质粒转染 HEK293 法的优点是快速、有效，并且避免了辅助病毒的使用，缺点是当 rAAV 用于心脏、肝脏和骨骼肌等时，制备大量的 rAAV 耗时、耗力。因此，采用大规模悬浮细胞培养技术可克服这一障碍，并研制了 3 种替代的方法（表 3-3）。一是采用重组杆状病毒表达系统 BEVS（baculovirus expression vector system），提供 3 种成分并感染昆虫细胞或利用包含 *cap* 和 *rep* 的稳定包装昆虫细胞系；二是利用包含 Cap 和 Rep 的稳定包装哺乳动物细胞系，并通过感染 AdV 提供辅助功能；三是利用哺乳动物细胞系和重组 HSV-1 提供 Cap 和 Rep、rAAV 和辅助功能。

表 3-3 rAAV 病毒体的大规模制备技术体系

细胞类型	细胞系	AAV 功能	辅助病毒功能	rAAV 载体
哺乳动物细胞	HEK293	pRepCap	pAd	pAAV
	HEK293	pRepCap/Ad		pAAV
	HeLa/RepCap	细胞提供	Ad5	Ad/rAAV
	HeLa/RepCap/rAAV	细胞提供	Ad5	细胞提供
	A549/RepCap	细胞提供	Ad5	Ad/rAAV
	A549/RepCap/rAAV	细胞提供	Ad5	细胞提供
	HeLa/RepCap/rAAV	细胞提供	HSV-1	细胞提供
	293/rAAV	HSV-RepCap	HSV 载体提供	细胞提供
	HEK293	HSV-RepCap	HSV 载体提供	HSV-rAAV
	BHK21	HSV-RepCap	HSV 载体提供	HSV-rAAV
昆虫细胞	Sf 9	Bac-Rep+Bac-VP	Bac 载体提供	Bac-rAAV
	Sf 9	Bac-RepCap	Bac 载体提供	Bac-rAAV
	Sf 9/RepCap	细胞提供	Bac 载体提供	Bac-rAAV

四大系统的技术流程，仍在不断改进和发展之中，各有千秋。常规的质粒转染 HEK293 细胞法作为最广泛使用的系统，其质粒可以通过多细胞工厂或摇瓶大规模制备，以及目前发展了 HEK293 细胞的悬浮培养方法，制备的 rAAV 足够临床前和临床早期研究，但不适宜用于Ⅲ期临床和商业化应用。

重组杆状病毒表达系统感染昆虫 Sf9 细胞及采用无血清培养系统并在 27℃条件下培养，其特征在于不需要 AdV 和 HSV-1 的辅助病毒功能，但需要利用 1～3 种（取决于所提供的 AAV 的 *rep* 和 *cap* 基因，以及含 ITR 的转基因可读框）杆状病毒同时感染细胞，其产量可达 $5 \times 10^3 \sim 5 \times 10^4$ vector genome（vg）/cell。其优势包括：不使用动物来源的培养基；只需采用较低的复染指数（MOI）杆状病毒感染而非质粒转染的方式，有利于生产批间的稳定性；杆状病毒系统已经用于规模化的蛋白质生产。缺点在于：制备感染细胞的 1～3 种杆状病毒需要两个月以上；表达 Rep 的重组杆状病毒多次传代后不稳定；依据此法制备的 rAAV 的感染性弱于 HEK293 细胞制备产物，且表达的衣壳蛋白转录后修饰和衣壳蛋白的比例与 HEK293 细胞制备产物不同。现在的改进措施如经密码子优选后，Rep 和 Cap 蛋白的表达得以改善且解决了昆虫细胞中表达的 VP1、VP2、VP3 的比例，使这一系统更加适用于大规模的 rAAV 生产制备。另外发展昆虫包装细胞系，如果仅采用 1 种重组杆状病毒载体感染，可部分克服由于杆状病毒非常大的基因组（134kb）

导致的在病毒复制过程中易于缺失或不稳定性的问题。但该系统表达的 rAAV 含有大量污染的空 rAAV 颗粒，这仍是其主要的缺陷。

大规模化制备 rAAV 程度最高的技术手段，是采用具有复制能力或野生型的 AdV5 型感染的包装或生产细胞系。建立包装或生产细胞系是最为关键的步骤，但一旦建立，后续的纯化会非常快，并且已经建立证实从 rAAV 去除 AdV 5 型的方法（56℃水浴30min）。

单独 rHSV 载体技术感染细胞系，需要建立携带 rAAV 的细胞系。最常用的是双 rHSV 载体感染 HEK293 细胞系，以及在此基础上改进的悬浮细胞系如 BHK21，均不需要类似 AdV 5 型的携带病毒基因的包装或生产细胞系。困难之处仍在于制备高滴度的具有感染性的 rHSV 载体，因为从安全性的角度考虑，需要将 HSV 改造成复制缺陷型及 HSV 对生产和储存的条件等非常敏感。

（二）自我互补型 AAV 载体（self-complementary AAV vector，scAAV）

由于重组 AAV（ssAAV）进入细胞后，在启动蛋白质表达之前，重要的限速步骤是单链基因组需要转换成为双链基因组。为了克服这一限制，McCarty 等缺失了 rAAV 一个 ITR 区的 TRS（Δ*trs*），阻止其突变末端参与复制的启动，最终形成一个呈现串联的、单链的反向重复的基因组，其两端是野生型的 ITR，但中间一个是突变型的 ITR（图 3-6）。脱出衣壳后，将以中间突变的 ITR 为基础折叠形成发夹结构，形成自我互补的双链，因此，在组织或体外实验中可以快速和高效表达。这种类型的 scAAV 包装能力仅为 ssAAV 的一半，大约 2.3kb。最近的进展是利用 scAAV 表达小干扰 RNA（siRNA，small-interference RNA）。

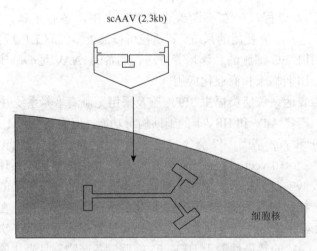

图 3-6　自我互补型 AAV 载体

（三）反式剪接型 AAV 载体

由于 ssAAV 和 scAAV 载体的包装容量均有限，限制了其在基因治疗领域的应用。

单链线性 AAV DNA 的自由末端以头-尾相接的形式经分子间重组形成串联的二聚体（concatemer），介导 AAV 在特定组织（如肌肉）中的非整合性长效表达。利用此原理，将一个较大的外源基因拆分成两个部分，分别包括剪接供体位点 SD（splice donor site）和剪接受体位点 SA（splice acceptor site），建立两个不同的 rAAV 载体或不同亚型的 ITR 杂交载体，即反式剪接型 AAV 载体（trans-splicing AAV vector，tsAAV）（图 3-7）。共感染靶细胞后，可以指导两个外源基因片段形成首尾拼接的异二聚体，经正确剪接后形成完整的基因而获得表达。该型载体可克服包装容量的限制，可达 9kb，并成功地在肺、肌肉和视网膜等部位表达。总体而言，反式剪接型 AAV 载体较 ssAAV 低效。

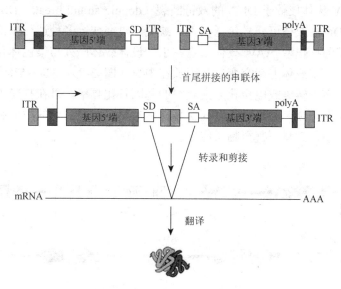

图 3-7　反式剪接型 AAV 载体

（四）衣壳蛋白修饰型 AAV 载体

自然分离的不同 AAV 血清型或变株感染不同组织的极性差异极大，是由 AAV 病毒的衣壳蛋白尤其是其中与受体结合部位的氨基酸序列的差异决定的。另外，部分人群具有针对 AAV 衣壳的抗体，尽管不同的血清型的表位可以有所变化，且不是所有的中和抗体均可以交叉反应。利用同一 AAV 载体的基因组包装入不同血清型的衣壳，建立交叉包装型 AAV 载体（cross-packaging AAV vector），一是便于直接比较不同的血清型及在体内组织极性的差异，二是为了利用不同衣壳的组织极性而有目的地改造。为了获得感染性和转导效率等特定特性改变的衣壳，可以更合理地设计，如将不同血清型的衣壳按照不同比例混合以获得镶嵌型载体（mosaic vector），或者将不同血清型的 VP 蛋白重新联合形成嵌合型病毒体（chimeric virion）。分子进化技术如 DNA 洗牌（DNA shuffling）和易错 PCR（error-prone PCR）等构成突变衣壳蛋白库，然后直接进行定向筛选抵抗中和抗体、具有特定受体亲和性或细胞嗜性的 rAAV，或者经位点导向的突变（site-directed mutagenesis）、特异肽端插入（peptide insertion）和化学接合（chemical conjugation）等方法建立免疫逃避载体。还可以利用不同细胞表面的特定受体，对 AAV 衣壳蛋白进行插入突变或缺失，导致配体改变，建立细胞靶向特异性 AAV 载体（target specific AAV vector）。还可以利用特定组织细胞表达的启动子，以实现如肌肉、肺和肿瘤等靶向特定组织的组织特异性 AAV 载体（tissue-specific AAV vector）。

二、基因打靶型腺相关病毒载体

野生型 AAV-2 在 Rep 的作用下，定点整合于人 19 号染色体的 AAVSl 位点。由于重组 AAV 不含 *rep* 基因，定点整合的可能性极度下降。可以通过高 MOI 感染及对细胞敏感的血清型衣壳包装，可能增加 AAV 的单链 DNA 入核并与细胞染色体发生重组的概率。基因打靶型 AAV 载体依赖于 DNA 的双链断裂（double strand break，DSB），AAV 通过同源重组修复 DNA 双链可介导包括插入、缺失、点突变等多种遗传修饰细胞内的基因打靶。因此，基因打靶型 AAV 载体重点在于，设计载体序列与染色体靶基因序列的同源臂的匹配长度，将载体上待突变的基因放在中央（图 3-8）。3%～5%的感染细胞可以发生整合，显著高于转染或电穿孔方式获得的基因打靶频率，且在打靶中 AAV 介导的基因表达可以长期持续，并具有高度的保真性，对基因打靶技术的发展起了很大的推动作用，广泛使用于基础科研甚至临床应用。

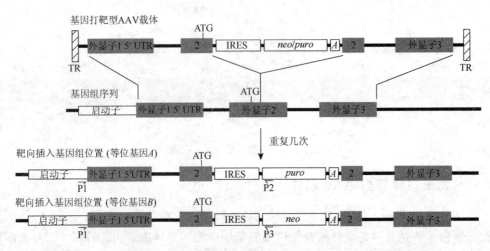

图 3-8　基因打靶型 AAV 载体及其靶向插入破坏外显子 2 的转录模式图

三、rAAV 的纯化和定量

（一）纯化

传统的纯化技术包括 CsCl 梯度离心、离子交换、凝胶过滤和亲和层析技术等，依据 AAV 血清型的不同，采用的方法也不同，并可组合使用。高产量和稳定的 rAAV 纯化程序，是保证临床试验所需的足够剂量及商业化生产所必需的，主要采用以下 3 种方法。

离子交换色谱法（IEX chromatography）：原理是依据在某一 pH 条件下，不同血清型的 AAV 衣壳蛋白的电荷不同，因而，可以利用这一技术将不同的血清型的 AAV 分离纯化，具有快速、规模化、可重复性及适用于不同血清型病毒纯化的优势。缺点在于需要摸索 pH 和盐浓度，以利于 AAV 病毒颗粒结合于 IEX 离子柱，而且这些条件依据不同的血清型而有所变化。另外，常需要多步骤才能获得高纯度的 rAAV。

受体特异性的亲和纯化（receptor-specific affinity purification）：heparan sulfate proteoglycan（HSPG）是 AAV-2 感染细胞的受体,因此肝素亲和色谱分析法（heparin affinity chromatography）利用 AAV-2 和细胞特定受体结合这一特点，进行 AAV-2 的纯化，可获得高滴度和高纯度的纯化产物并可以用于临床试验，这也是 rAAV-2 在临床试验中使用最广的原因之一。依据同样原理，mucin 被作为亲和配体以纯化 AAV-5。其他特异性针对 AAV-2 衣壳的单克隆抗体 A20 铰链的葡聚糖凝胶（sepharose），也可用于 rAAV-2 的亲和纯化。缺点是不同血清型的受体不同，因此，适用范围较窄。

AVB 葡聚糖凝胶亲和色谱法：为了克服上述方法的不足，以 AAV 衣壳中高度保守的表位为基础，制备单链抗体（14kDa）并在酵母中表达纯化后铰链到葡聚糖凝胶，以纯化 AAV 的多个血清型（如 AAV-1、AAV-2、AAV-3、AAV-5 和 AAV-8）。

（二）定量

传染性病毒颗粒的定量，是采用含 *rep/cap* 基因的细胞并接种于 96 孔细胞培养板，用 AdV 辅助病毒感染后，系列稀释的 rAAV 接种并用 $TCID_{50}$ 计算终点滴度，同时联合作为标准检查病毒基因滴度的 qRT-PCR 技术。或采用 rHSV 表达 *rep/cap* 基因作为辅助病毒的方法，可选用更多的细胞类型用于定量。

需要对终产物检测是否具有复制能力的 rcAAV（replication-competent AAV），这通常是由载体与细胞系或辅助质粒中存在互补序列造成，可影响病毒载体的表达。常将 rAAV 制备物稀释后感染 HEK293 细胞（或其他缺乏 AAV 基因的合适细胞），并在辅助病毒存在情况下作用 48h 或 72h，仅其中的 rcAAV 能复制，收集细胞，冻融后的产物重复感染 HEK293 细胞两次以上，用针对 AAVITR 区和 *rep* 基因的引物进行 qRT-PCR 检测。

第三节　腺相关病毒载体的医学应用

rAAV 载体在基础研究和基因治疗领域非常具有吸引力。其相关研究工作的应用范围非常广泛，主要集中在以下几个方面：病毒学和分子生物学；体内基因转移和表达研究；rAAV 载体的构建、生产和功能评价，临床前研究，人体临床试验，离体细胞水平的临床前和临床研究；肿瘤治疗；rAAV 载体的生物分布和应用途径；与细胞和基因治疗等的相关研究。

本节重点在于强调 rAAV 载体在临床基因治疗领域的应用。rAAV 基因治疗早期主要采用 AAV-2，进一步进展到利用 AAV-2 的 ITR，包装入 AAV-1、AAV-6、AAV-8 和嵌合型衣壳等。新分离到的 AAV 变株及对衣壳的人工改造，拓宽了新建立的 rAAV 对组织细胞的极性及基因治疗的应用领域。目前，rAAV 载体的临床试验，主要应用于单基因遗传病、肿瘤、神经系统疾病、视网膜疾病和心血管疾病（心衰），此外，在关节炎、慢性紊乱和传染性疾病等方面也有应用报道。

一、血友病 B

凝血需要一系列的酶参与反应,缺乏其中的两种Ⅷ和Ⅸ可分别导致血友病 A(hemophilia A)和血友病 B(hemophilia B)。Ⅸ因子的编码基因和调节序列很容易被包装入 AAV 载体,血友病 B 是最适合用 rAAV-2 载体进行基因治疗的疾病之一。在小鼠、狗或非人灵长类的血友病 B 模型中,rAAV 携带Ⅸ因子基因转导的靶器官为肝脏或肌肉,并在不同的动物体内有效表达了Ⅸ因子,持续时间可长达数年,取得了不同程度的疗效。在人体进行的 I / Ⅱ 期临床试验基因治疗中,尽管肌内注射并未观察到载体的毒性作用,但并未如预期那样提高血清中Ⅸ因子的水平。肌内注射所需的载体剂量是肝脏的 10 倍,且机体也在肝脏表达Ⅸ因子,因此肝脏是较为合适的靶器官。随后的临床试验提出经肝动脉灌注靶向肝脏,但出人意料的是体内Ⅸ因子表达的持续时间仅为几周,可能与机体针对病毒衣壳蛋白的细胞免疫应答并导致肝细胞的裂解损伤有关,尽管在载体中已经将 AAV 的结构基因全部去除。为解决此问题,又新启动了两个临床试验,一是采用 AAV-8 的衣壳利用自我互补包装密码子优化后的Ⅸ因子的基因,试图达到低载体剂量灌注实现有效表达,以避免高载体剂量造成的免疫反应;另一个是方案仍然是采用 rAAV-2 载体,但同时短期使用免疫抑制剂,以抑制细胞免疫应答。

二、囊性纤维化

囊性纤维化(cystic fibrosis,CF)是由编码囊性纤维化跨膜转导调节蛋白(CF transmembrane regulator,CFTR)基因的突变造成的。CFTR 是构成氯离子通道的成分,其缺乏可影响细胞的跨膜电势,后果是造成肺分泌物的聚集,并影响正常的呼吸道上皮纤毛的功能。囊性纤维化患者的肺功能障碍,并伴发以铜绿假单胞菌为首的肺部感染及胰腺分泌功能障碍。因此,用 rAAV-2 携带野生型 CFTR 的基因作为基因治疗该病,已启动 I /Ⅱ 期临床试验。治疗方式包括:直接将 rAAV 滴入上颌窦、右下肺叶支气管镜注射或气溶胶暴露。最重要的发现是检测到血清抗体但并不影响载体的应用,但缺乏有效评价肺功能改善的指标。进一步研究可考虑其他的接种途径或改用其他血清型载体。

三、视网膜疾病

rAAV 载体基因治疗遗传性视网膜疾病如 Leber 先天性黑矇,是最为接近成功的治疗方案之一,初步报告的结果是 8~44 岁的患者的视力改善。该技术具有进一步拓展到其他视网膜疾病如视网膜色素变性和缺血性视网膜疾病等的可能性,选择对特定靶细胞有亲嗜性的 AAV 血清型或 AAV 杂合体、组织特异性启动子及接种途径,是眼部疾病基因治疗的发展方向。

四、帕金森病和阿尔茨海默病

帕金森病(Parkinson disease)是神经系统锥体外系常见的慢性进行性退变性疾病,用 rAAV-2 作载体治疗帕金森病的 I /Ⅱ 期临床研究,常携带 AA decarboxylase、GA decarboxylase 和 neutrophin 等的基因，经神经外科手术后颅内（intracranial）注射应用，初步结果未观察到任何不良反应，而且患者的功能显著改善了并持续 6～12 个月，持续观察仍在进行中，这也是目前基因治疗较为接近成功的例子之一。正在进行 I 期临床试验的 rAAV-2 携带神经生长因子（NGF）基因治疗阿尔茨海默病（Alzheimer disease）。

五、肿瘤

rAAV 载体已经成为肿瘤基因治疗使用频率最高的载体系统，在体外和体内均可转染各种人肿瘤细胞系及实体瘤，并具有很高的转染率。其中，rAAV-2 在多种人肿瘤细胞系中具有最高的转染率，是肿瘤基因治疗中极有开发前景的基因载体。常见的肿瘤基因治疗有抗血管生成基因治疗、免疫基因治疗、自杀基因治疗、反义基因疗法、基因替代疗法、多药耐药相关基因疗法和抗端粒酶疗法等。除 GM-CSF 基因治疗前列腺癌已经完成Ⅲ期临床试验外，绝大多数治疗方案主要集中在临床前的研究阶段。

六、其他疾病

肢肌营养不良由肌聚糖的基因突变引起。将携带肌聚糖基因的 rAAV 进行肌内注射，使继发的生化缺陷得以恢复。进行 I/Ⅱ期临床试验的 rAAV-2 表达 HIV gag 基因通过肌内注射免疫预防 AIDS。最成功的是，2012 年底，欧盟批准以 rAAV-1 介导的脂蛋白脂肪酶（lipoprotein lipase，LPL）基因修复 LPL 缺陷患者的药物 Glybera 正式上市，能降低患者体内的甘油三酯，成为发达国家第一种基因治疗药物。

七、基因打靶

rAAV 载体应用于基因校正，基因阻断治疗疾病或生产转基因家畜、用于农业和研究的大型动物等具有无可比拟的优势，如 rAAV 载体介导的基因打靶效率高达 1%，高于质粒载体转染或电转化，宿主范围广谱，可利用多种亚型等。主要缺陷是大约 10%仍是随机整合、具有潜在的致死或致癌效应，研究显示可采用成体干细胞并在体外筛选特异打靶克隆用于疾病治疗。

八、展望

由于野生型 AAV 病毒不致病，rAAV 载体转基因技术凭借其显著的安全性，是目前病毒转基因技术中最受重视的技术手段之一，已经在多学科领域得以应用，以此为基础的基因治疗在部分难治性疾病中接近成功，为人类利用以病毒载体为基础的转基因技术治疗疾病带来了希望。尽管 rAAV 构建原理简单、明确，但是如何能加大包装外源基因的容量、GMP 条件下大规模和高纯度的制备量以满足临床试验的需要，以及发展特定细胞、组织和器官靶向的 rAAV 等，仍在不断探索和发展之中。新分离到的 AAV 变株及对衣壳的人工改造，拓宽了新建立的 rAAV 对组织细胞的极性及基因治疗的应用领域。

（范雄林　华中科技大学同济医学院）

复习思考题

1. 腺相关病毒的生物学特性。
2. 腺相关病毒载体的构建原理和规模化制备策略。
3. 腺相关病毒载体的医学应用。

参 考 文 献

Bainbridge JW, Smith AJ, Barker SS, et al. 2008. Effect of gene therapy on visual function in Leber's congenital amaurosis. N Engl J Med, 358 (21): 2231-2239.

Bell CL, Vandenberghe LH, Bell P, et al. 2011. The AAV9 receptor and its modification to improve *in vivo* lung gene transfer in mice. J Clin Invest, 121 (6): 2427-2435.

Berns KI, Giraud C. 1996. Biology of adeno-associated virus. Curr Top Microbiol Immunol, 218: 1-23.

Blacklow NR, Hoggan MD, Rowe WP. 1967. Isolation of adenovirus-associated viruses from man. Proc Natl Acad Sci USA, 58: 1410-1415.

Calcedo R, Vandenberghe LH, Gao G, et al. 2009. Worldwide epidemiology of neutralizing antibodies to adeno-associated viruses. J Infect Dis, 199 (3): 381-390.

Christine CW, Starr PA, Larson PS, et al. 2009. Safety and tolerability of putaminal AADC gene therapy for Parkinson disease. Neurology, 73 (20): 1662-1669.

Di Pasquale G, Davidson BL, Stein CS, et al. 2003. Identification of PDGFR as a receptor for AAV-5 transduction. Nat Med, 9 (10): 1306-1312.

Henckaerts E, Dutheil N, Zeltner N, et al. 2009. Site-specific integration of adeno-associated virus involves partial duplication of the target locus. Proc Natl Acad Sci USA, 106 (18): 7571-7576.

Kang W, Wang L, Harrell H, et al. 2009. An efficient rHSV-based complementation system for the production of multiple rAAV vector serotypes. Gene Ther, 16 (2): 229-239.

Maguire AM, High KA, Auricchio A, et al. 2009. Age-dependent effects of RPE65 gene therapy for Leber's congenital amaurosis: a phase 1 dose-escalation trial. Lancet, 374 (9701): 1597-1605.

Mallucci G, Collinge J. 2005. Rational targeting for prion therapeutics. Nat Rev Neurosci, 6 (1): 23-34.

Manno CS, Pierce GF, Arruda VR, et al. 2006. Successful transduction of liver in hemophilia by AAV-Factor IX and limitations imposed by the host immune response. Nat Med, 12 (3): 342-347.

McCarty DM. 2008. Self-complementary AAV vectors; advances and applications. Mol Ther, 16 (10): 1648-1656.

Nakai H, Storm TA, Kay MA. 2000. Increasing the size of rAAV-mediated expression cassettes *in vivo* by intermolecular joining of two complementary vectors. Nat Biotechnol, 18 (5): 527-532.

Smith RH, Levy JR, Kotin RM. 2009. A simplified baculovirus-AAV expression vector system coupled with one-step affinity purification yields high-titer rAAV stocks from insect cells. Mol Ther, 17 (11): 1888-1896.

Smith RH, Yang L, Kotin RM. 2008. Chromatography-based purification of adeno-associated virus. Methods Mol Biol, 434: 37-54.

Snyder RO, Flotte TR. 2002. Production of clinical-grade recombinant adeno-associated virus vectors. Curr Opin Biotechnol, 13 (5): 418-423.

Stroes ES, Nierman MC, Meulenberg JJ, et al. 2008. Intramuscular administration of AAV1-lipoprotein lipase S447X lowers triglycerides in lipoprotein lipase-deficient patients. Arterioscler Thromb Vasc Biol, 28 (12): 2303-2304.

Summerford C, Bartlett JS, Samulski RJ. 1999. AlphaVbeta5 integrin: a co-receptor for adeno-associated virus type 2 infection. Nat Med, 5 (1): 78-82.

Sun L, Li J, Xiao X. 2000. Overcoming adeno-associated virus vector size limitation through viral DNA heterodimerization. Nat Med, 6 (5): 599-602.

Tuszynski MH, Thal L, Pay M, et al. 2005. A phase 1 clinical trial of nerve growth factor gene therapy for Alzheimer disease. Nat Med, 11 (5): 551-555.

Wang Z, Zhu T, Qiao C, et al. 2005. Adeno-associated virus serotype 8 efficiently delivers genes to muscle and heart. Nat

Biotechnol，23（3）：321-328.

Yan Z，Zhang Y，Duan D，et al. 2000. Trans-splicing vectors expand the utility of adeno-associated virus for gene therapy. Proc Natl Acad Sci USA，97（12）：6716-6721.

Zolotukhin S. 2005. Production of recombinant adeno-associated virus vectors. Hum Gene Ther，16（5）：551-557.

第四章　Ⅰ型单纯疱疹病毒

疱疹病毒（herpesvirus）在自然界是广泛存在的，检测中常发现大部分动物体内至少携带一种疱疹病毒，且疱疹病毒很少能自然感染超过一种宿主，因此自然界疱疹病毒的数目很可能超过已鉴定出的 200 种。目前已鉴定出的人类疱疹病毒有 8 种，共分 3 个亚科：α-疱疹病毒亚科（Ⅰ型单纯疱疹病毒 HSV-1、Ⅱ型单纯疱疹病毒 HSV-2 及水痘-带状疱疹病毒 VZV）、β-疱疹病毒亚科（人巨细胞病毒 HCMV 及人疱疹病毒 6 型、7 型）和 γ-疱疹病毒亚科（EB 病毒 EBV 及人疱疹病毒 8 型 KSHV）。

疱疹病毒家族的成员具有以下几个方面的生物学特点。不同种的疱疹病毒可编码大量与核酸代谢、DNA 合成及蛋白质翻译后修饰相关酶类；病毒 DNA 的合成及衣壳的组装在细胞核内完成，但病毒粒子的最终装配发生在细胞质中；感染性子代病毒的产生常常伴随着被感染细胞的破坏；迄今为止所检测到的疱疹病毒都能在天然宿主体内形成潜伏感染。当病毒在细胞中形成潜伏感染时，病毒的基因组呈闭合环状，仅有一小部分病毒基因表达；潜伏期病毒的基因组保持了复制能力并且能够通过再激活而致病。尚未完全了解病毒由潜伏感染到再激活的精确分子机制，且这种机制在不同的病毒之间可能有差异。潜伏感染与慢性感染的区别是不存在感染性子代，相反，潜伏感染后的再激活把潜伏感染与流产性感染区别开来。潜伏感染的病毒能够同时在一些细胞中潜伏而在另外一些细胞中活跃增殖，可分为 3 种不同的情形：病毒基本上在所有的细胞中都是潜伏的（如 VZV）；在一部分感染的细胞中，病毒是裂解激活的，但是却没有相关的症状（如 HSV 的无症状释放，这是所有疱疹病毒最通常的情况）；病毒的裂解性复制或增殖成为疾病发生的本质原因（一些细胞仍然保持潜伏状态）。

单纯疱疹病毒（HSV）作为第一个被发现的人类疱疹病毒，已经得到深入研究。HSV 分为Ⅰ型（HSV-1）和Ⅱ型（HSV-2），都是普遍感染人类的重要病原体，引发一系列皮肤疾病。自 1988 年公布 HSV-1 基因组序列以来，一大批科研工作者已专注于研究 HSV 基因对病毒复制和致病性方面的作用。经过 20 多年的努力，很多参与病毒基因的表达调控、与宿主蛋白相互作用及逃避宿主免疫的基因也被鉴定出来。它们的生物学特性颇具吸引力，尤其是具有以下特点：能够引起一系列的感染；能在宿主中终生潜伏感染，尤其是 HSV-1，它是一个比较复杂的嗜神经细胞病毒，可经神经细胞的突触顺行或逆行传播，并能在神经细胞中建立稳定的潜伏感染而不影响神经细胞的功能；再激活可以在最初感染处或其附近造成损伤。疱疹病毒可作为研究细胞间蛋白质穿梭、神经系统中突触联系、膜结构、基因调控、基因治疗、癌症治疗等的研究模型与研究工具。HSV-1 载体已经发展成为将外源基因有效转移至神经系统的病毒载体之一。

第一节　Ⅰ型单纯疱疹病毒简介

一、生物学特性

（一）病毒结构

单纯疱疹病毒（herpes simplex virus，HSV）是疱疹病毒科的典型代表。HSV 有 HSV-1 和 HSV-2 两个血清型，与 VZV 一样同属于 α-疱疹病毒亚科。HSV-1 病毒颗粒呈球形，病毒体直径为 100nm。如图 4-1A 所示，病毒颗粒中央由双链 DNA 基因组与病毒 DNA 结合蛋白共同构成病毒核心（core），其球形直径为 75nm 左右。核心外包裹有衣壳蛋白，其有规律地由 162 个壳微粒（capsomere）组成一个二十面体的立体对称结构，核心与衣壳构成核衣壳体（capsid）。核衣壳体外为一层不对称均质的皮层（tegument），紧密地围绕着衣壳。皮层中至少包含 20 种病毒蛋白，其中有些皮层蛋白对病毒 DNA 的转录起始与病毒颗粒的复制非常重要。皮层之外为一层含有多种脂蛋白的包膜（envelope），具有多种突起结构，是病毒编码产生的糖蛋白（glycoprotein）。目前已发现有 13 种不同的病毒糖蛋白嵌入其中。病毒颗粒一旦脱膜后进入宿主细胞质，便沿着微管蛋白到达核膜，然后病毒 DNA 通过核孔注入细胞核中。

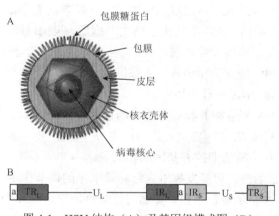

图 4-1　HSV 结构（A）及基因组模式图（B）

HSV 基因组为双链线性 DNA，其 DNA 的长度约为 152kb，在宿主细胞内以滚环方式进行复制，形成首尾相连的多联体 DNA。如图 4-1B 所示，基因组主要由两个共价连接的片段组成，即长片段（U_L）和短片段（U_S）。它们的两边分别为短的反向重复序列 TR_L-IR_L 和 IR_S-TR_S。此外，在双链 DNA 的两个末端和 IR_L-IR_S 连接处，还有一个单一拷贝的 a，含有病毒 DNA 的包装入核信号。

HSV-1 转录翻译遵循严格的时序控制，病毒基因组在整个周期中编码 80 多个病毒蛋白，根据它们在病毒复制周期中的表达动力学，可以分为 3 个时期：立即（IE，α）、早期（E，β）及晚期（L，γ）。病毒的复制、转录及新核衣壳的生成都发生在宿主细胞核中。病毒 DNA 释放进入宿主细胞核后，基因组环化，皮层蛋白 VP16 与宿主相关因子相互作用，然后结合在病毒基因组的 5 个 IE（ICP4、ICP27、ICP0、ICP22、ICP47）启动子的增强子上（TAATGARAT），从而起始转录。*IE* 基因的表达产物直接影响到 *E* 基因的转录，*E* 基因主要编码一些酶及 DNA 复制相关蛋白，最后是 L 蛋白的表达，主要是一些病毒颗粒所需的结构蛋白。

HSV 蛋白包括病毒结构蛋白和非结构蛋白，前者包括糖蛋白、衣壳蛋白等，后者包括病毒基因编码的酶类，如 DNA 聚合酶、胸腺激酶、DNA 复制酶-解旋酶等。还有其他的一些皮层蛋白位于囊膜与衣壳之间。病毒颗粒除蛋白质外，还含有亚精胺、精胺和一些来源于宿主细胞的少量蛋白质和脂类。

病毒基因也可根据病毒生长是否必需，分为必需基因和非必需基因。必需基因为病毒在培养细胞中复制所必需，缺一不可，约占病毒基因的一半，其中包括衣壳蛋白、病毒 DNA 复制蛋白、病毒 DNA 切割/包装蛋白及一些皮层蛋白。而非必需基因，对于培养细胞中的病毒复制不是完全需要的，但是针对不同宿主、发病机制及潜伏状态而言，某些非必需基因也会成为必需基因。

（二）病毒复制

单纯疱疹病毒的增殖主要包括病毒吸附、膜融合、侵入、脱衣壳、蛋白质合成、DNA 复制、核衣壳装配、囊膜形成及病毒颗粒成熟释放等过程。HSV-1 感染的细胞类型主要有两种，即上皮细胞和神经元，可通过病毒表面某些特异的囊膜糖蛋白识别宿主细胞的表面受体，实现特异性吸附。HSV-1 吸附于宿主细胞后，很快以膜融合的方式进入细胞，这种融合是病毒囊膜与细胞膜发生的融合。以膜融合方式进入细胞的 HSV 能够完成复制周期，出现感染性增殖。脱衣壳指病毒进入细胞后，核衣壳被转运至核孔处，在多种病毒蛋白的协助下将病毒 DNA 释放入核内。

在感染细胞的 RNA 聚合酶 II 和病毒蛋白的控制下，HSV-1 的基因开始转录翻译表达，其蛋白质合成严格按 *IE* 基因转录表达→产生 *IE* 基因产物→激活调控 *E* 基因的转录表达→产生 *E* 基因产物→激活调控 *L* 基因的转录表达→产生 *L* 基因产物的顺序进行。感染后 2～4h 合成的 IE 蛋白，可能发挥着病毒转录水平的调节作用。E 蛋白的合成使 IE 蛋白的合成关闭，而诱导合成 L 蛋白，如病毒特异性胸腺激酶和 DNA 聚合酶，因其与宿主细胞的不同，可作为抗病毒治疗的重要靶点。晚期蛋白一般在病毒感染细胞后 12～15h 合成，是病毒颗粒的组成成分。大部分病毒蛋白合成需要经加工后修饰才具有生物学功能，包括磷酸化、糖基化、ADP 核糖化及核苷酸化等。病毒 DNA 的合成在细胞核中进行，需要许多酶类的参与。病毒的复制主要有两种复制模式，即 θ 复制和 δ 复制，这两者复制模式的结合，最大限度地利用了病毒基因结构的特点，使其能够充分利用宿主有限的空间和时间资源，尽可能有效地复制子代病毒。

HSV 核衣壳的装配在细胞核内进行，包括衣壳的形成、DNA 加工和衣壳包装 3 个过程。装配好的病毒首先要从细胞核内逸出至细胞质，在此过程中，它要通过核膜出芽并经历第一次外膜包裹的过程。当到达细胞质后，它需要去除第一次包裹形成的外膜，并完成皮层化的过程，使得核衣壳体外形成一层皮层蛋白。然后，它再次穿越细胞膜，并经历第二次外膜包裹的过程而逸出细胞，形成最终的成熟病毒颗粒。这一完整的过程涉及细胞内的多种细胞器活动和一系列的生物学功能。

二、致病性与免疫性

HSV-1 的感染十分普遍，呈全球性分布。人是 HSV-1 唯一的自然宿主，主要通过直接密切接触传播。病毒可经口腔、呼吸道、生殖道和破损皮肤黏膜等多种途径侵入机体。血清学调查表明，HSV-1 抗体水平直接与年龄和社会经济状况相关，在多数欠发达国家，30 岁以上人群 HSV-1 抗体的阳性率为 90%；美国中产阶层人群中有 50%～60%可检出 HSV-1 抗体，而社会经济状况较差的群体则接近 90%可检出抗体。

初次感染多无临床症状，病毒感染的局部浸润细胞初期为中性粒细胞，继而出现单核细胞浸润。在 HSV-1 感染的细胞内，病毒特异性基因产物受到严格的时序调控，但常转变为潜伏感染。HSV-1 能够通过中枢神经节或轴突和神经支配的细胞网络传播，并潜伏于感觉和自律神经节。病毒通过轴突运输，从外周神经节进入敏感神经节的细胞体中，然后进行裂解性或潜伏感染。处于潜伏感染状态时，病毒的基因组被组蛋白包裹，但是不会整合到宿主基因组中。在这个状态下，病毒进入一个相对静止的状态，病毒基因几乎都不转录，只有一些与潜伏相关的病毒 RNA（LAT 等）还在转录。当受到外界压力后，病毒可从潜伏状态激活，重新回到初始感染位点，起始裂解性复制。只有在极少数情况下，病毒颗粒进入到中枢神经系统中，起始潜伏或裂解性感染，从而引起脑炎等症状。新复制的病毒继续前行，通常在局部某个位点，形成一个稳定的唇疱疹，有 2～10 天的缓解期，最终消失。这个过程中，患者的免疫系统会发挥作用来对抗病毒。处于 HSV-1 潜伏状态的患者在受到曝晒、压力或其他感染时，该病毒常常会被激活并沿神经突触运输至末梢，从而进入神经支配的皮肤和黏膜重新增殖，再度引起病理改变，导致局部疱疹的复发。临床疾病包括急性疱疹性口龈炎、疱疹性角膜结膜炎、皮肤感染、疱疹性甲沟炎、急性疱疹性神经系统感染和全身性播散性感染等。

直接针对 HSV-1 的囊膜糖蛋白的中和抗体对宿主具有重要的保护作用，此类抗体还可介导抗体依赖细胞介导的细胞毒作用，限制 HSV-1 早期感染的扩散。中和抗体在感染后 1 周左右出现于血清中，3～4 周达高峰且持续多年。HSV-1 感染第二周检测到的特异性细胞毒性淋巴细胞（Tc），可在病毒复制完成之前破坏受感染的宿主细胞。此外，病毒的传播发生于细胞间，故不受循环抗体的影响。免疫缺陷的患者，尤其是细胞免疫功能低下者，常引起严重的 HSV-1 再激活，这可能与病毒释放时间延长和损伤的持续存在相关。

三、微生物学检测方法

确诊 HSV-1 感染的"金"标准是病毒分离培养。将水疱液、唾液、脑脊液、眼角膜刮取物等标本接种人胚肾、人羊膜或兔肾等易感细胞，也可接种于鸡胚绒毛尿囊膜和乳鼠或小白鼠脑内，均可获较高的分离率。HSV-1 引起的细胞病变常在 2～3 天后出现，细胞可呈肿胀、变圆、折光性增强和形成融合细胞等病变特征。HSV-1 单克隆抗体、HSV-1 特异性核酸探针等，可通过免疫荧光或核酸杂交法等用于病毒鉴定和分型。将宫颈黏膜、皮肤、口腔、角膜等组织细胞涂片后，用特异性抗体做间接免疫荧光或免疫组化染色检测病毒抗原。Wright-Giemsa 染色镜检，如发现核内包涵体及多核巨细胞，可考虑 HSV-1

感染。将疱疹泡液进行电镜负染等，可快速诊断。常用酶联免疫吸附试验测定 HSV-1 抗体，对临床诊断意义不大，仅用于流行病学调查。原位核酸杂交和 PCR 法可用于检测病毒 DNA。PCR 产物的特异性鉴定选用 Southern blot 法，脑脊液 PCR 扩增被认为是诊断疱疹性脑炎的最佳手段。此外，DNA 酶切图谱也可做 HSV-1 鉴定和型别分析。

四、防治原则

避免与患者接触或给易感人群注射特异性抗体，可减少 HSV-1 传播的危险。阿昔洛韦、valaciclovir、famciclovir 能够抑制 HSV-1 感染后的再激活，但常规抗病毒药物的作用是直接针对病毒 DNA 聚合酶的，故难以清除潜伏状态的病毒。HSV-1 的疫苗研究正处在不同的研发阶段。

第二节　HSV-1 载体转基因技术原理

人们对 HSV-1 的基因组序列已完全了解，病毒复制的分子机制也相对比较清楚，病毒 DNA 至少含有 37 个必需基因。U_s 区仅仅有一个必需基因 gD，所以可以被外源基因替换，修饰后的基因组可携带 40～50kb 的外源基因。于是将其作为一个载体开发，用于治疗人类某些疾病。其中包括：在神经细胞中传递及表达一些人类基因；选择性破坏肿瘤细胞；针对肿瘤的预防与免疫治疗；针对 HSV 和其他病毒疾病的预防。

与其他病毒载体相比较，HSV-1 作为载体具有以下优势：宿主范围广谱，几乎感染所有细胞系；既感染复制细胞，又感染非复制细胞，如神经细胞；具有整合长的外源 DNA 的能力；受抗病毒药物调控，如阿昔洛韦（acyclovir，ACV）或更昔洛韦（ganciclovir，GCV）；在神经细胞中作为附加子稳定存在，可持续表达外源基因；可选取鼠、猪、猴等作为模式动物进行研究。

近几年来，随着很多新技术的开发，科学家已经利用各种手段改造 HSV-1 基因组，使得外源基因能够有效传递和适当表达，对机体的危害也大大降低。如图 4-2 所示，基于 HSV-1 的载体主要有 3 类：扩增子载体（amplicon vector）、复制缺陷型载体（defective recombinant vector）、重组减毒型载体（recombinant attenuated vector）。

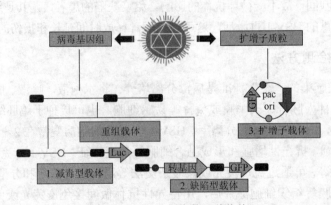

图 4-2　HSV-1 衍生的 3 种载体

一、扩增子载体

扩增子载体是一种有缺陷的、需要辅助病毒的载体，其扩增滴度相对较高，能有效感染神经元细胞。从结构和免疫学方面看，扩增子载体跟野生型 HSV-1 一样，但是它携带的是多联体质粒 DNA，而不是病毒基因组。扩增子是一种细菌质粒，除了包括在细菌中复制必需的原核复制子及可供筛选的抗性标记基因外，仅包含 HSV-1 的 DNA 复制起始序列（ori）及 DNA 切割/包装信号（pac），不含有任何其他病毒编码蛋白，不能独立进行复制。在辅助病毒的帮助下，环化的扩增子才可以进行有效 DNA 扩增，可将长至152kb 的线性 DNA 包裹入 HSV-1 颗粒中（图 4-3），成为一种含有多拷贝串联质粒的有感染性的假病毒，并可保证载体在感染细胞中以染色体外形式复制，即以附加子形式存在，不会引起宿主细胞染色体的插入突变或位置效应。HSV-1 tsk 便是一个很好的辅助 HSV-1 病毒，其复制受温度调控，31℃进行自身繁殖，同时可帮助扩增子载体进行复制包装。然后将收获的病毒粒子在 37℃条件下培养时，HSV-1 tsk 的增殖受到抑制，从而避免了潜伏感染状态被激活引起细胞病变。

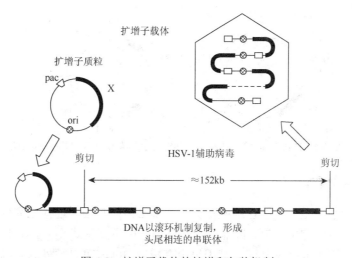

图 4-3　扩增子载体的扩增和包装机制

作为基因传递工具，扩增子载体具有以下几个优点：约 150kb DNA 超大转基因容量；扩增子可携带多个重复基因，从而提高每个细胞中的转基因拷贝；广泛的细胞趋向性，能感染树突细胞（DC 细胞）在内的多种细胞；载体容易构建；毒性低，没有细胞毒性，对生物体也没有致病性；引起插入突变的可能性非常低。

鉴于拥有大的转基因容量，扩增子成为人们最感兴趣的、多功能的、强有力的、有前景的基因转移平台之一。这些载体可以用来传递多个拷贝的小基因，或是一组编码复杂结构的一系列全长基因，或是一个长至 150kb 的单拷贝基因，包含所有外显子、内含子及大的上下游操纵基因。HSV-1 具有神经系统环境的适应性，扩增子常用来传递基因至中枢神经系统（central nervous system，CNS）或外周神经系统（peripheral nervous system，PNS）。

　　然而，即使是缺失型病毒作为辅助病毒，也会导致明显的细胞毒性和免疫反应，大大束缚了扩增子在基因治疗和疫苗生产中的应用。一些最新技术进展已经明显地提高和扩展了扩增子在神经学上的应用，使得扩增子载体得到改善，不再需要辅助病毒或是仅仅需要携带非常少基因的非致病性的辅助病毒。在最初的非依赖辅助病毒的包装系统中，其辅助功能由一系列携带 HSV-1 基因组（去除 pac 包装信号）的带有重叠区的黏粒（cosmid）提供。近来，利用细菌人工染色体（bacterial artificial chromosome，BAC）技术，将缺失 pac 信号的整个 HSV-1 基因组克隆至 BAC 中，可以在细菌中高效复制 DNA，进入细胞后也能有效地发挥 HSV-1 的功能，大大简化了系统，并明显提高了效率。还有一个基于 Cre/loxP 位点特异性重组系统，缺失了辅助病毒的包装信号，同样有效复制扩增子。扩增子载体已经成为神经学研究中一个非常有用的工具。

　　此外，还有许多衍生的 HSV-1 扩增子载体，如 HSV-1/AAV 杂交扩增子（图 4-4），将 HSV-1 携带大容量 DNA 的能力，以及 AAV 的定点整合和转基因的持续表达能力结合起来。这些方法都表明扩增子可以安全地传递大片段 DNA 进入哺乳动物的核环境中，将多年的梦想变为现实，很多科研人员还将这一特性应用到多个实验系统中去。

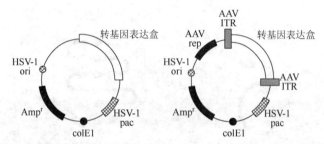

图 4-4　HSV-1 扩增子（左）及 HSV/AAV 杂交质粒（右）示意图

二、复制缺陷型载体

　　复制缺陷型载体是将一些在细胞培养中生长必需的基因有选择地突变或缺失，使得该病毒不能在正常细胞中复制，除非在转化细胞系中得到反式互补。HSV-1 编码至少 84 个基因，其中一半为非必需基因。基因组中有接近 30kb 可以被外源基因替代，这使得 HSV-1 携带一到几个外源基因进行基因治疗成为可能。

　　目前已经有几个复制缺陷型载体构建成功。利用不同的 *IE* 基因，包括 ICP0、ICP4、ICP22、ICP27 和 ICP47，以不同的组合方式进行缺失。第一代复制缺陷型 HSV-1 载体缺失了 ICP4，命名为 d120。尽管该缺陷型病毒降低了致病性，也能在脑中有效传递和瞬时表达报告基因，然而对培养的神经元细胞具有毒性，限制了其应用。而 5 个 *IE* 基因的共缺失，消除了细胞毒性，从而使得载体基因在细胞中持续表达。进一步说明第一代缺失体带来的细胞毒性为其他 4 个 IE 所致。在神经元细胞中，缺失体使得以 ICP0 IE 启动子或是 HCMV IE 启动子起始表达的外源基因能够持续表达。第二代为 ICP4 和 ICP27 共同缺失。其优点在于缺失了病毒早期和晚期基因的表达，为不同外源基因的独立表达提供了足够的空间。G47Δ 作为第三代 HSV-1 病毒载体，将 ICP6、ICP47 和 γ34.5 三种非必需基因同时敲除，具备高效、高生物安全的溶瘤能力。

三、复制减毒型载体

一些病毒非必需基因的缺失，使得病毒能够在体外有效复制，但是在体内复制受阻。几个影响到病毒复制、细胞毒性和免疫入侵的病毒基因已经被鉴定出来，这些基因通常与多个细胞因子相互作用，从而优化病毒复制条件，抑制细胞生长。鉴于这些特点，科研人员成功构建了一个在正常静止细胞中复制受限而在肿瘤细胞和分裂细胞中有效复制的 HSV-1 缺失体。

这些减毒病毒常被用来作为基因传递的治疗载体。减毒的 HSV-1 载体已经应用到活的病毒疫苗，作为溶瘤病毒和基因治疗载体传递基因进入神经细胞等多个方面。很多 HSV-1 非必需基因改变了动物模型中的毒性。其中胸苷激酶（TK）、核苷酸还原酶（RR）、Vhs 及 ICP34.5 已经得到了广泛研究。TK 的基因参与病毒生长的核苷酸代谢和神经元中的有效复制。RR 为神经元细胞 rNTP 转换为 dNTP 所必需，为新的病毒 DNA 合成所需。Vhs 的功能是导致宿主 mRNA 不稳定、细胞蛋白质合成受限，从而为病毒蛋白合成提供有利条件。在裂解性感染过程中，Vhs 也会导致病毒 mRNA 不稳定，防止 IE 和 E 蛋白的过度表达。ICP34.5 作为神经毒性因子，参与 HSV-1 的致病性。它参与病毒复制的多个时期，具有多功能，其中之一是阻止细胞因子引起的病毒生长受限。ICP34.5 招募蛋白磷酸酶 Ia，再次磷酸化为 eIF2α，保证蛋白质翻译及病毒复制的顺利进行。肿瘤细胞的 PKR 途径通常被破坏，eIF2α 水平上升，使得 ICP34.5 缺失体病毒也能复制。在非允许细胞中，ICP34.5 的缺失使得核衣壳依旧停留在细胞核中，病毒复制不能持续下去。

最新开发的减毒型载体，除了将上述病毒基因缺失外，也插入一些编码各种细胞因子的基因（IL-4、IL-12、IL-10、GM-CSF）或是共刺激因子 B7-1，从而最大限度地提高肿瘤免疫原性。减毒型 HSV-1 作为载体，除了考虑遗传稳定性因素外，还有许多安全因素值得探讨，如病毒的潜伏、再激活，或者是与有毒力的野生病毒重组等。

四、重组 HSV-1 病毒粒子的纯化和定量

（一）纯化

扩增子载体在辅助病毒的帮助下，包装成具有感染能力的假病毒。连同另外两种衍生病毒载体（复制缺陷型和复制减毒型）扩增出来的病毒粒子一样，均采用野生型 HSV-1 的纯化和定量方法。为了得到较高滴度和纯净的病毒粒子，通常采用蔗糖梯度离心，从而有效地富集和纯化病毒粒子。其操作步骤简介如下。

（1）待感染病毒的细胞出现肿胀、变圆、细胞融合等病变后，收集细胞及上清液。

（2）−70℃和 37℃反复冻融，裂解细胞。

（3）低转速离心，收集上清液。

（4）22 000r/min 离心 1h，去上清液。

（5）利用 TBSal［200mmol/L NaCl，2.6mmol/L KCl，10mmol/L Tris-HCl（pH7.5），20mmol/L MgCl$_2$，1.8mmol/L CaCl$_2$］重悬，加入不同浓度的蔗糖（30%、40% 和 50%），20 000r/min 梯度离心 2h。

（6）收集蔗糖浓度为 40%～50% 的液体，再次离心，并重悬于 TBSal 中。

（7）存储在-80℃冰箱或液氮罐中备用。

（二）定量

关于病毒粒子的滴定，通常采用空斑形成实验，能够检测有感染能力的病毒。一般来讲，用一系列病毒粒子稀释物感染单层 Vero 或其他宿主细胞。病毒将会在感染的细胞中繁殖，最终导致细胞毒性作用，并被释放出来。释放的病毒将感染邻近的细胞。这整个过程将被不断重复，最终导致空斑的形成。为了阻止病毒扩散到细胞的其他区域并开始新的空斑形成过程，在完成最初的感染后，要将一层软琼脂铺在细胞的表层上面。其操作步骤简介如下。

（1）在 96 孔板铺 Vero 细胞直至长满。

（2）用培养基梯度稀释病毒。可以用 EP 管把病毒稀释好，一般每个浓度做 3 个重复。

（3）吸去 96 孔板里的培养基，每孔加 100μl 病毒液。

（4）1～1.5h 后，吸去病毒液，注意每次都要换枪头。再补 200μl 完全培养基（含 2%FBS）培养 24～48h，密切观察，直至最低浓度出现的空斑数不再增加。

（5）弃去培养基，每孔中加入 30μl 5% 结晶紫＋70% 乙醇溶液，孵育 2min 后，用双蒸水反复洗。

（6）干燥后，数空斑，计算滴度。

第三节　HSV-1 载体的医学应用

HSV-1 具有嗜神经细胞的特点，并可建立稳定的潜伏状态，因而成为外源基因进入神经系统的新型病毒载体。20 多年的研究表明，HSV-1 病毒载体已经开辟了一条从理论设想到基础研究再到临床探索的全新基因治疗道路。相对于传统的基因治疗方式和效果，目前的研究数据和结果的确让人们对 HSV-1 载体充满期待。

由于 HSV-1 病毒可靠的生物安全性，在基础研究的同时，HSV-1 病毒衍生的 3 种载体很早就被应用于临床试验中。其中，扩增子载体作为基因传递载体主要应用在以下几个方面：神经系统遗传性基因病的实验性基因治疗，如运动失调；利用帕金森病和阿尔茨海默病的实验模型研究神经变性失调；神经保护和突触复位；脑瘤；在动物模型中研究焦虑、性行为、学习和记忆引起的神经系统的一系列复合功能。

很多不同类型的载体也已经进入临床前期阶段，不仅仅针对神经系统，对肌肉、心脏、肝脏等组织也有一定的治疗研究。这里介绍该病毒载体在溶瘤性治疗、疫苗开发及治疗慢性疼痛方面的应用。

一、溶瘤性治疗

遗传上改变的能进行复制的病毒载体已经被应用到肿瘤治疗、基因传递和疫苗载体上。这些高度减毒的病毒可以有选择性地侵入并杀死肿瘤细胞，这个过程称为溶瘤性病毒疗法，在过去十几年进行了很广泛的研究。HSV、腺病毒和牛痘病毒等已经被改造用来进行肿瘤治疗。作为一类溶瘤性病毒载体，HSV-1 类病毒具有一些很明显的优势：可以感染很多细胞类型和肿瘤细胞；HSV-1 类病毒的 DNA 基因组庞大，还很容易通过现代 DNA 重组技术进行修改，重组加入外源治疗基因，从而加强病毒的溶瘤性；部分病毒已经开始临床应用于人类肿瘤如脑胶质瘤，且生物安全性较好；具备有效的药物控制。

　　HSV-1 溶瘤病毒载体依靠肿瘤细胞中特有的高表达酶系胸苷激酶（thymidine kinase，TK）和核糖核苷还原酶（ribonucleotide reductase，RR）启动并不断完成自我复制，诱导免疫杀伤反应，最终导致肿瘤细胞的崩解死亡。而对于分化成熟的正常细胞，由于缺乏特定酶系 TK 和 RR，病毒即使进入细胞也不会启动自我复制。dlspTK 是一株缺失 TK 的重组 HSV-1，可依赖肿瘤细胞中的高含量的 TK 得到复制，接入裸鼠脑内的神经胶质瘤中可抑制肿瘤生长。但是发现该病毒株仍具有神经毒性，而且 TK 是抗肿瘤药物 GCV 或 ACV 作用的靶分子，所以不能同时利用这两种药进行治疗，使得该病毒株的溶瘤性应用大大受限。hrR3 是利用 *LacZ* 基因插入 RR 的基因使之失活的 HSV-1 重组株，对大鼠胶质瘤及转移性的结肠癌和胰腺癌均有治疗效果，但仍具神经毒性。研究发现，缺失 γ34.5 的重组 HSV-1 丧失神经毒性，且能在分裂细胞中进行复制，缺失双拷贝 γ34.5 的重组 HSV-1 R3616 和 R1716 在小鼠实验和 I 期临床试验中均表现出很高的安全性。R3616 用于治疗神经胶质瘤和卵巢瘤等。在小鼠体内，R1716 与化疗药物联合治疗非小细胞肺癌、乳腺癌、恶性间皮瘤和神经母细胞瘤也呈现出较好的疗效。

　　研究工作者接着开发了多基因突变的溶瘤病毒，主要是将 γ34.5 连同一个或几个 *IE* 基因一起缺失，如 NV1020、G207 和 G47Δ。NV1020 病毒是将 HSV-1 的大部分 IR 区缺失掉，将 HSV-2 的多个囊膜糖蛋白编码基因插入该位点，同时保留单一拷贝的 γ34.5，目前已进入 II 期临床试验阶段。由 NV1020 改造而来的 NV1023 对前列腺癌、头颈鳞癌、结肠癌等都有一定的抑制效果，具有融合细胞能力的 OncSyn 和 OncdSyn 也能有效抑制小鼠体内乳腺癌的生长。G207 病毒在 hrR3 基础上删除了双拷贝的 γ34.5，安全性高，对 GCV 和 ACV 也非常敏感，在临床 I b/II 期中，可以有效地治疗恶性胶质瘤。G47Δ 病毒是在 G207 基础上敲除 *ICP47* 改造而成的。ICP47 与被感染细胞中 I 型 MHC 介导的抗原呈递有关，被删除后可诱导产生强大的免疫效应，杀伤被感染细胞。敲除 *ICP47* 基因的同时将其后面的 U_S11 晚期基因的启动子一并敲除，U_S11 直接受控于 *ICP47* 基因启动子，使其变为 *IE* 基因。这样反而提高了 G47Δ 病毒的自我复制能力，使得 G47Δ 病毒成为更安全、更有效的溶瘤性病毒。在小鼠肿瘤模型中，该病毒株抑制肿瘤的效果明显强于 G207。

　　此外，研究者在改造 HSV-1 病毒本身的同时，还构建了一系列携带免疫激活、肿瘤治疗和肿瘤靶向基因的溶瘤 HSV-1 株，从而增强抑杀肿瘤的活性和肿瘤靶向性。一些抑癌基因已经成为了 HSV-1 病毒载体的主要研究对象。Todo 等将 IL-12 或可溶的 *B7-1* 基因整合到 G207 的基因组，将其应用于临床试验并取得良好的治疗效果。Yasushi 等将 IL-12、IL-18 和 B7-1 分别或一起整合至 UMGH-1 病毒（基因组结构类似于 G207 基因组），形成 4 种带外源基因的新 MGH-1 突变体病毒。无论体外细胞毒实验还是移植瘤生长抑制效果，4 种病毒都优于 MGH-1 的杀伤效果。为了提高病毒株的靶向性，将病毒复制必需的基因置入肿瘤特异性启动子或增强子的控制下，使病毒特异性地在肿瘤细胞中增殖。以胰腺癌特异性启动子和脑肿瘤特异性启动子分别控制 ICP47 和 γ34.5 基因，获得的重组病毒分别靶向胰腺癌和恶性胶质瘤，并能有效地抑制肿瘤生长。

还有一种溶瘤 HSV-1 是从病毒自发突变而来的。例如，HF10 是临床中筛选获得的一株安全性较高的溶瘤病毒，其基因组的 U_L 与 U_L/IR_L 连接处缺失了 3.8kb（116 515～120 347bp），TRL 中 6025～8319bp 缺失，并反向插入了 HSV-1 中 110 488～116 514bp 的 DNA 片段，使得 U_L43、U_L49.5、U_L55 和 LAT 不能表达。人们已经利用 HF10 进行了两个临床试验，一个是 6 名复发的乳腺癌患者，接受 HF10 治疗后，肿瘤明显消退，未见明显的不良反应；另一个是 3 名头颈鳞癌患者接受 HF10 治疗后，肿瘤没有明显消退，但是利用病理学检验发现大量肿瘤细胞死亡或成纤维化。HF10 也已经作为辅助病毒用于抑制肿瘤的动物模型实验中。

此外，溶瘤病毒与化学疗法或者放射疗法的结合治疗也被应用在临床前模型中。但是，这种协调效应的分子机制目前还不清楚。一个广被接受的假说认为，放射疗法或化学疗法增强了 GADD34（阻断细胞周期至 G1/G2）的表达水平，因而提高了病毒的复制能力，从而加强了抗肿瘤效应（图 4-5）。对 HSV 感染的头颈癌、胆管癌及肺癌细胞进行辐射，均发现了 GADD34 表达的上调。因此，很可能存在多个机制参与溶瘤病毒和传统疗法的结合治疗，这种协同治疗方法有助于最大限度地提高溶瘤效率，同时降低治疗相关的毒力效应。

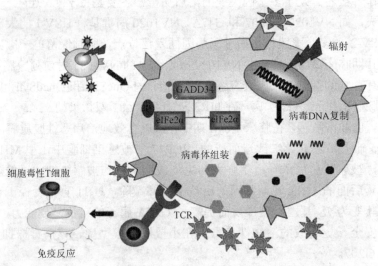

图 4-5　辐射效应增强了病毒的复制并促进了肿瘤细胞的裂解

二、疫苗开发的应用

携带外源抗原的 HSV-1 载体作为抗病毒感染的预防载体具有以下几个优点：不同的接种方式都可引发强有力的、持续的免疫反应；病毒 DNA 以附加子的形式游离在宿主细胞基因组外，避免了随机整合带来的安全隐患；携带 TK 基因可结合特异性的抗病毒药物，杀死病毒感染的细胞。

扩增子已经用作 HIV、胞内细菌及神经致病因子（阿尔茨海默病、朊病毒失调等）的疫苗载体。扩增子已经成功用来携带 MoMLV 载体的全部基因，因此可以拯救整合入细胞基因组上的逆转录病毒，表达 HCV 的结构蛋白或非结构蛋白。还有一个很有趣的观点是扩增子作为细胞因子的携带载体能够成为肿瘤疫苗的研究策略。

病毒的复制是引起强有力免疫反应的有效抗原的必要条件，然而，包括复制缺陷型 HSV-1 在内的一些非复制型疫苗也能引发免疫反应。这些病毒仍然具有感染宿主组织的能力，但是引发比较低的细胞毒性，可能与之在宿主中不能复制和传播有关。一个 ICP4、ICP22、ICP27 缺失的 HSV-1 携带卵清蛋白（ovalbumin，OVA）作为抗原模型保护了由单核细胞表达的 OVA 引发的致死效应。此外，缺失 ICP27 的突变体 HSV-1，携带 SIV Env 和 Nef 抗原感染恒河猴，有效保护了高致病性 SIV mac239 引发的黏膜破坏。

到目前为止，复制缺陷型 HSV-1 仅有 NV1020 用作人类疫苗载体。这个基于 HSV-1 F 株的病毒，含有基因组的 U_S 部分片段，编码糖蛋白 G、D、I 和 E 由 HSV-2 的同源区替代，仅仅有一个拷贝的 ICP4。在啮齿动物和灵长类动物中，这个病毒高度减毒。鉴于其过度减毒和比较弱的免疫力，现在已经停止研发。

三、治疗慢性疼痛

癌性疼痛的治疗长久以来是一个医疗难题，对人类健康和社会发展造成了影响，在北美地区是仅次于上呼吸道感染的第二大常见病。尽管很多疼痛可通过药物治疗，但药物作用于神经系统引起镇静、烦躁焦虑、呼吸抑制，作用于非神经部位可引起尿潴留、便秘，还有成瘾性和耐受性，这些都限制了药物的使用。

病毒载体转基因具有转染效率高、外源基因的表达稳定持久等优点，利用无毒的复制缺陷型病毒载体，将目的基因导入中枢神经系统，有望得到显著而稳定持久的表达，从而达到治疗的目的。

HSV-1 介导前脑啡肽基因（*hPPE*）治疗慢性疼痛已经得到了应用。Wilson 等使用携带 *hPPE* 基因的重组病毒型 HSV 载体在人巨细胞病毒（HCMV）启动子的控制下，免疫组化方法发现在脊髓背角和背根神经节（DRG）中有 *hPPE* 的表达，抑制 C 纤维对辣椒素（低刺激强度）和（或）Aδ 对二甲亚砜（高刺激强度）刺激的敏感性，大鼠缩腿反应潜伏期明显延长，提示能够通过病毒载体转染目的基因改变感觉神经元的功能。他们在大鼠足跖部接种前脑啡肽基因的 HSV-1 缺失体（去除 ICP4），利用福尔马林（甲醛）实验发现载体直接介导的脑啡肽表达对甲醛炎性疼痛刺激可产生抗伤害作用，持续时间可达 4 周，重新接种载体则可再次产生阵痛效应。这个过程可通过神经鞘内注射纳洛酮阻断，提示这种抗伤害作用是由鸦片受体介导的。

Goss 等将溶骨性骨肉瘤细胞（NT-TC）注入鼠右股骨骨髓腔中，7 天后接种 hPPE 载体，对照组接种表达 LacZ 的载体，结果发现接种了 hPPE 的老鼠，疼痛相关行为明显减少，并可通过纳曲酮拮抗，说明 HSV-1 介导的 hPPE 的基因治疗对癌性疼痛也具有明显的抗伤害作用。

以 HSV-1 为基础的非复制型载体还应用于治疗帕金森病、脊髓损伤导致的疼痛。此外，利用该病毒介导的血管内皮生长因子（VEGF）转移到糖尿病神经病变小鼠的背根神经节中也产生了较好的疗效。

HSV-1 衍生载体对慢性疼痛的治疗具有积极意义，但是该病毒载体介导的基因治疗尚处于临床试验前期阶段，还存在一系列问题有待解决，如病毒载体存在的神经毒性、病毒蛋白导致的神经元裂解、最佳靶基因的选择、转基因表达的稳定性及靶向性、应对宿主的免疫策略等。

四、展望

利用 HSV-1 溶瘤病毒载体进行多种肿瘤细胞的治疗已经成为一类重要的生物治疗手段。神经系统病变常见，且无特异性治疗方法，随着基因工程的发展，目前以病毒为载体的基因治疗逐渐应用于神经系统病变的治疗。HSV-1 具有嗜神经细胞的特点，能感染有丝分裂后的神经元，感染外周神经后可逆行进入中枢神经系统并建立潜伏感染，可作为外源基因的运载工具。

利用扩增子载体进行基因治疗，尽管比较有效地将基因传递到靶细胞中，但是随着细胞分裂逐渐被稀释，其应用大大受限。在啮齿动物和人的神经胶质细胞系中，为了结合细胞色素蛋白 p450 4B1（潜在的生物激活自杀基因）表达的优点，利用扩增子表达的融合蛋白 4B1-EGFP，将环磷酰胺（cyclophosphamide，CPA）转变为有毒的代谢物成功进入肿瘤细胞中，另外，也明显观察到很强的细胞间接触的旁观效应。在鼠 9L 神经胶质瘤和人 Gli36 胶质瘤细胞中，扩增子也被用来传递 TK 和胞嘧啶脱氨酶，随后利用 GCV 和 5-氟胞嘧啶（5-FC）进行治疗。

非辅助病毒依赖型扩增子系统已经被用在很多基因治疗实验模型中，用来研究神经失调和疫苗开发等。作为基因转移载体，扩增子已经被用来传递和表达一些外源基因治疗脑损伤，如神经生长因子（nerve growth factor，NGF）和脑传送神经因子（brain-delivered neurotrophic factor，BNDF）等神经因子、抗凋亡蛋白、热激蛋白或抗氧化酶。表达神经递质或是神经受体的扩增子也被用于学习和记忆等行为特征的研究中。但是，转基因通常是瞬时表达的，很大程度上是由宿主细胞中非复制和未整合的载体 DNA 的丢失引起的，扩增子载体能否得到广泛应用还必须克服这些困难。而扩增子的生产和纯化程序也需要进一步改进。人们仍然不能完全了解到底有哪些因子参与调控基因的表达，并直接影响到扩增子携带基因的表达。

由 HSV-1 衍生的 HSV/AAV 扩增子，含有病毒的多数特性。腺相关病毒（AAV）具有将自己基因组 DNA 整合入人 19 号染色体的能力，从而增加稳定性。但是，AAV 中的 rep 基因抑制 HSV-1 的复制，降低了病毒滴度。所以，下一步必须进一步解决 rep 基因对 HSV-1 复制的抑制作用，从而优化该杂交载体的性能。

利用非复制型病毒或非病毒系统作为载体，往往会限制基因转移的效率。相反，利用复制型载体可使基因传递从很少的细胞传递至邻近细胞中，可明显地提高基因传递效率。研究发现，HSV-1 的神经毒性等缺点源于非必需基因。因此人们通过基因工程技术，对这些非必需基因进行敲除，来减弱或者去除 HSV-1 的神经毒性。HSV-1 早期蛋白 ICP0 具有 E3 泛素连接酶活性，可以诱导着丝粒蛋白的降解。利用表达 HSV-1 ICP0 的扩增子感染人胶质瘤细胞 Gli36 时，发现 ICP0 引发强的抑制效应，导致细胞死亡。而感染不分裂的原代培养细胞时，没有引起细胞死亡，也没有诱发明显的细胞毒性。这些结果说明 ICP0 具有基因治疗的潜在功能，可以被用来治疗肿瘤。

由于野生型 HSV-1 对人类具有明显的致病性，能够从潜伏状态激活，因此目前仅限于某些神经系统恶性肿瘤的临床治疗试验。在重组 HSV 中使用外源启动子的启动效果很差，表达时间也短。通过对病毒生活史中潜伏期的研究，人们正在努力构建一个利用潜伏期相关转录启动子（latency-associated transcript promoter，LAP）来表达外源基因的模型。

转基因疼痛治疗是慢性疼痛全新的治疗方法，目前尚处于临床试验前期阶段，尚存在一些亟待解决的问题，如解决 HSV-1 载体存在的神经毒性，其病毒蛋白及辅助病毒蛋白导致的神经元裂解，寻找更多更有价值的目的基因，转基因长期持续、稳定、靶向的表达，载体的细胞毒性及宿主对载体的免疫反应，强效启动子的选择及相关调控元件能够长效调控目的基因的表达，载体更容易构建等问题。

（郑春福　苏州大学）

复习思考题

1. 由 HSV-1 病毒衍生的载体有哪几种？各有什么优缺点？
2. HSV-1 扩增子载体作为基因治疗载体的作用机制是什么？
3. 举例说明几种 HSV-1 复制缺陷型载体及其应用。
4. 阐述 HSV-1 衍生载体在基因治疗上的应用前景及临床应用的障碍。

参 考 文 献

Advani SJ，Weichselbaum RR，Whitley RJ，et al. 2002. Friendly fire：redirecting herpes simplex virus-1 for therapeutic applications. Clin Microbiol Infect，8（9）：551-563.

Aghi MK，Chiocca EA. 2009. Phase ib trial of oncolytic herpes virus G207 shows safety of multiple injections and documents viral replication. Mol Ther，17（1）：8-9.

Aurelian L. 2005. HSV-induced apoptosis in herpes encephalitis. Curr Top Microbiol Immunol，289：79-111.

Blank SV，Rubin SC，Coukos G，et al. 2002. Replication-selective herpes simplex virus type 1 mutant therapy of cervical cancer is enhanced by low-dose radiation. Hum Gene Ther，13（5）：627-639.

Boehmer PE，Lehman IR. 1997. Herpes simplex virus DNA replication. Annu Rev Biochem，66：347-384.

Boutell C，Canning M，Orr A，et al. 2005. Reciprocal activities between herpes simplex virus type 1 regulatory protein ICP0，a ubiquitin E3 ligase，and ubiquitin-specific protease USP7. J Virol，79（19）：12342-12354.

Broberg EK，Hukkanen V. 2005. Immune response to herpes simplex virus and gamma134.5 deleted HSV vectors. Curr Gene Ther，5（5）：523-530.

Brooks AI，Cory-Slechta DA，Bowers WJ，et al. 2000. Enhanced learning in mice parallels vector-mediated nerve growth factor expression in hippocampus. Hum Gene Ther，11（17）：2341-2352.

Chattopadhyay M，Krisky D，Wolfe D，et al. 2005. HSV-mediated gene transfer of vascular endothelial growth factor to dorsal root ganglia prevents diabetic neuropathy. Gene Ther，12（18）：1377-1384.

Cheng G，Feng Z，He B. 2005. Herpes simplex virus 1 infection activates the endoplasmic reticulum resident kinase PERK and mediates eIF-2alpha dephosphorylation by the gamma（1）34.5 protein. J Virol，79（3）：1379-1388.

Epstein A L. 2005. HSV-1-based amplicon vectors：design and applications. Gene Ther，12 Suppl 1：154-158.

Epstein AL，Marconi P，Argnani R，et al. 2005. HSV-1-derived recombinant and amplicon vectors for gene transfer and gene therapy. Curr Gene Ther，5（5）：445-458.

Gimenez-Cassina A，Wade-Martins R，Gomez-Sebastian S，et al. 2011. Infectious delivery and long-term persistence of transgene expression in the brain by a 135-kb iBAC-FXN genomic DNA expression vector. Gene Ther，18（10）：1015-1019.

Glorioso JC，Fink JC. 2004. Herpes vector-mediated gene transfer in diseases of nervous system. Annu Rev Microbiol，58：253-271.

Gomez-Sebastian S，Gimenez-Cassina A，Diaz-Nido J，et al. 2007. Infectious delivery and expression of a 135 kb human FRDA genomic DNA locus complements Friedreich's ataxia deficiency in human cells. Mol Ther，15（2）：248-254.

Goss JR，Harley CF，Mata M，et al. 2002. Herpes vector-mediated expression of proenkephalin reduces bone cancer pain. Ann Neurol，52（5）：662-665.

Harvey BK，Chang CF，Chiang YH，et al. 2003. HSV amplicon delivery of glial cell line-derived neurotrophic factor is neuroprotective against ischemic injury. Exp Neurol，183（1）：47-55.

Hocknell PK，Wiley RD，Wang X，et al. 2002. Expression of human immunodeficiency virus type 1 gp120 from herpes simplex virus type 1-derived amplicons results in potent，specific，and durable cellular and humoral immune responses. J Virol，76（11）：5565-5580.

Hoshino Y，Dalai SK，Wang K，et al. 2005. Comparative efficacy and immunogenicity of replication-defective，recombinant glycoprotein，and DNA vaccines for herpes simplex virus 2 infections in mice and guinea pigs. J Virol，79（1）：410-418.

Ino Y，Saeki Y，Fukuhara H，et al. 2006. Triple combination of oncolytic herpes simplex virus-1 vectors armed with interleukin-12，interleukin-18，or soluble B7-1 results in enhanced antitumor efficacy. Clin Cancer Res，12（2）：643-652.

Jackson SA，DeLuca NA. 2003. Relationship of herpes simplex virus genome configuration to productive and persistent infections. Proc Natl Acad Sci USA，100（13）：7871-7876.

Jacobs AH，Winkeler A，Hartung M，et al. 2003. Improved herpes simplex virus type 1 amplicon vectors for proportional coexpression of positron emission tomography marker and therapeutic genes. Hum Gene Ther，14（3）：277-297.

Jerusalinsky D，Epstein AL. 2006. Amplicon vectors as outstanding tools to study and modify cognitive functions. Curr Gene Ther，6（3）：351-360.

Kanai R，Tomita H，Hirose Y，et al. 2007. Augmented therapeutic efficacy of an oncolytic herpes simplex virus type 1 mutant expressing ICP34.5 under the transcriptional control of musashi1 promoter in the treatment of malignant glioma. Hum Gene Ther，18（1）：63-73.

Kasai K，Saeki Y. 2006. DNA-based methods to prepare helper virus-free herpes amplicon vectors and versatile design of amplicon vector plasmids. Curr Gene Ther，6（3）：303-314.

Kim SH，Wong RJ，Kooby DA，et al. 2005. Combination of mutated herpes simplex virus type 1（G207 virus）with radiation for the treatment of squamous cell carcinoma of the head and neck. Eur J Cancer，41（2）：313-322.

Kimata H，Imai T，Kikumori T，et al. 2006. Pilot study of oncolytic viral therapy using mutant herpes simplex virus（HF10）against recurrent metastatic breast cancer. Ann Surg Oncol，13（8）：1078-1084.

Kopp M，Klupp BG，Granzow H，et al. 2002. Identification and characterization of the pseudorabies virus tegument proteins UL46 and UL47：role for UL47 in virion morphogenesis in the cytoplasm. J Virol，76（17）：8820-8833.

Lomonte P，Sullivan KF，Everett RD. 2001. Degradation of nucleosome-associated centromeric histone H3-like protein CENP-A induced by herpes simplex virus type 1 protein ICP0. J Biol Chem，276（8）：5829-5835.

Marconi P，Manservigi R，Epstein AL. 2010. HSV-1-derived helper-independent defective vectors，replicating vectors and amplicon vectors，for the treatment of brain diseases. Curr Opin Drug Discov Devel，13（2）：169-183.

Markert JM，Gillespie GY，Weichselbaum RR，et al. 2000. Genetically engineered HSV in the treatment of glioma：a review. Rev Med Virol，10（1）：17-30.

Markert JM，Liechty PG，Wang W，et al. 2009. Phase ib trial of mutant herpes simplex virus G207 inoculated pre-and post-tumor resection for recurrent GBM. Mol Ther，17（1）：199-207.

Parker JN，Zheng X，Luckett W，et al. 2011. Strategies for the rapid construction of conditionally-replicating HSV-1 vectors expressing foreign genes as anticancer therapeutic agents. Mol Pharm，8（1）：44-49.

Post DE，Fulci G，Chiocca EA，et al. 2004. Replicative oncolytic herpes simplex viruses in combination cancer therapies. Curr Gene Ther，4（1）：41-51.

Saeki Y，Fraefel C，Ichikawa T，et al. 2001. Improved helper virus-free packaging system for HSV amplicon vectors using an ICP27-deleted，oversized HSV-1 DNA in a bacterial artificial chromosome. Mol Ther，3（4）：591-601.

Samaniego LA，Neiderhiser L，DeLuca NA. 1998. Persistence and expression of the herpes simplex virus genome in the absence of immediate-early proteins. J Virol，72（4）：3307-3320.

Samaniego LA，Wu N，DeLuca NA. 1997. The herpes simplex virus immediate-early protein ICP0 affects transcription from the viral genome and infected-cell survival in the absence of ICP4 and ICP27. J Virol，71（6）：4614-4625.

Santos K，Duke CM，Dewhurst S. 2006. Amplicons as vaccine vectors. Curr Gene Ther，6（3）：383-392.

Tallóczy Z，Virgin HW 4th，Levine B. 2006. PKR-dependent autophagic degradation of herpes simplex virus type 1. Autophagy，2（1）：24-29.

Todo T，Martuza RL，Dallman MJ，et al. 2001. In situ expression of soluble B7-1 in the context of oncolytic herpes simplex virus induces potent antitumor immunity. Cancer Res，61（1）：153-161.

Tyler CM，Wuertzer CA，Bowers WJ，et al. 2006. HSV amplicons：neuro applications. Curr Gene Ther，6（3）：337-350.

Ushijima Y，Luo C，Goshima F，et al. 2007. Determination and analysis of the DNA sequence of highly attenuated herpes simplex virus type 1 mutant HF10，a potential oncolytic virus. Microbes Infect，9（2）：142-149.

Wade-Martins R，Smith ER，Tyminski E，et al. 2001. An infectious transfer and expression system for genomic DNA loci in human and mouse cells. Nat Biotechnol，19（11）：1067-1070.

Walther W，Stein U. 2000. Viral vectors for gene transfer：a review of their use in the treatment of human diseases. Drugs，60（2）：249-271.

Wang S，Fraefel C，Breakefield X. 2002. HSV-1 amplicon vectors. Methods Enzymol，346：593-603.

Whitley RJ，Roizman B. 2001. Herpes simplex virus infections. Lancet，357（9267）：1513-1518.

Wolfe D，Niranjan A，Trichel A，et al. 2004. Safety and biodistribution studies of an HSV multigene vector following intracranial delivery to non-human primates. Gene Ther，11（23）：1675-1684.

Zager JS，Delman KA，Malhotra S，et al. 2001. Combination vascular delivery of herpes simplex oncolytic viruses and amplicon mediated cytokine gene transfer is effective therapy for experimental liver cancer. Mol Med，7（8）：561-568.

第五章　莫洛尼氏鼠白血病病毒

莫洛尼氏鼠白血病病毒（Moloney murine leukemia virus，MMLV），由莫罗尼（Moloney）于 1960 年从小鼠肿瘤组织中分离出来，因而得名。属于逆转录病毒科 γ 逆转录病毒属。该病毒能诱导成年小鼠产生白血病，新生小鼠注射 MMLV 后可发展成 T 细胞淋巴瘤，平均潜伏期 3～4 个月。MMLV 的基因组由两个拷贝的正链单股 RNA 组成，含有 *gag*、*pol*、*pro*、*env* 4 个结构基因。在基因组的 5′端和 3′端各含长末端重复序列（long terminal repeat，LTR），包括启动子、增强子及负调控区，并且含有顺式调控序列控制着前病毒基因的表达。尽管其大部分结构与鼠白血病病毒相似，但其独特的基因结构，如 *pim-1* 原癌基因、*v-mos* 癌基因及莫洛尼鼠白血病病毒前病毒整合基因（proviral integration of moloney murine leukemia virus）等，使 MMLV 表现出与其他鼠白血病病毒不同的特性，如诱发白血病和淋巴瘤等。

MMLV 载体是常用的逆转录病毒载体之一，最早是 Bacheler 等于 1979 年用小鼠白血病病毒复制小鼠白血病模型时偶然建立的，主要制备过程包括：以逆转录病毒作为目的基因载体，将外源基因连接到 LTR 下游进行重组，包装成高滴度病毒颗粒，直接感染受精卵或者生成嵌合体动物，再经过杂交、筛选即可获得转基因动物。以 MMLV 为骨架的逆转录病毒载体，可感染不同物种来源的细胞，适宜制备各种转基因动物。此外，结合 RNA 干扰技术，研究 MMLV 的致病机制，可为治疗白血病和淋巴瘤等提供新思路。逆转录病毒载体的显著特征在于：其携带的外源基因能够整合到宿主基因组 DNA 中并长期稳定地表达外源基因，因而被广泛应用于细胞生物学和生物医学领域的研究。

第一节　莫洛尼氏鼠白血病病毒简介

一、生物学特性

（一）分类

逆转录病毒科（Retroviridae）是一组含逆转录酶的 RNA 病毒，其基因组为两条相同的单股正链 RNA，病毒颗粒呈球形，外有包膜，包膜表面有糖蛋白突起。分为两个亚科，分别是正逆转录病毒亚科（Orthoretrovirinae）和泡沫逆转录病毒亚科（Spumaretrovirinae）。正逆转录病毒亚科包含 α 逆转录病毒属、β 逆转录病毒属、γ 逆转录病毒属、δ 逆转录病毒属、ε 逆转录病毒属和慢病毒属 6 个属；泡沫逆转录病毒亚科则只含泡沫逆转录病毒属。有关逆转录病毒的分类及代表病毒见表 5-1。

表 5-1　逆转录病毒的分类及代表病毒

科	亚科	属	种数	典型代表病毒
	正逆转录病毒亚科	α 逆转录病毒属	9	劳斯氏肉瘤病毒（RSV）
		β 逆转录病毒属	5	小鼠乳头瘤病毒（MMTV）
		γ 逆转录病毒属	17	鼠白血病病毒（MLV）
逆转录病毒科		δ 逆转录病毒属	4	牛白血病病毒 人类 T 细胞白血病病毒（HTLV）
		ε 逆转录病毒属	3	大眼梭鲈皮肤肉瘤病毒
		慢病毒属	9	人类免疫缺陷病毒 1/2
	泡沫逆转录病毒亚科	泡沫逆转录病毒属	1	黑猩猩泡沫病毒

白血病病毒是一类肿瘤病毒，主要包括禽白血病病毒（avian leukosis virus，ALV）、鼠白血病病毒（murine leukosis virus，MuLV）、猫白血病病毒（feline leukemix virus，FeLV）等。20 世纪 60 年代开始，国内外学者在鼠白血病病毒的研究上取得了许多成就：分离出了多个病毒株，如国外的 Moloney-MuLV、AKR-MuLV、Friend MuLV、Abelson-MuLV，以及国内的 L615K-MuLV、SRSV 等，并找到了以上病毒株的易感细胞系；对这些病毒进行了分子生物学研究，了解了鼠白血病病毒的作用机制；初步探究了其与人类肿瘤（白血病）之间的病因学联系；应用鼠白血病病毒构建载体质粒，并得到了广泛的应用。莫洛尼氏鼠白血病病毒属于逆转录病毒科 γ 逆转录病毒属，最初由莫罗尼（Moloney）于 1960 年从小鼠肿瘤中分离出来，因而得名。

（二）病毒结构

成熟的 MMLV 病毒直径 100nm、二十面体对称结构、呈球形，电镜下可见一致密圆锥状核心，内有病毒 RNA 分子和酶，后者包括逆转录酶、整合酶（integrase）和蛋白酶（protease）。MMLV 最外层为脂蛋白包膜，包膜外有刺突。

MMLV 基因组由两个拷贝的正链单股 RNA 组成，在其 5′端可通过氢键结合构成二聚体。含有 gag、pol 和 env 3 个结构基因。在基因组的 5′端和 3′端各含长末端重复序列（long terminal repeat，LTR）。MMLV 的 LTR 含顺式调控序列，控制着前病毒基因的表达。在 LTR 区有启动子、增强子及负调控区。在逆转录酶作用下病毒 RNA 先合成 cDNA，整合到染色体形成前病毒（provirus），基因组含有序列和功能相似的 gag、pol、env 3 个结构基因和多个调节基因。如图 5-1 所示，基因组分为三个区：第一个区为 LTR（含增强子、启动子、转录起始和终止信号）；第二个区为 ψ 序列（其编码产物能有效包装病毒基因组进入病毒颗粒）；第三个区含 3 个结构基因（gag、pol、env）。

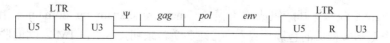

图 5-1　莫洛尼氏鼠白血病病毒（MMLV）基因组结构

U3 为增强子；R 为启动子；U5 为转录起始位点；Ψ 为病毒包装信号；gag 为核心抗原基因；pol 为逆转录酶基因；env 为外壳蛋白基因。前病毒（provirus）由 2 个完整的长末端重复序列（LTR）和基因组的 RNA 构成；基因组的 RNA 能够被翻译成 gag 基因产物，或者是阅读并通过 gag 基因 3′端终止密码子，产生 Gag/Pro/Pol 前体；基因组的 RNA 也能够剪切产生一个小的亚基因组 RNA，翻译成 env 基因产物

gag 基因：是编码病毒衣壳、基质等结构蛋白的基因，具有细胞和种的特异性。其表达产物开始为 65kDa 的前体蛋白（Pr65gag），然后在逆转录病毒蛋白酶（PR）作用下进一步裂解成 p30（28.9kDa）、p15（14.4kDa）、p12（9.2kDa）和 p10（6.16kDa）。其中 p30 组成包裹在 MMLV 核酸外的衣壳蛋白（capsid，CA）；组氨酸样蛋白 p10 富含精氨酸和赖氨酸，构成核酸结合蛋白（NC）；p15 构成基质蛋白（MA），与外膜相连，在病毒颗粒从细胞膜出芽时起重要作用。从 Gag/Pro/Pol 多蛋白前体产生的 PR 和聚合酶（Pol）蛋白，仅占 Gag/Pro/Pol 前体丰度的 5%。如果 PR 和 Pol 的丰度与 Gag 源性蛋白一样，感染性病毒颗粒的产量会大幅下降。虽然不知道第一个 PR 是如何从 Gag/Pro/Pol 前体中产生的，但 PR 可以水解前体成为有活性的多肽。

pol 基因：编码蛋白初产物经过病毒蛋白酶切割产生氨基端和羧基端两部分，其氨基端部分为 80kDa 的逆转录酶（reverse transcriptase，RT），羧基端部分为整合酶（integrase，IN），与病毒核酸的逆转录、整合过程有关。

RT 由 Pol 前体蛋白切割后的氨基酸肽链部分构成，为单体蛋白。酶活性需要 Mn^{2+} 存在。RT 是一种多功能的酶，至少有 3 种不同的活性：一是以病毒 RNA 为模板互补合成 DNA 链；二是具有 RNase H 的酶活性，能去除 DNA-RNA 杂交分子中的 RNA 链；三是能以 DNA 为模板互补合成另一条 DNA 链，并使之形成双链 DNA 分子。

整合酶（IN）也由 *pol* 基因编码，Pol 前体蛋白经病毒蛋白酶（PR）切割后，其羧基端的肽链组成整合酶。IN 蛋白结合到病毒长末端重复序列的 att 位点，介导 DNA 整合进入宿主染色体。

pro 基因：*pro* 基因位于 *gag* 基因和 *pol* 基因之间，编码蛋白酶（protease，PR），专门负责切割 *gag* 基因和 *pol* 基因编码的前体蛋白。其酶活性位点附近含有高度保守的氨基酸序列，其序列为 Leu-Leu/Val-Asp-Thr-Gly-Ala-Asp-Lys，利用天冬氨酸蛋白酶抑制剂可以抑制 PR 的酶活性。尽管 PR 可以在不同氨基酸序列之间进行切割，但尤其趋向于切割疏水性氨基酸残基，其切割位点多出现在 Tyr 或 Phe 与 Pro 位点之间。

env 基因：*env* 由亚基因组 RNA 在 5′非翻译区的 5′剪切位点和紧邻 *env* 编码序列上游的 3′剪切位点进行剪切得到的。编码两种被膜糖蛋白，一种是分子质量较大的外膜糖蛋白（surface protein，SU），另一种是小分子质量的跨膜糖蛋白（transmenbrane protein，TM），这两种包膜蛋白决定病毒感染的宿主范围，并能诱导机体产生免疫应答，具有型特异性。MMLV 的 SU 分子质量为 70kDa，成熟的 SU 含有受体结合功能区和诱导被感染机体产生免疫反应的抗原决定簇。针对 SU 的中和性抗体可以阻断感染。TM 属于跨包膜蛋白，故其糖基化位点没有像 SU 那样普遍。TM 含有 3 个结构域：靠近于 SU C 端的包膜外结构域，由 TM 的 N 端及其附近序列组成，其 N 端含有与细胞膜融合的疏水部分；由 20～25 个疏水氨基酸组成的跨膜域（membrane-spanning domain）；由 TM 的 C 端 20～30 个氨基酸构成的包膜内结构域。许多逆转录病毒 SU 和 TM 之间的联系非常弱，常导致 SU 从毒粒中快速丢失。

LTR 区域：LTR 是 MMLV 基因组两端分别具有的一段相同的核苷酸序列，具有增强子（E）、启功子（Pr）和 RNA 聚合酶结合位点（I），参与病毒的表达调控，控制 MMLV 基因组的转录。在 5′端 U5 区和 *gag* 基因区域之间有一个非编码区域，依次有合成前病毒负链的引物结合位点［PB（＋）］、促进病毒 RNA 包装入病毒颗粒中的包装信号区（Pa）、有利于病毒 mRNA 形成的拼接位点（S）和参与转录调控的引导区域（L）。在 3′端 U3 区和 env 区域之间有合成前病毒正链的引物结合位点。在 LTR 的两端各有一个反向重复序列。所有 LTR 的两端都是以 TG…CA 和 AC…GT 为标志。在未整合进宿主细胞基因组中的 LTR 的两端还各有两个碱基对，即 AATG…CATT 和 TTAC…GTAA，这两个碱基对在 LTR 整合进宿主细胞基因组时会丢失。LTR 在 U3 区内有同 TATAA 框十分相似的序列。TATTA 框是真核生物中使用 RNA 多聚酶Ⅱ的转录单位所特有的序列。真核类基因转录时大部分用 RNA 多聚酶Ⅱ，TATAA 框就是这类酶的接触位点。所以 LTR 很可能利用宿主细胞的 RNA 多聚酶Ⅱ来启动基因的转录。LTR 的 R-U5 分界线上游 20bp 处还有 AAG TAAA 序列，这是真核生物都有的腺嘌呤核苷酸聚合作用的信号。在 U5 区内，距离 R 区 10～25bp 处有 TTGT 或类似序列，这是病毒 RNA 合成的终止信号，这对终止病毒 RNA 的合成可能起重要作用。在 U3-R 分界线处还常有一个反向重复序列，这对终止病毒 RNA 的合成可能也有重要作用。除此之外，左边 LTR 的 U3 区启动子负责启动前病毒的转录，右边 LTR 的 U3 区启动子有时能启动位于前病毒插入位点下游的宿主 DNA 序列的转录，不过这种情况很少发生。LTR 中还有增强子序列，可以增强病毒 RNA 的转录能力，或对前病毒 DNA 两侧的宿主 DNA 的转录活性起调控作用。

（三）病毒复制

MMLV 通过包膜蛋白与宿主细胞的特异性表面受体相互作用促进病毒颗粒进入细胞内，然后经脱壳过程释放病毒 RNA。在逆转录酶作用下形成 RNA-DNA 杂交体，由 RNase H 水解杂交体中的 RNA，经 DNA 聚合酶合成为线性的前病毒 DNA，转变为环状前病毒，整合到细胞基因组 DNase-1 敏感区的 500 碱基对（bp）以内。当前病毒活化而自身转录时，LTR 起着启动和增强其转录的作用。在宿主 RNA 聚合酶的作用下，病毒的 DNA 转录为 RNA 并分别经拼接、加帽或加尾形成 MMLV 的 mRNA 或子代病毒 RNA。mRNA 在宿主细胞核糖体上翻译蛋白质，经进一步酶解、修饰等形成病毒结构蛋白或调节蛋白，子代 RNA 则与病毒结构蛋白装配成核衣壳，在从宿主细胞释放时获得包膜，成为具有传染性的子代病毒，在细胞膜表面以出芽的方式释放。

二、致病性与免疫性

野生型病毒对小鼠具有致癌作用。MMLV 感染小鼠小胶质细胞而不是神经元，但它能诱导运动神经元病变。通过恒河猴模型观察发现，具有病毒复制能力的逆转录病毒载体转染自体骨髓干细胞数月后，恒河猴出现了淋巴瘤。到目前为止，没有关于人类暴露于 MMLV 载体引起相关疾病的临床报道。但插入突变还是有风险的，转基因或其他介绍的遗传因素的性质可能会带来额外感染的风险。病毒能感染大鼠和新生仓鼠，此病毒在子宫中垂直地传播至胚胎，也可经由母乳传播。

在小鼠，病毒是通过感染母鼠的血液传播给后代的。种系之间发生的感染也可能传播病毒。人若感染似乎需要直接注射嗜性或假病毒。

（一）致癌作用

MMLV 诱导鼠白血病和细胞转化同癌基因有关，基因组携带细胞来源的病毒癌基因 *mos*，属于转导性逆转录病毒，该病毒癌基因往往在一端或两端出现缩短，甚至在编码序列中还存在点突变或缺少突变。该转导性逆转录病毒基因组在同细胞基因序列交换的过程中，经常会发生病毒基因序列丢失，故在其获得细胞癌基因的同时，也伴随着病毒基因组编码序列的缺失和出现病毒与细胞基因编码序列的融合。然而病毒所缺损的序列对于病毒的复制通常是必需的，故 MMLV 为缺损性转化病毒，它们在细胞内只有在辅助病毒的协助下，才能进行复制。但 MMLV 一旦成功感染小鼠，往往诱发小鼠白血病。

（二）致癌基因

（1）*pim-1* 基因：研究报道，*pim-1* 是 MMLV 插入激活研究中发现的第一个原癌基因，所编码的产物具有色氨酸/苏氨酸激酶功能，*pim-1* 在细胞增殖、分化、凋亡、肿瘤发生及生长因子信号转导通路等许多生理病理过程中发挥重要作用，可与 *c-myc* 协同作用，是 MMLV 诱发白血病/淋巴瘤中最常见的被激活的原癌基因。在一些恶性肿瘤如 T 细胞淋巴瘤、B 细胞淋巴瘤和多种白血病中存在 *pim-1* 高表达，研究表明，MMLV 诱发约 80% 的 T 细胞淋巴瘤，前病毒插入于 *c-myc*、*pim-1* 和（或）*pvt-1* 基因附近。*pim-1* 基因高表达可抑制肿瘤细胞凋亡、促进肿瘤细胞增殖并阻滞细胞分化成熟，在肿瘤的发生、发展过程中起重要作用。研究还发现，*pim-1* 原癌基因过度表达的转基因小鼠，虽然自发性白血病的发生缓慢，但若这种小鼠感染了 MMLV 后，则可迅速发生急性淋巴细胞白血病，在肿瘤细胞中，显示有 *c-myc* 或 *n-myc* 基因的继发性激活。*pim-1* 和 *c-myc* 在细胞内同时高度表达，大大加强了致白血病的潜力。同样，*c-myc* 转基因小鼠感染 MMLV 后，*pim-1* 基因被插入激活，可迅即导致白血病/淋巴瘤的发生。

（2）*v-mos* 基因：*v-mos* 基因最初发现于 Moloney 小鼠肉瘤病毒（Moloney murine sarcoma virus，Mo-MSV）中，它是由细胞 *mos* 基因插入到逆转录病毒的 *env* 基因中形成的，因此 *v-mos* 基因编码的产物为 Env-Mos 融合蛋白，其分子质量为 37kDa。在 Moloney 小鼠肉瘤病毒的基因组中，*v-mos* 基因开头的 5 个密码子来自于逆转录病毒 *env* 基因的 5′ 端序列。

含有 *v-mos* 癌基因的 Moloney 小鼠肉瘤病毒可诱导小鼠产生横纹肌肉瘤和转化培养的成纤维细胞。*mos* 基因的转化机制可能与其自身蛋白质的激酶活性有关，Mos 蛋白通过与微管结合，可以引起微管蛋白磷酸化，并激活微管相关蛋白（MAP）激酶的活性，从而诱发细胞骨架解聚合，降低细胞黏附能力，最终导致细胞变圆和产生转化表型。

（三）致病机制

Fan 等曾对该病毒进行深入研究，认为 MMLV 致白血病包括白血病前期、发生期和演进期的多步骤过程，有多种机制参与。

貂细胞灶（mink cell focus，MCF）重组病毒形成：外源性慢性转化 MMLV，一般为嗜己性病毒，当其感染机体后通过 *env* 基因与小鼠体内的内源性病毒形成重组体，是一种潜在性白血病生成因素，在白血病发生早期发挥重要作用。

白血病早期的变化：在小鼠表现为脾的增生、肿大。其发生机制为：①MMLV 和 MCF 重组病毒感染小鼠后，引起骨髓造血细胞生长抑制，脾出现代偿性增生；②MCF 重组病毒 *env* 基因编码的糖蛋白刺激细胞因子受体。

原癌基因激活：MMLV 基因的 LTR 内启动子或增强子整合在细胞 DNA 链上不同原癌基因（如 *c-myc*、*n-myc* 或 *pim-1*、*bmi-1*、*bla-1*、*c-myb* 等）邻近部位，通过顺式或反式调节，启动和增强癌基因转录，产生高水平的 mRNA，翻译成异常蛋白质，并通过转化感染细胞而诱发各种白血病。MMLV LTR 内 U3 区能特异性地控制病毒致白血病作用及所感染细胞类型。

出现 15 号染色体三体：MMLV 诱发的白血病/淋巴瘤细胞显示有 15 号染色体及 *c-myc* 的激活，但未发现抑癌基因的灭活。

MMLV 还可激活细胞转录因子 NF-κB 和 AP-1：作用机制可能与上调Ⅰ类和Ⅱ类 MHC 抗原及 T 细胞受体 β 链过分表达有关，从而引起 T 淋巴细胞的增殖。

肿瘤进展相关位点 tpl-1 和 tpl-2 的发现：tpl-1 和 tpl-2 已被克隆和鉴定，研究表明与肿瘤进展有关，但具体作用机制尚待深入探讨。

（四）免疫反应

细胞免疫：Biasi 等研究发现 MMLV 免疫小鼠后其骨髓病毒特异性的效应记忆 $CD8^+CD62L^-$ T 细胞显著升高，病毒在小鼠骨髓中起着活化 $CD8^+$ T 淋巴细胞的作用。由于骨髓是效应记忆细胞增殖和记忆 T 细胞重塑的重要场所，活化的淋巴细胞通过 TCRVβ5 特异性识别 MMLV，继而在骨髓中大量增殖。

三、临床体征

后肢瘫痪是鼠白血病引起的野生小鼠的一种神经元变性。红白血病是由病毒引起小鼠脾灶形成和小鼠红细胞系统的肿瘤性增生引起的。导致白血病发病率高的小鼠病毒株如 AKR 株，可使多数小鼠在出生后的第一年中发生淋巴瘤。最常见的临床体征为体重下降、毛发蓬松、淋巴腺病、贫血和呼吸困难。只有 38% 的患病小鼠有白血病血象。AKR 感染小鼠中胸腺几乎都受累，还有脾和淋巴结，偶尔有肠道。常见白细胞增多和贫血。其他器官如肺、肾、肝脏和唾液腺也可被累及。成年小鼠和新生小鼠都可能发生红白血病，这是骨髓和脾中的原始造血细胞发生肿瘤性变性的结果。变性细胞浸润脾和肝脏，并出现于血液中。过去认为对病毒所致脾灶形成有两种不同的病理学反应，即网状细胞肉瘤和成红细胞增多病，现在认为这两种情况都是属于红细胞系的一种肿瘤性增生。

四、诊断与防治

（一）病毒检测

MMLV 和 MCF 重组病毒引起的疾病可根据血象和肿瘤组织病理学检查做出诊断。

分子诊断如巢式 PCR（nested PCR）技术，可用于病毒种类的鉴定。病毒分离是诊断病毒感染的金标准，一旦呈阳性，即可确诊。

（二）防治

　　野生小鼠在储存谷物的地方生活、排便、排尿，每年损坏大量的谷物，并使人有可能暴露于该病毒下，然而尚未发现 MMLV 感染人，且在人组织来源的细胞培养中生长不良，故认为 MMLV 不可能引起人类疾病。在实验室中，人与受感染动物的粪便或尿液接触后 72h 容易发生感染，与受感染动物的体液或组织接触也易发生感染，直接注射病毒更易引发感染。MMLV 只感染处于分裂旺盛的细胞，如小鼠成纤维细胞 NIH3T3、小鼠胚胎正常细胞 SC-1、正常鼠肾细胞和鼠成纤维细胞 Rat-1 等。重组 MMLV 载体的宿主范围依赖于病毒包膜的特异性，如亲嗜性包膜基因产生的颗粒只感染小鼠细胞；双嗜性包膜允许感染小鼠和非鼠类细胞，包括人类细胞。病毒对脂溶剂、去污剂和在 56℃加热 30min 敏感，而对紫外线和 X 射线高度耐受。病毒可被酸（pH 4.5）和甲醛（1 : 4000）灭活。病毒可保存于 –70℃或更低的温度中。

　　Priel 等以 MMLV 注射 BALB/c 小鼠，发现喜树碱（camptothecin）具有抑制 MMLV致白血病的作用；体内实验发现口服中药丹参对 MMLV 感染小鼠引起的脾大和血白细胞升高有显著抑制作用；另有研究发现白藜芦醇具有抗 MMLV 作用，对 MMLV 感染的小鼠具有保护作用，能够抑制病毒所致的脾大，并且增加了感染小鼠的 T 淋巴细胞数量，降低了血清中病毒载量。目前主要采用鼠白血病病毒疫苗及培育有遗传性抵抗力的小鼠易感毒株来防止病毒在鼠间的扩散。

第二节　莫洛尼氏鼠白血病病毒载体转基因技术原理

　　逆转录病毒载体目前应用较多，优点有：第一，逆转录病毒载体感染效率高，可使近 100%的受体细胞被感染，基因组整合至人宿主细胞染色体中，目的基因可在宿主内稳定且持续表达；第二，它能感染广谱动物物种和细胞类型而无严格的组织特异性；第三，随机整合的病毒可长期存留，一般无害于细胞。其缺点是只能感染分裂期细胞，在包装细胞中产生的重组病毒滴度低，所携带的目的基因片段短，可能造成插入突变，干扰和影响细胞中某些正常基因的复制和转录，产生不良后果，安全性尚无保障等。因此，逆转录病毒载体更适用于体外转染。

一、构建原理

　　逆转录病毒是一类正链 RNA 病毒，其基因组中大致可分为两类组分：一是编码病毒功能蛋白的结构基因 gal、pol 和 env，也称为反式功能区；二是复制、整合、RNA 转录及包装所必需的顺式作用区。顺式结构不但是目的基因进入靶细胞所必需的，而且可以控制目的基因的表达。构建逆转录病毒载体就是将前病毒中编码功能蛋白的基因切除，而保留顺式作用区序列，外源基因可以重组在这一载体上。

　　在逆转录病毒载体中，最常用于人类的是莫洛尼氏鼠白血病病毒（Mooney murine

leukemia virus，MMLV）载体。该载体是 Bacheler 在 1979 年用小鼠白血病病毒复制小鼠白血病模型时偶然建立的。利用 MMLV 分别感染新生小鼠和 4～8 周的胚胎细胞，结果发现后者能产生携带 MMLV 的小鼠。其原理主要是以逆转录病毒作为目的基因载体，利用其 DNA 的长末端重复 LTR 区域的活性特点，将外源基因连接到 LTR 下游进行重组后，包装成高滴度病毒颗粒，直接感染受精卵或微注射入囊胚腔中生成嵌合体动物（chimeric animal），再经过杂交、筛选即可获得转基因动物。此法最大的优点是方法简单，效率高，外源 DNA 在整合时不发生重排，单位点，单拷贝整合，并且不受胚胎发育阶段的限制；缺点是携带外源基因的长度不能超过 15kb，载体病毒基因有潜在的致病性。随着 MMLV 逆转录病毒载体的发展，越来越多的逆转录病毒载体被构建出来，并运用于基因治疗及转基因动物领域。

　　逆转录病毒载体由两部分组成：一是用于携带目的基因和标记基因的重组逆转录病毒载体，二是可提供逆转录病毒蛋白的包装细胞系。逆转录病毒载体（RV）是复制缺陷型，只能产生病毒 RNA，不能编码病毒结构蛋白，也不能依靠自身基因形成完整病毒。包装细胞系是特殊构建的细胞，它含有在顺式上有缺陷的逆转录病毒，缺乏包装信号，其 RNA 不能被装配成病毒颗粒，但具有编码病毒蛋白的结构基因，可反式补偿进入包装细胞的载体所失去的功能，将重组逆转录病毒载体导入包装细胞后，产生有感染力的重组病毒颗粒。以此病毒颗粒转染宿主细胞，使目的基因、标记基因稳定整合于靶细胞的染色体基因组中，这样目的基因被带入宿主细胞并得以表达，从而起到治疗作用，如图 5-2 所示。

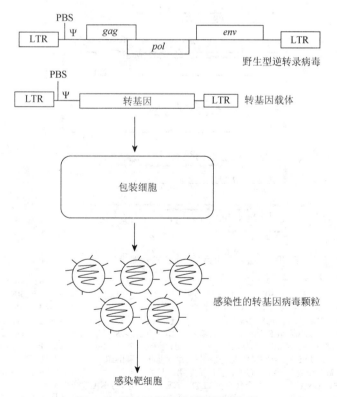

图 5-2　逆转录病毒载体复制与包装

二、逆转录病毒载体结构

　　逆转录病毒载体是将野生型的 *gag*、*env* 等结构基因去除，代之以外源目的基因，保留包装信号及长末端重复系列（LTR）。LTR 位于基因组两端，含有启动子和增强子等调节信号、逆转录所需的顺序及原病毒整合有关的其他序列。所谓原病毒（provirus）指以双链 DNA 整合到宿主染色体的病毒形式,遗传序列以顺式作用方式促进原病毒将遗传信息整合到宿主细胞；与基因治疗有关的 4 个重要顺式作用序列：长末端重复序列（LTR）、引物结合位点（PBS）、多聚嘌呤（PP）、包装信号。这些序列及其功能见图5-3。LTR 大约有 600nt 在原病

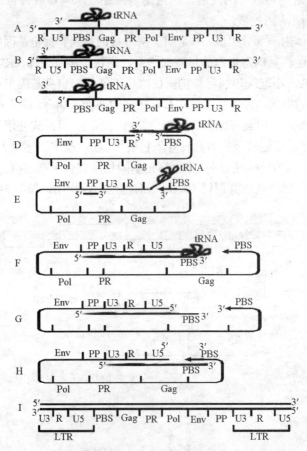

图 5-3　逆转录和整合到宿主细胞染色体组中的机制

A. 基因组 RNA 和一个 tRNA 引物，基因组 RNA 在 3′和 5′端有一个 60nt 的 R 区（R 代表 redundant），5′端有一个 75nt 的 U5 区（U5 特指 5′端），3′端有一个 300nt 的 U3 区（U3 特指 3′端），基因组 RNA 的 PBS 区与 tRNA3′末端 18nt 杂交；B. 5′端基因组 RNA 反转录，tRNA 在反转录酶作用下延长合成部分 DNA 第一链；C. 在 RNase H 作用下降解 RNA，DNA 杂交体的原先作为合成第一 DNA 链的 RNA 模板部分；D. 第一链的转移，代表 R 区的部分第一链 DNA 与 3′端 R 区基因组 RNA 杂交；E. 反转录剩余部分的基因组 RNA，RT 拷贝基因组 RNA 直至 PBS，随着 DNA 链延长，RNase H 持续缓解 RNA 部分，RNA 的 PP 部分能抵抗 RNase H 的消化，保持与第一链的杂交；F. 第二链合成起始，PP 的 RNA 部分作为引物合成第二链，聚合作用延长到 3′端 PBS，由 tRNA 第十九位核苷酸甲基化，阻止 tRNA 其余序列的复制；G. RNase H 消化 tRNA；H. 第二链转移，第二链杂交到第一链的 PBS 端；I. 完成第一和第二链合成，RT 复制其余的第 Σ 链和第二链，产生有完整 LTR5′和 3′端的双链线性 DNA，整合酶结合到 5′和 3′LTR 末端 att 区，介导 DNA 整合进入基因组，由于整合作用，病毒 DNA 通常在两端减少两个碱基，但同时有 4～6nt 细胞 DNA 被复制，虽然整合对于病毒序列有高度特异性，但整合至宿主基因组都是相对随机的

毒的两端。从 5′端转录，在 3′进行多聚腺苷酸作用，在 alt 位点与宿主 DNA 整合。从 LTR 开始的转录既能作为能产生病毒蛋白的 mRNA，又可以用来产生 RNA 基因组，生产出另一种新病毒。PBS 刚好位于 5′LTR 的下游，能够结合脯氨酸的 tRNA 作为合成 DNA 第一链的引物，PP 至少包含 9 个嘌呤核苷酸，位于 5′LTR U3 区的上游，当与 DNA 第一链形成杂交，这段 RNA 能抵抗 RNase H 的降解。PP 由此作为合成 DNA 第二链的引物。包装信号与病毒颗粒核壳蛋白结合，使基因组 RNA 被选择性包装。虽然包装序列定位在 5′LTR 与 gag 基因之间，但质粒仅包含此段是包装无效的。随后的研究表明还应包括部分的 gag 基因序列（扩大的包装信号），能极大提高载体的滴度。

三、包装

MLV 逆转录病毒载体通常可携带大约 7.5kb 的转导基因。欲将转导基因载体变成有感染力的病毒颗粒，需将其送入会制造 Gag、Pol 及 Env 蛋白的包装细胞（packaging cell）中，以进行载体的复制与包装（图 5-2）。目前最常用的细胞是从小鼠的 NIH3T3 细胞株衍生出的 PGl3、PA317 及 GP+E86 细胞，以及从人类 HEK293 细胞株衍生出的 Ampho-Phoenix 和 Eco-Phoenix 细胞。

无辅助病毒包装细胞系的建立，对逆转录病毒载体的发展起了重要推动作用。1983 年，Mulligan 实验室将莫洛尼氏小鼠白血病病毒 DNA 的包装信号 ψ 区段切除，使其成为有缺陷的辅助病毒（ψ⁻），然后用这种病毒转染 NIH 3T3 细胞，得到整合有 ψ⁻辅助病毒 DNA 的细胞（ψ2）。ψ2 细胞能以反式（trans）效应提供逆转录病毒的各种蛋白质，使重组病毒载体进行包装，但它本身所含的逆转录病毒基因缺失包装序列信号，不能自身再包装为病毒。采用含目的基因的重组逆转录病毒载体 DNA 转染 ψ2 细胞，就能得到缺乏 Gag、Pol、Env 蛋白编码基因的重组病毒颗粒，此病毒颗粒感染宿主细胞能与细胞染色体整合，但不能在宿主细胞中繁殖产生新的具有感染性的病毒颗粒。但是若在转染时病毒基因之间发生重组，就有可能形成自行复制、包装的序列，导致完整辅助病毒的产生，危害宿主细胞。为了解决这一问题，1986 年，Miller 等在 ψ2 细胞基础上，新组建了 PA317 包装细胞。被整合的病毒 DNA，除了切除 ψ 成分外，还用 SV40 的 PolyA 尾序列取代辅助病毒基因 3′LTR，并切去辅助病毒 5′端 LTR 中含基因复制信号序列的大部分，这样就使 3′、5′LTR 都有缺陷，在病毒重组后不能产生完整的辅助病毒颗粒。同时 PA317 细胞所含的病毒 DNA 来源于嗜双性病毒，所以包装形成的重组病毒属嗜双性病毒，较 ψ2 细胞包装的重组病毒宿主范围广谱。而经改造后的第三代包装细胞几乎将基因载体和包装细胞间重组产生的野生型病毒完全消除。GP+E 包装细胞含有两个互补的逆转录病毒基因组，二者均缺失 ψ 信号，且 3′LTR 均被 SV40 多聚化 PolyA 尾信号取代，但其中一个包装结构只含 gag 和 pol 基因，只能提供 Gag 和 Pol 蛋白；另一结构只含有并表达 env 基因，由二者联合产生蛋白质供载体包装。另一包装系 ψCRE 和 ψCRIP，在分别表达 gag/pol 和 env 的质粒构建中，应用插入突变而使另一互补基因不能表达。这类包装细胞更具安全性，要经过多次独立重组才能产生野生型病毒。

总之，包装细胞系是将缺失了包装信号及相关序列的缺陷型逆转录病毒（辅助病毒）导入哺乳动物细胞而制备成的一种特殊的细胞系。这种细胞因携带有逆转录病毒基因组而能够大量产生病毒包装蛋白，辅助病毒自身缺乏包装信号（ψ 序列）则不能包装，且不产生病毒颗粒。逆转录病毒载体导入包装细胞后，插入基因组，由载体转录出的 RNA 不包括质粒的序列，RNA 中含有 5′LTR、3′LTR、标记基因和目的基因的转录物，同时还具有包装信号，可以被包装细胞内的病毒蛋白包装成病毒颗粒。这种病毒颗粒只具有一次感染性，感染其他细胞后，不能产生新的病毒颗粒，称为假病毒颗粒。假病毒颗粒可以分泌到包装细胞的培养上清液中，具有对靶细胞的感染能力，同时能将外源基因导入并整合到宿主细胞的染色体 DNA 上，使外源基因成为宿主细胞染色体 DNA 的一部分，使靶细胞成为稳定表达目的基因的转化细胞。由于靶细胞不含编码包装蛋白的序列，不会产生新的病毒颗粒，从而避免扩散。

上述包装细胞所含的辅助病毒仅仅缺失 ψ 信号，只要它与载体之间有一次同源重组即可产生有复制能力的野生型病毒，因而安全性较差。利用一种逆转录病毒设计建立了两种缺陷病毒（辅助病毒），两个辅助病毒的基因组都缺失 ψ 序列，3′LTR 均被 SV40 的多聚 A 尾信号取代，而两个辅助病毒基因组中的 *pol* 与 *env* 的突变是反式互补的，即其中一个基因组的 *pol* 基因突变，不产生 Pol 蛋白，而另一个基因组的 *env* 基因突变，不产生 Env 蛋白。经过两轮转染和筛选，将两个辅助病毒的基因组导入同一个 NIH3T3 细胞系。利用这一策略建立了单向性包装细胞系 ψCRE 和双向性包装细胞系 ψCRIP。新的包装细胞是由两个辅助病毒基因组产生的病毒包装蛋白供载体包装，辅助病毒要经过多次的独立重组才能产生有复制能力的野生型病毒，而顺式和反式突变要同时得到修复几乎是不可能的，因而更具有安全性。新的包装细胞系产生的病毒载体滴度可达 10^6cfu/ml 以上，能够满足人类基因治疗的基因转移需要。

四、重组病毒制备

将载体 DNA 用 $CaCl_2$ 法或脂质体法转染 293 包装细胞株（如 BOSC23、BING、PHOENIX 等），转染 48～72h 后收集上清液，用直径 0.45μm 的过滤器过滤病毒上清液，并将上清液分装后–80℃保存，制备出暂留病毒克隆株。

当逆转录病毒载体的基因中存在某种抗生素抗性基因或者有某种抗生素抗性基因能和逆转录病毒共转染的时候，就可以利用它筛选具有这种病毒的包装细胞株，建立稳定生产细胞株，制备出稳定的病毒克隆株。例如，BOSC23、BING 和 PHOENIX 包装细胞株，它们本身已经具有一个新霉素抗性基因，所以不宜用来制备具有新霉素抗性逆转录病毒稳定生产株的包装细胞株。相反，CRIP 包装细胞株没有新霉素抗性基因，就可以用它来制备具有新霉素抗性逆转录病毒稳定生产株。另外，还可以利用编码荧光蛋白的基因如 *EGFP* 来筛选暂留病毒或稳定转染细胞。病毒载体可以通过感染或者转染的方式导入细胞，制备稳定包装株。如果用感染的方法：首先通过转染包装细胞株表达兼嗜性包膜（amphotropic envelope），然后用于感染包装细胞株表达亲嗜性包膜制备病毒。值得注意的是，携带某种包膜蛋白的病毒不能感染表达同一类病毒包膜的包装细胞。如果可能，最好用感染的方式制备稳定包装株，因为这样能获得更高的滴度。如果用转染的方法：方法和制备暂留病毒相似，只是在遗传翻译后的 48h 内要将细胞从筛选剂中分离出来。如果病毒没有携带抗性基因，但是有一个能适当表达的标记性质粒与之共转染，且共转染比例达 20∶1，也可以用来做病毒载体的筛选，制备稳定包装株。

在测定病毒滴度的方法中，最重要的是能测量具有传染性的病毒的数值并与已知滴度的病毒做比对。常用 neo 筛选、GFP 表达和 Southern blot 测定病毒滴度。

第三节　莫洛尼氏鼠白血病病毒载体的医学应用

1990 年，世界上首例临床基因治疗采用的就是逆转录病毒载体。到目前为止，逆转录病毒载体是基因治疗临床试验使用最多的载体之一。其中以莫洛尼氏鼠白血病病毒（MMLV）改造而来的各种逆转录病毒载体的主要应用如下。

一、制备转基因动物

1975 年，Jaenisch 等利用 MMLV 感染小鼠胚胎，成功地制备了转基因动物。用疱疹性口炎病毒 G 糖蛋白（vesicular stomatitis virus glycoprotein，VSV-G）替换包膜蛋白对 MMLV 进行假包装，使病毒感染的宿主范围大大增加。Lin 等于 1994 年首次报道了使用 VSV-G 包被的假逆转录病毒对斑马鱼囊胚进行显微注射，从而得到外源 DNA 整合进入转基因斑马鱼种系。以 MMLV 为基础，构建了 LZRNL（G）病毒载体，使用斑马鱼 PAC2 细胞系进行病毒载体生产。为了建立更加完善的逆转录病毒法生产转基因鸡的技术体系，选用增强型绿色荧光蛋白基因（EGFP）为外源基因（也为报告基因）、pEASY-T3 为克隆载体、以 MMLV 为骨架的 puro-pBabe 质粒为表达载体、含有疱疹性口炎病毒 G 蛋白基因的 pVSV-G 质粒为包装载体、239 10A1 细胞为包装细胞。通过 PCR 扩增出 EGFP 基因序列，分别构建克隆载体 pEASY-T3-EGFP 和重组表达载体 puro-pBabe-EGFP。采用磷酸钙转染法与竞争包装法相结合的方法将 puro-pBabe-EGFP 与包装载体 pVSV-G 共同转入 239 10A1 细胞中以产生逆转录病毒。病毒原液经滴度检测后，采用低温超速离心的方法浓缩至 200 倍。浓缩病毒液以注射的方式导入鸡胚囊胚下腔进行原始生殖细胞（PGC）的鸡胚内转染，然后将鸡胚置于孵化箱中进行孵化。该 MMLV 感染法为应用于多种动物的高效转基因技术提供了理论依据。

二、RNA 干扰

RNA 干扰（RNA interference，RNAi）是一种序列特异的双链 RNA（double-stranded RNA，dsRNA）分子在 mRNA 水平关闭相应序列基因的表达或使其沉默的过程，已在多种生物体中被发现。它通过内外源双链 RNA 触发同源性 mRNA 的降解，从而使该基因表达沉默（gene silence）。目前认为这一途径的主要媒介为小干扰 RNA（small interference RNA，siRNA），即 21～23nt 的双链 RNA，这些 siRNA 由一种 Dicer 酶剪切成 dsRNA 而形成。实验结果表明，RNA 干扰过程是一个多种因素参与的过程。2001 年，Elbashir 等首次用外源 21～23nt 的 siRNA 成功地在哺乳动物细胞中诱导了 RNAi。小干扰 RNA 可以在哺乳动物细胞中引发 RNA 干扰途径为在哺乳动物细胞中利用 RNA 干扰开辟了一条新思路。

目前，RNAi 的实现途径主要采用逆转录病毒载体。因为该载体具有高效转导

（transduction）、稳定整合和无免疫原性等优点而被广泛应用。多数实验都采用以 MMLV 为骨架的 RV 载体。采用 GP-293 细胞系作为逆转录病毒包装细胞系，该细胞系可以稳定表达逆转录病毒的 Gag 和 Pol 蛋白。利用 VSV-G 提供包膜蛋白，VSV-G 可识别一种在所有细胞上都存在的磷脂，所以理论上能有效感染所有有丝分裂的细胞。

三、肿瘤治疗

莫洛尼氏鼠白血病病毒前病毒整合基因（proviral integration of Moloney murine leukemia virus，pim）是一类编码丝氨酸/苏氨酸激酶的原癌基因，最早是在研究 MMLV 基因过程中被发现的，由 *pim-1*、*pim-2*、*pim-3* 组成。各成员在序列上、结构上具有高度的同源性和保守性，功能上也极具相似性。*pim* 基因表达的丝氨酸/苏氨酸激酶（即 pim 激酶）通过磷酸化特异性的底物在细胞增殖、凋亡过程中发挥着重要的作用，其功能的上调或异常表达可导致多种恶性肿瘤的发生。Li 等以 siRNA 干扰 *pim-1* 在食管癌细胞株 EC9706 中的表达后发现，随着 *pim-1* 的表达减少，癌细胞的凋亡加快、增殖减慢。提示 *pim-1* 可能在食管癌的进展中起了相当重要的作用，抑制其表达或许可以作为食管癌分子靶向治疗的新思路。Fujii 等在 HBV 诱导的肝癌小鼠模型中发现 *pim-3* 只表达于肝脏肿瘤细胞中，通过 RNA 干扰技术抑制 *pim-3* 的作用后，肿瘤细胞的增殖速度明显下降，凋亡明显活跃。

四、基因治疗

MMLV 载体成功应用于基因治疗的临床试验是治疗腺苷脱氨酶缺陷（adenosine deaminase，ADA）患者。从患者体内分离的白细胞在体外感染表达 ADA 及新霉素标记基因的 MoMLV 载体。G418 选择后，分离新霉素抗性的细胞并重新导入患者体内。通过治疗改善了患者的身体状况，而且含有 ADA 的前病毒在患者血液中稳定存在多年。

（侯　炜　熊海蓉　武汉大学）

复习思考题

1. 简述莫洛尼氏鼠白血病病毒由哪几部分组成，各部分主要功能是什么？
2. 莫洛尼氏鼠白血病病毒载体结构有哪些？它与野生型病毒有哪些区别？
3. 简述复制缺陷型莫洛尼氏鼠白血病病毒载体的构建原理。
4. 制约 MMLV 在临床基因治疗方面应用的主要因素有哪些？

参 考 文 献

Biasi G，Facchinetti A，Panozzo M，et al. 1991. Moloney murine leukemia virus tolerance in anti-CD4 monoclonal antibody-treated adult mice. J Immunol，147（7）：2284-2289.

Blaese RM，Culver KW，Miller AD，et al. 1995. Tlymphocyte-directed gene therapy for ADA- SCID：initial trial results after 4 years. Science，270（5235）：475-480.

Burns JC，Friedmann T，Driever W，et al. 1993. Vesicular stomatitis virus G glycoprotein pseudotyped retroviral vectors：concentration to very high titer and efficient gene transfer into mammalian and nonmammalian cells. Proc Natl Acad

Sci USA，90（17）：8033-8037.

Cepko CL，Roberts BE，Mulligan RC. 1984. Construction and applications of a highly transmissible murine retrovirus shuttle vector. Cell，37（3）：1053-1062.

Dahlberg JE. 1988. An overview of retrovirus replication and classification. Adv Vet Sci Comp Med，32：1-35.

Elbashir SM，Harborth J，Lendeckel W，et al. 2001. Duplexes of 21-nucleotide RNAs mediate RNA interference in cultured mammalian cells. Nature，411（6836）：494-498.

Elbashir SM，Lendeckel W，Tuschl T. 2001. RNA interference is mediated by 21- and 22-nucleotide RNAs. Genes Dev，15（2）：188-200.

Elbashir SM，Martinez J，Patkaniowska A，et al. 2001. Functional anatomy of siRNAs for mediating efficient RNAi in Drosophila melanogaster embryo lysate. EMBO J，20（23）：6877-6888.

Fan H. 1997. Leukemogenesis by Moloney murine leukemia virus：a multistep process. Trends Microbiol，5（2）：74-82.

Ferrarone J，Knoper RC，Li R，et al. 2012. Second site mutation in the virus envelope expands the host range of a cytopathic variant of Moloney murine leukemia virus. Virology，433（1）：7-11.

Fujii C，Nakamoto Y，Lu P，et al. 2005. Aberrant expression of serine/threonine kinase Pim-3 in hepatocellular carcinoma development and its role in the proliferation of human hepatoma cell lines. Int J Cancer，114（2）：209-218.

Gambotto A，Kim SH，Kim S，et al. 2000. Methods for constructing and producing retroviral vectors. Methods Mol Biol，135：495-508.

Gilboa E，Kolbe M，Noonan K，et al. 1982. Construction of a mammalian transducing vector from the genome of Moloney murine leukemia virus. J Virol，44（3）：845-851.

Hassan Y，Huleihel M，Priel E，et al. 1985. Effect of mouse interferon on chemical carcinogenesis in normal rat kidney cells infected with Moloney murine leukemia virus. Carcinogenesis，6（12）：1787-1790.

Haviernik P，Bunting KD. 2004. Safety concerns related to hematopoietic stem cell gene transfer using retroviral vectors. Curr Gene Ther，4（3）：263-276.

Heinemeyer T，Klingenhoff A，Hansen W，et al. 1997. A sensitive method for the detection of murine C-type retroviruses. J Virol Methods，63（1-2）：155-165.

Jaenisch R. 1976. Germ line integration and Mendelian transmission of the exogenous Moloney leukemia virus. Proc Natl Acad Sci USA，73（4）：1260-1264.

Jaenisch R，Dausman J，Cox V，et al. 1976. Infection of developing mouse embryos with murine leukemia virus：tissue specificity and genetic transmission of the virus. Hamatol Bluttransfus，19：341-356.

Jaenisch R，Fan H，Croker B. 1975. Infection of preimplantation mouse embryos and of newborn mice with leukemia virus：tissue distribution of viral DNA and RNA and leukemogenesis in the adult animal. Proc Natl Acad Sci USA，72（10）：4008-4012.

Klement V，Rowe WP，Hartley JW，et al. 1969. Mixed culture cytopathogenicity：a new test for growth of murine leukemia viruses in tissue culture. Proc Natl Acad Sci USA，63（3）：753-758.

Lewis AF，Stacy T，Green WR，et al. 1999. Core-binding factor influences the disease specificity of Moloney murine leukemia virus. J Virol，73（7）：5535-5547.

Li S，Xi Y，Zhang H，et al. 2010. A pivotal role for pim-1 kinase in esophageal squamous cell carcinoma involving cell apoptosis induced by reducing Akt phosphorylation. Oncol Rep，24（4）：997-1004.

Lin S，Gaiano N，Culp P，et al. 1994. Integration and germ-line transmission of a pseudotyped retroviral vector in zebrafish. Science，265（5172）：666-669.

Loh TP，Sievert LL，Scott RW. 1990. Evidence for a stem cell-specific repressor of Moloney murine leukemia virus expression in embryonal carcinoma cells. Mol Cell Biol，10（8）：4045-4057.

Lundstrom K. 2003. Latest development in viral vectors for gene therapy. Trends Biotechnol，21（3）：117-122.

Mann R，Mulligan RC，Baltimore D. 1983. Construction of a retrovirus packaging mutant and its use to produce helper-free defective retrovirus. Cell，33（1）：153-159.

Manning G，Whyte DB，Martinez R，et al. 2002. The protein kinase complement of the human genome. Science，298（5600）：1912-1934.

Markowitz D，Goff S，Bank A. 1988. A safe packaging line for gene transfer：separating viral genes on two different plasmids. J Virol，62（4）：1120-1124.

Martin-Gallardo A，Montoya-Zavala M，Kelder B，et al. 1988. A comparison of bovine growth-hormone gene expression in mouse L cells directed by the Moloney murine-leukemia virus long terminal repeat，simian virus-40 early promoter or cytomegalovirus immediate-early promoter. Gene，70（1）：51-56.

Miller AD，Buttimore C. 1986. Redesign of retrovirus packaging cell lines to avoid recombination leading to helper virus production. Mol Cell Biol，6（8）：2895-2902.

Mochizuki T，Kitanaka C，Noguchi K，et al. 1997. Pim-1 kinase stimulates c-Myc-mediated death signaling upstream of caspase-3（CPP32）-like protease activation. Oncogene，15（12）：1471-1480.

Odawara T，Yoshikura H，Ohshima M，et al. 1991. Analysis of Moloney murine leukemia virus revertants mutated at the gag-pol junction. J Virol，65（11）：6376-6379.

Savard P，DesGroseillers L，Rassart E，et al. 1987. Important role of the long terminal repeat of the helper Moloney murine leukemia virus in Abelson virus-induced lymphoma. J Virol，61（10）：3266-3275.

Tahvanainen J，Kyläniemi MK，Kanduri K，et al. 2013. Proviral integration site for Moloney murine leukemia virus（PIM） kinases promote human T helper 1 cell differentiation. J Biol Chem，288（5）：3048-3058.

Tai CK，Kasahara N. 2008. Replication-competent retrovirus vectors for cancer gene therapy. Front Biosci，13：3083-3095.

Valsesia-Wittmann S，Morling FJ，Nilson BH，et al. 1996. Improvement of retroviral retargeting by using amino acid spacers between an additional binding domain and the N terminus of Moloney murine leukemia virus SU. J Virol，70（3）：2059-2064.

Verma IM，Somia N. 1997. Gene therapy promises，problems and prospects. Nature，389（6648）：239-242.

第六章　慢　病　毒

针对 HIV-1 及逆转录病毒生物学特性的研究，发展了新型的以 HIV-1 及其他逆转录病毒为基础的基因传递系统，是近 30 年来现代分子病毒学的重要成就之一，主要包括慢病毒载体和 γ 逆转录病毒载体。这类病毒载体的显著特征在于，其携带的外源基因能够整合到宿主基因组 DNA 中并长期稳定地表达外源基因，因而被广泛应用于细胞生物学和生物医学领域的研究。

相比较而言，γ 逆转录病毒载体在临床试验中存在以下两个缺点：一是 γ 逆转录病毒以天然状态整合到临近的启动子和调节区域，而且在病毒的长末端重复区（LTR）存在强转录增强子，插入后易产生突变而诱导肿瘤形成；二是 γ 逆转录病毒只能感染分裂细胞，其原因是负责病毒 cDNA 整合的前整合复合物（preintegration complexe，PIC）是一个大的核蛋白复合物，不能进入细胞核，在有丝分裂期间需要核包膜解体。慢病毒载体能避免这些缺点。慢病毒利用不同的方法与宿主细胞染色体相互作用，不会优先整合到临近的转录起始位点，而是整合到染色体表达基因富集的内含子区域并远离转录起始位点；慢病毒载体在研究和基因治疗中的另一个显著优点是因其 PIC 入核方式不同，既能感染分裂细胞，又能感染非分裂细胞，这个特点是慢病毒独有的，从根本上扩展了能够进行基因转移的细胞范围。慢病毒载体能转导休眠细胞，包括干细胞、CD4$^+$T 淋巴细胞、非增殖性单核细胞、巨噬细胞、原代肝细胞及分裂后的神经元细胞等。

慢病毒中最有前景的基因转移工具是基于 HIV-1 设计的。常采用三质粒表达系统构建 HIV-1 野生型病毒，利用其不同成分来构建插入适当外源基因的复制缺陷的 HIV-1 载体，以避免在产毒细胞中产生重组野生病毒的可能性。其他慢病毒属的成员如猿猴免疫缺陷病毒（SIV）、猫免疫缺陷病毒（FIV）、牛免疫缺陷病毒（BIV）、山羊关节炎-脑炎病毒（CAEV）和马传染性白血病病毒（EIAV）等，也被用于设计生产重组载体作为基因治疗的工具。

总之，慢病毒载体由于其独特的特点，即选择宿主基因组中的"安全"整合位点，长期有效地将基因传递到分裂细胞和非分裂细胞，强大的基因容纳能力（7～8kb），不影响载体滴度及能与模拟的特异性靶点结合等，因此是科学研究和临床医学中非常有前景的应用工具。目前的临床前和临床研究数据揭示慢病毒系统具有安全性，但在慢病毒系统的设计上，仍需要坚持和进一步拓展安全性设计的原则。

第一节　HIV-1 病毒简介

一、生物学特性

（一）分类

逆转录病毒科（Retroviridae）是一组含逆转录酶的 RNA 病毒，其基因组为两条相同的单股正链 RNA，病毒颗粒呈球形，外有包膜，包膜表面有糖蛋白突起。分为两个亚科，分别是正逆转录病毒亚科（Orthoretrovirinae）和泡沫逆转录病毒亚科（Spumaretrovirinae）。正逆转录病毒亚科包含 α 逆转录病毒属、β 逆转录病毒属、γ 逆转录病毒属、δ 逆转录病毒属、ε 逆转录病毒属和慢病毒属 6 个属；泡沫逆转录病毒亚科则只含泡沫逆转录病毒属。HIV 为逆转录病毒科慢病毒属的成员之一，分为 HIV-1 和 HIV-2。

（二）病毒结构

慢病毒的基因组包括两条线性的单股正链 RNA 分子，以二聚体形式存在。在反转录过程中，可产生多种可能的重组形式而具有高度遗传变异性。以 HIV-1 为例，HIV-1 基因组含 9181 个碱基，其 RNA 经反转录后，末端的 U5、U3 交换连接到 DNA 相对的末端上构成长末端重复序列（long terminal repeat，LTR），形成前病毒。作为一个独立的转录单位，HIV-1 具有自身的调控元件，能利用细胞的转录系统进行转录。LTR 包含 3′独立元件（U3）、重复元件（repeat elements，R）、5′独立元件（U5）及一些顺式作用元件。这些顺式作用元件中含有前病毒整合到宿主基因组的重要信息，如前病毒 DNA 5′和 3′端的 att 重复序列、增强子/启动子序列、反式激活应答元件（transactivation response element，TAR）及多聚腺苷酸尾信号（polyadenylation signal，polyA）。除了两个 LTR，还有其他的顺式作用元件包括引物结合位点（primer binding site，PBS）、病毒 RNA 包装/二聚化信号（packaging/dimerization signal，ψ 和 DIS）、中心多聚嘌呤区（central polypurine tract，cPPT）及中心终止信号（central termination sequence，CTS）；前病毒的反式作用因子包含 9 个可读框（ORF）。Gag-pol、Gag 和 Env 的 ORF 编码结构蛋白和所有逆转录病毒中典型的酶。另外的 ORF 编码必需的调节蛋白（由 tat 和 rev 基因编码）及辅助蛋白（由 vif、vpu、vpr 和 nef 编码）（图 6-1）。

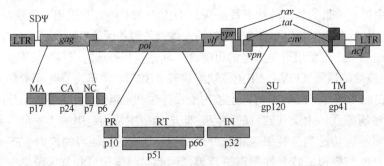

图 6-1　HIV-1 的基因组结构示意图

（三）病毒复制

同其他病毒一样，HIV-1 的基因组大小不足以编码提供病毒复制所必需的元件，病毒必须"劫持"宿主细胞来完成其生命周期。HIV-1 病毒的复制开始于病毒包膜蛋白 gp120 与宿主细胞表面的 CD4 受体和其他辅助受体如 CXCR4、CCR5 等的结合。结合后，非共价结合的 gp41 亚单位构象发生变化而释放足够的自由能促进病毒颗粒与细胞膜的融合，病毒核心因此进入细胞质。Nef 蛋白促进病毒核心移动，诱导肌动蛋白重新排列。在衣壳内病毒 RNA 进行逆转录。逆转录完成后，前病毒 DNA 和一些病毒蛋白如 RT、IN、NC、Vpr、MA 与细胞蛋白一起形成前整合复合物（preintegration complex，PIC），PIC 能通过核孔复合物

（nuclear pore complex，NPC）主动转运到细胞核内。通过整合酶与细胞蛋白 LEDGF 的共同作用，前病毒 DNA 整合到宿主基因组。前病毒的转录由细胞的 RNA 聚合酶Ⅱ完成，病毒蛋白 Tat 可增强转录。病毒蛋白 Rev 可稳定未剪接和部分剪接的转录子从而使转录子进入细胞质进行翻译。翻译剪切后得到的病毒结构蛋白 Gag、Gag-pol 和 Env 与全长的 RNA 分子结合，开始新的病毒颗粒的包装。包装好的病毒颗粒以非成熟的形式从感染细胞中释放。病毒蛋白酶消化多聚蛋白后形成成熟的病毒（图 6-2）。

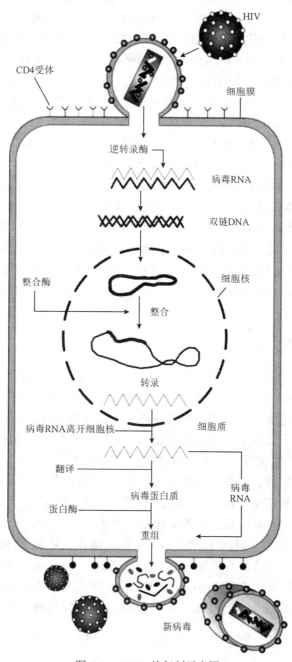

图 6-2　HIV-1 的复制示意图

二、致病性与免疫性

据世界卫生组织（World Health Organization，WHO）统计，2011 年全球死于 AIDS 的人数是 170 万，共有 3400 万人感染 HIV，每天新增感染人数近 7000 人。HIV 的感染及流行已成为全球公共卫生最棘手的问题之一。

HIV 传播的主要途径包括性传播、血源性传播及垂直传播。从 HIV 原发感染的急性期，发展到严重的机会性感染和典型的 AIDS 阶段，通常平均需 10 年以上。这也是慢病毒之所以称为"慢"病毒的原因。HIV-1 通过摧毁人体的免疫系统而导致人的死亡，这是一个十分复杂的过程，很多机制尚不十分明晰，一般认为：HIV 感染 $CD4^+$ T 淋巴细胞及其他细胞，包括单核-巨噬细胞和胸腺细胞。其中极少部分被感染的 $CD4^+$ T 淋巴细胞分化为记忆细胞，这些细胞是 HIV 的储存库，使机体几乎无法彻底清除病毒。HIV 感染导致 $CD4^+$ T 淋巴细胞的耗损，致使机体呈"免疫缺陷"状态；感染 HIV 的单核细胞可进入神经系统并释放一系列细胞因子及趋化因子，从而导致 AIDS 晚期脑部细胞的炎性浸润。感染 HIV-1 后，机体产生细胞免疫及体液免疫应答。最新的研究表明，在天然免疫中，树突细胞、单核细胞和巨噬细胞可通过 SAMHD1 分子抑制 HIV-1 的复制。在体液免疫中，抗体不仅通过中和作用和 ADCC 作用抑制 HIV-1 的扩散，还可刺激特定细胞释放细胞因子发挥抗 HIV-1 的作用。在细胞免疫应答中，较早期产生的针对 HIV-1 的 $CD8^+$ T 细胞，通过表达颗粒酶 A 和穿孔素而直接控制 HIV-1 的感染，并促进 $CD4^+$ T 细胞的保留；特定的 $CD4^+$ T 细胞又可以有效地保证 $CD8^+$ T 细胞的功能，维持有效的细胞免疫应答。$CD4^+$ T 细胞亚型群，如 Treg、TFH 和 Th17 等细胞在抗 HIV-1 的感染中发挥重要作用。

三、微生物学检测方法

HIV-1 的检测方法主要包括病毒抗原及抗体检测、核酸检测和病毒的分离鉴定等。作为 HIV-1 的常规检测法，酶联免疫（EIA）检测 HIV 抗体具有很高的敏感性和准确率。EIA 阳性结果，通常需用蛋白质印迹法（Western blot）检测 HIV-1 病毒特异性蛋白的抗体予以证实，如包膜糖蛋白 gp41、gp120 和 gp160 的抗体；结构蛋白 p17、p24 及 p55 的抗体。过去常检测病毒的核衣壳蛋白 p24，由于该病毒蛋白出现窗口期易产生假阴性，目前欧美国家已不使用，取而代之的是更灵敏的核酸检测法。常用方法有核酸杂交、PCR 和 RT-PCR 等，检测一个或多个 HIV 特异性的靶序列，成本相对昂贵，但灵敏性、准确率和特异性更高。目前临床也常用定量 RT-PCR 检测患者血标本中 HIV-1 RNA 的拷贝数（又称病毒载量检测，viral load testing），用于监测 HIV-1 感染者的病情发展及药效评估。目前唯一一个被美国 FDA 批准的 HIV-1 快速检测技术，是研发生产的 OraQuick HIV 快速检测棒（OraSure 公司）。该产品可检测口腔黏液、指血、全血等样本，可室温储存，无需特殊装置，准确性和特异性均达 99% 以上。

第二节 慢病毒载体转基因技术原理

一、以 HIV-1 为基础的慢病毒载体组成

早期的研究是将慢病毒包装所需的元件分至两个质粒。早在 20 世纪 90 年代初期，Helseth 等就报道了第一个复制缺陷的 HIV-1 载体系统，利用反向互补分析法，测试 HIV-1 包膜糖蛋白突变体的复制潜能，表明 Env 不是病毒颗粒形成所必需的。这种方法用了两种质粒：一个质粒包含 env 基因缺失的 HIV-1 病毒，nef 基因由报告基因氯霉素乙酰转移酶取代，rev 和 env 基因突变或完全由 HIV-1 的 LTR 控制；另一个质粒提供 gp120 糖蛋白或异源性 Env 蛋白。广泛用作基因治疗的慢病毒载体，是以分离的顺式作用元件的序列为基础改建而成。为了避免重组产生可复制慢病毒（replication competent lentivirus，RCL）的可能性及提高包装效率，目前常用的慢病毒载体系统的组成一般包括 3 部分：包装质粒（packaging plasmid，又称辅助质粒 helper plasmid）、载体质粒（vector plasmid，又称转移质粒 transfer vector）及包膜表达质粒（envelope plasmid），并且还在不断完善过程中。

（一）包装质粒

包装质粒表达形成病毒感染性颗粒和有效转导靶细胞所必需的酶和结构蛋白，但 env 基因被去除。慢病毒包装质粒的发展一般认为可分 3 代（图 6-3）。

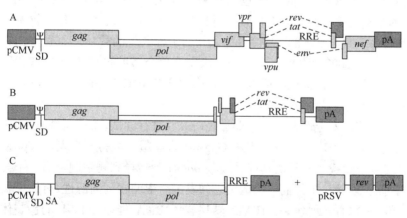

图 6-3 以 HIV-1 为基础的慢病毒载体包装质粒的发展

A. 第一代包装质粒；B. 第二代包装质粒；C. 第三代包装质粒

第一代包装质粒形成于 1996 年，包含辅助蛋白 Vpu、Vpr、Vif、Nef，以及调节蛋白 Rev 和 Tat，是包装质粒的功能元件。进一步改进排除 LTR、ψ 和 PBS 序列。这阻止了编码反式因子为新的载体粒子全长 mRNA 包装。然而，RRE 和 5′ SD 位点仍未改变，使得 mRNA 的加工及 Rev 依赖的细胞核输出正常。在无天然的 LTR 存在时，RNA 的合成通常是由来自巨细胞病毒（CMV）或劳斯肉瘤病毒（RSV）的强启动子启动，多聚腺苷酸（polyA）尾信号来自 SV40 或胰岛素基因。

第二代包装质粒，进一步敲除所有与病毒毒力和细胞毒性相关的辅助蛋白，但保留了病毒体外复制所必需的辅助蛋白。常见的第二代包装质粒中只有 Rev 和 Tat 蛋白与 Gag 和 Gag-pol 多聚蛋白一起表达。

第三代包装质粒，包含基本的 RSV 或 CMV 来源的强启动子，为进一步增加安全性，*rev* 后来被单独放在另外一个质粒上，且完全去除 *tat*，Tat 的功能用修饰的 5′LTR 增强子/启动子元件取代。所有的这些"敲除"操作没有从本质上影响载体的生成（产量/滴度）或感染力。此外，有可能产生的 RCL 所需要的重组次数大大增加，且不包含野生型病毒毒力和致病性的任何蛋白质，安全性能大为提升。

然而，同源重组的发生虽然极度降低，但可能性仍然存在，因为包装质粒和载体质粒中存在 HIV 的重叠序列。这些序列包括 RRE 顺式元件和部分 *gag* 基因。由于包装质粒中的 RRE 是有效地表达 HIV-1 *gag* 和 *pol* 基因所必需的，因此不能被轻易地敲除。其原因在于：野生型 HIV mRNA 中低的 GC 含量和未达最佳标准的密码子优化（codon optimization），将导致 RNA 不稳定性，Rev 的结合可阻止由于 RNA 不稳定性导致的降解。包装质粒的密码子优化，可保证即使在没有 Rev 存在的情况下也能有效地合成蛋白质。尽管 Kotsopoulou 等的研究表明，包装质粒中可以不包括 RRE，密码子优化的 mRNA 产生的 Gag-pol 多聚蛋白是 Rev 非依赖的，且这个 RNA 没有利用 CRM-1 介导的核输出途径。然而，载体质粒的有效表达仍然是 Rev 依赖的，这是由于载体 RNA 需要一部分 Gag 用于有效地包装。从该系统中完全去除 Rev 与含有 Rev/RRE 的系统相比较，载体滴度显著降低。

其他成功建立 Rev 非依赖的包装质粒，是通过将来自于 Mason-Pfizer 猴病毒（MPMV）的基本运输元件（CTE）插入到 HIV-1 序列。发现含 CTE 的载体中 Rev 的共表达是转基因表达中非必需的，且滴度大致相当于含 Rev 的载体，这提示 CTE 的功能与 RRE 类似。然而，2007 年 Ohno 等的研究表明，单个拷贝的 CTE 不能取代增加的功能性载体粒子的产生和在转移质粒或包装质粒中整合多个 CTE 序列的 RRE，是载体产生过程中消除 *rev* 基因表达所必需的。

载体包装系统的安全性改进仍需要加强研究并进行尝试，例如，编码 HIV 酶和结构蛋白的序列被分成两个质粒：一个表达 Gag/PR 多聚蛋白，另一个表达 Vpr/RT/IN 融合蛋白，这样可以阻止载体介导的功能性 *gag-pol* 序列转导到靶细胞。另一个尝试是建立杂合的慢病毒载体系统，在其他属的成员之间发掘有限的序列同源性。有结果表明，HIV-1 能被 SIV 核心颗粒有效地包装。HIV-2 转移载体 RNA 能被 HIV-1 的包装体系衣壳化（encapsidated），或者，HIV-1 载体能被一个嵌合结构包装，该嵌合结构中 HIV-2 的 *gag* 区域被 HIV-1 的 *gag* 区域取代。

此外，慢病毒颗粒能利用重组腺病毒载体中慢病毒包装基因瞬时表达而生产。在这个实验中，细胞稳定地转染 SIV 载体的质粒，通过感染腺病毒"慢-包装"载体转化成慢病毒载体生产细胞。

（二）载体质粒

载体质粒表达全长外源基因的 mRNA，包含所有的为有效包装、逆转录、核输入及整合到宿主基因组 DNA 所必需的顺式作用元件。典型的载体质粒含有一个转基因表达系统，其中包含感兴趣的基因，由内部启动子驱动，通常位于 3' Tat/Rev SA 位点和 3' LTR 之间（图 6-4）。

图 6-4　载体质粒（转移质粒）结构示意图

载体质粒也随着包装质粒的改进而改进。早期的结构中含有完整的 5'LTR 和 3'LTR，因此，转录是 Tat 依赖的。产生的全长转录物由 5' UTR（TAR、PBS、SD 和 ψ 序列）、gag 基因的 5'端的 300～400bp、RRE 序列、剪接受体（SA）位点、含自身启动子的转移基因、位于 3' LTR 的 PPT 和 polyA 尾序列组成。

早期的报道显示，异源增强子/启动子插入 HIV-1 的 LTR 取代 U3 区 T 细胞特异的转录因子（LEF-1/TCF-1α）、NFAT、NF-κB 和 Sp1 转录因子结合位点，在无 Tat 存在时驱动嵌合的 LTR 转录，这种修饰的病毒是可复制的。通过 Tat 弱的反式激活仍是显而易见的，且这种病毒的感染力是依赖细胞型的。基于这些早期的研究，载体质粒的 Tat 非依赖转录通过替换 5' LTR U3 区的增强子/启动子序列为 CMV 的强异源启动子而完成，像先前利用 MLV 的做法一样。这个转移质粒现在是缺乏 Tat 的第三代包装系统的一个完整部分。然而，在病毒生产细胞中转录这种嵌合的 LTR 仍然能够被 Tat 上调，它能产生更高滴度，提高新产生载体颗粒的转染效率 40%。这可以由 TAR 元件仍存在于新生的转录物这一事实来解释。

去除 3' LTR U3 区的增强子/启动子序列（120～400bp；ΔU3），产生了自我失活病毒（self-inactivating technology，SIN）（图 6-5）。早在 10 多年前研究 MLV 来源的逆转录病毒载体时就引进了这个概念。用来源于这种转移结构的病毒感染细胞，在逆转录过程中缺失的部分在 5'端重新产生，导致前病毒的转录钝化。SIN 的设计对病毒载体安全性最重要的进步是用于包装的全长转录物减少，使得反复感染野生型 HIV 的载体移动可能性最小化。RCL 形成的可能性也减少了，因为与野生型病毒同源的序列进一步减少。此外，SIN 缺失使得插入突变减少，阻止了存在于宿主基因组中启动子/增强子元件的转录干扰。实际上，在近来发展的插入突变细胞培养实验中，基于 HIV 载体 LTR 中启动子/增强子区的 SIN 缺失，导致插入基因的活性完全丧失，这种现象在慢病毒和 γ 逆转录病毒载体中经常发生。

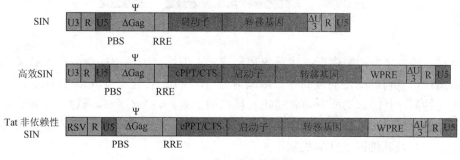

图 6-5　SIN 技术的发展

确实，最近的研究已经鉴定了具有转录活性的 LTR 成为载体基因毒性的主要决定因素。在一个易发鼠瘤的 HSPC 移植模型中，含嵌合的致癌逆转录病毒 LTR 的慢病毒载体使得肿瘤增加到简单逆转录病毒载体预期的水平。在一个平行实验中，慢病毒和含 SIN LTR 的 γ 逆转录病毒载体似乎都是中性的。除了上述的转录干扰机制外，在 LTR 中增强子/启动子位于拼接供体位点的上游可能增加嵌合转录形成和致癌基因激活的概率。因此，对于一个安全的载体设计，强启动子下游的 SD 位点应该被去除。除了利用 SIN 修饰的 LTR，在临床应用的载体可适当地激活内部启动子，尤其是弱的 3′ LTR polyA 尾信号用于末端转录。

完整的载体基因组包含全长的 5′ LTR，可通过感染野生型 HIV 病毒调动。已有研究表明，所有的整合有前病毒的基因组实际上都被转录，即使是依赖整合位置的低频率的转录。绝大多数的载体在整合后即被沉默。尽管 SIN 前病毒被动员的可能性更低，来源于整合序列中隐藏的启动子或在宿主 DNA 周围包括 5′ LTR R 区的任何转录物都可能产生完整的前病毒 DAN 基因组，能被重新整合。在野生型 HIV 重复感染阶段，整合的 SIN 载体的动员尚未被证明，但精心设计一种安全的载体需要进一步地努力解决这种潜在的问题。

另一个用于包装病毒基因组的可能来源是以未整合形式分布在转化细胞中游离的载体 DNA。这种游离形式的病毒 DNA，单个或两个 LTR 环（1-LTR 和 2-LTR），通过细胞分裂稀释，但是在非增殖的静息细胞中，它们是稳定的且能转录，因此，大大有助于全长 gRNA 在包装和动员中的应用。然而，在最近关于 HIV-1 的整合前转录研究中，大多数 2-LTR 环在指导 RNA 合成的过程中不被激活。因此，非整合模板来源于主要的 DNA 种类，如全长、线性 DNA。

（三）包膜质粒

慢病毒载体系统的最后一个组成部分是包膜质粒，提供重组病毒颗粒新的包膜糖蛋白（图 6-6）。因为从这个系统中去除了野生型 HIV-1 包膜基因，在载体生产过程中利用另一个表达异源糖蛋白包膜的质粒，这种方法称为假型。假型具有一些重要的优点：排除了与野生型病毒同源的序列，从而提高了载体的安全性；假型载体对靶细胞的选择范围大大扩大或具有特异性；提高重组病毒颗粒稳定性，更容易通过超滤或超速离心法浓缩，可以得到相当高滴度的病毒并可长期储存。

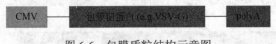

CMV —— 包膜糖蛋白 (e.g.VSV-G) —— polyA

图 6-6　包膜质粒结构示意图

目前，绝大多数的慢病毒载体系统都是选择水疱性口炎病毒的糖蛋白 VSV-G，利用这种糖蛋白可获得的病毒滴度高（在浓缩前为 $10^7 \sim 10^8$ 转化单位/ml，TU/ml），病毒颗粒的稳定性好，且能感染所有哺乳动物及昆虫的细胞。VSV-G 包膜通过内吞途径促进病毒进入细胞，最小剂量感染时需要病毒辅助蛋白（如 Nef）的辅助。尚不清楚这种糖蛋白与细胞结合及其细胞受体的机制。

然而，利用 VSV-G 生产的假型载体的缺点是：组成型表达会对一些哺乳动物细胞（如

293 细胞）产生毒性；需要有条件地选择糖蛋白的生产细胞系以稳定地产生病毒产物；另外，应用 VSV-G 假型载体会诱导直接针对包膜的补体和抗体介导的免疫应答，需要通过对包膜糖蛋白进行化学修饰，如聚乙二醇（PEG），可成功地延长重组病毒在体内的半衰期并提高转导效率。

二、慢病毒载体创新设计的安全性考虑

慢病毒具备转化非分裂细胞的能力，因此以慢病毒为基础的载体系统具有基因治疗的巨大潜能。但慢病毒载体重要的生物安全性一直是人们十分关注的重点。出于对重组嵌合慢病毒的跨物种和水平传播安全性方面的考虑，在设计以 HIV-1 为基础的慢病毒载体系统时，需包含基本的安全原则，2006 年，美国国立卫生研究所（NIH）的重组 DNA 咨询委员会确定了慢病毒载体研究的安全性考虑咨文。目前使用的慢病毒载体都有着良好的安全记录，并且具有一定的特性，可以保证其无论在体内还是在体外的基因治疗过程中都有更高的效能和安全性。然而，对一些不是很典型的慢病毒载体和一些人们意料之外的作用结果还需要进一步的研究。然而，令人充满希望的是，慢病毒载体基因组的灵活可变性，为人们提供了很多重新设计并优化载体序列和目的基因的机会，从而可以进一步地确保慢病毒载体应用的生物安全性。

在慢病毒载体应用的发展过程中，逐步形成 3 条重要的安全原则：断裂的载体基因组设计，从而避免在宿主细胞中形成具有复制能力的病毒；去除长末端重复序列（LTR）中的增强子和启动子序列，从而产生自我失活病毒；用不同宿主源性的载体颗粒包膜蛋白来修饰病毒的膜蛋白，即为准型。

（一）断裂的载体基因组

这种断裂的载体基因组设计方法主要的要求是，去除所有编码与逆转录相关的蛋白质序列，而所有与包装病毒颗粒有关的序列都被保留下来。这种断裂式的慢病毒包装系统主要由 4 个质粒组成，分别编码载体基因组、Gag-pol、Rev 和 Env 蛋白。通过这样一个简单的设计原则可以避免具有复制能力的病毒形成，所以能够有效提高慢病毒载体应用的生物安全性。

（二）自我失活病毒（SIN）

在载体基因组的设计中，完全去除 LTR 中的启动子和增强子序列即为 SIN，是慢病毒载体设计的重要目标。因为这样不仅可以减少病毒载体在细胞间播散的风险，还可以避免增强子与整合进入载体的转录控制元件之间的互相干扰。这种 SIN 设计最初是用来开发 MLV 载体的，但是在最初的版本中并未完全去除增强子和启动子，获得的病毒滴度很低。而大多数现用的慢病毒 SIN 载体，已经有了很大的改善，可以在包装细胞中高表达病毒基因组的 RNA。

（三）RNA 处理过程

转录后的 RNA 处理过程在保证生物安全性和慢病毒载体效能方面具有重要意义。

最具代表性的是选择性剪切，即慢病毒载体利用有限的基因组资源表达丰富的病毒蛋白的重要方式。然而这种做法可能还需要进一步完善。虽然在特定的 RNA 相关的过程中进行一定的处理，不仅可以促进基因表达，还可以全方位地保证生物安全性。但是，将载体所带目的基因从邻近基因中选择性剪切下来本身就存在一定的阻断转录或是形成非正常转录的风险，这一点也是不能忽视的。

此外，在载体的设计过程中适当地引入一些转录后剪切位点，也可以有效地提升载体的生物安全性。但是一定要注意避免一些模糊不定的剪切位点，因为这些可能起到相反的作用。于是，可以通过去除一些模糊的剪切位点，同时破除一些不需要的 RNA 二级结构和一些不稳定的因素，来达到密码子优化的作用。这可以增加 mRNA 的稳定性，提高运输和翻译效率，进而促进载体的生物安全性。

（四）插入所致的突变

人们在一些动物和临床试验中发现，慢病毒载体所介导的转染，可以导致正常组织细胞向恶性肿瘤细胞转化。这主要是因为逆转录病毒基因整合所导致的宿主细胞基因上调或是破坏，即插入所致的突变。

然而研究发现，尽管一些插入所致的突变会影响生长调节基因，但却不会引起稳定的多克隆造血细胞作用的改变。人们怀疑这可能和病毒载体缺少增强子有关。并且有定量的研究分析表明，由于这种插入作用所导致的原癌基因上调是和载体中的增强子序列密切相关的。

除了增强子以外，对 RNA 的 5′UTR 和 3′UTR 修饰在载体的设计中也是非常重要的。其中将 3′LTR 的 U3 区域去除后，即为绝缘子序列。该序列因为可以有效地隔绝基因调节区域，故而可有力地保证慢病毒转染的安全性。不仅如此，其阻断插入的载体序列和邻近的宿主细胞基因之间的相互影响，也是可以降低插入所致突变概率的。

此外，人们在研究插入所致突变的过程中发现，载体基因组序列的确具有相当重要的影响，但是由整合酶特性和载体与宿主的辅助因子共同决定的半随机整合作用也具有重要意义。应该说这一点也是值得人们注意的。

（五）假型的应用

目前为止，已有丰富的证据表明假型的应用可以在混合的细胞系中有效促进定位特异性的细胞或组织。不仅如此，其还具有有力地支持慢病毒载体转换不同未刺激细胞形式的能力。然而也有研究表明，用水疱性口炎病毒的糖蛋白来进行修饰所形成慢病毒颗粒的病毒假型（这也是目前为止应用最为广泛的假型）在转染细胞数小时后，该细胞依然可以释放复制能力缺陷的感染性载体颗粒给其他靶细胞。人们虽然已经注意到了这一点，但是似乎并没有很好的应对策略。对细胞进行清洗，或是使用一定的抗感染药物似乎都无法阻断该现象。所以假型的应用也是需要多方面考虑的。

三、重组慢病毒的产生

传统的慢病毒载体生产依赖于有效地将辅助质粒、包装质粒和载体质粒共转染生产细胞，即人胚肾 293T（HEK 293T）细胞（ATCC No. CRL-11268）。另外，病毒载体的生产能通过转移载体质粒转染稳定表达式包装蛋白和包膜糖蛋白的生产细胞系来完成，这样可能降低转染质粒之间重组的风险，将载体制备过程中质粒 DNA 的污染问题最小化。然而，这种方法存在一些局限性：需要长时间形成可控制的表达所有必需质粒组成的稳定细胞系（由于一些蛋白质的可能细胞毒性，尤其是病毒蛋白酶、Rev 和 VSV-G），需要为每一个预期的载体假型生产指定细胞系，载体滴度低及经长期培养后的遗传不稳定性。2008 年，Lesch 等利用以杆状病毒为基础的慢病毒代替瞬时的质粒转染。在这种方法中，4 个重组杆状病毒将慢病毒载体所有必需的成分传递到转染的 293T 细胞。这种方法利用了快速简单的杆状病毒有效地转导哺乳动物细胞及杆状病毒不会在脊椎动物细胞中复制这一安全性。

慢病毒载体颗粒的制备通常是通过载体质粒共转染生产细胞（优先选择 HEK 293T 细胞）而获得的。为了得到令人满意的病毒滴度，必须严格控制程序中的每一步，而且 DNA 的质量和良好的细胞培养状态及合适的细胞培养条件也非常关键。

四、慢病毒载体制备的浓缩方法

由瞬时转染获得的天然病毒产品的典型病毒滴度为 $10^6 \sim 10^8 TU/ml$，足以用于体内转移基因的传递研究。然而，用于基因沉默或体内基因传递时，需要在一定体积内具有高复染指数（MOI），这样就必须对转染后获得的天然状态的病毒产品进一步浓缩纯化，常用的方法分叙如下。

（一）离心分离法

超速离心法是浓缩慢病毒载体颗粒最简单最常用的方法。转染两天后收集含慢病毒载体颗粒的细胞培养基，如果用的是无血清培养基则可在转染一天后就收集，然后用 0.45μm 的滤膜过滤。随后在 4℃以（50～100）×$10^3 \times g$ 的离心力对病毒颗粒进行离心 1.5～2h。在少量的培养基或缓冲液（如磷酸盐缓冲液 PBS）中重悬沉淀，这样浓缩后的滴度是原始滴度的数百倍。

然而离心分离法虽然简单易行，但由于在超速离心过程中产生了剪切力，因此这种非常"暴力"的方法会破坏某些假型载体病毒颗粒，将离心速度降至原来的 1/10 可以增加存活率。另外，携带大的插入片段（约 7kb）的载体特别容易断裂，在较低的速度下离心能获得较好的病毒滴度。也可在低速离心之前将 VSV-G 假型病毒颗粒先进行沉淀（例如，利用聚 L-赖氨酸或 PEG）。这些技术对处理大体积的病毒量（以升为单位的含载体培养基）尤为重要。

在大规模的载体生产过程中，需要在离心之前减少介质的体积。2005 年 Geraerts 等报道了在离心之前利用切向流过滤，使得原始体积浓缩了 66 倍。再进行离心时进一步浓缩了 33 倍。

超速离心除了"暴力"以外，还可能产生载体复苏的问题。在无血清培养基中产生的病毒颗粒沉淀很难被重悬，需要再在重悬缓冲液中加入 1mmol/L EDTA 或 8μg/ml 硫酸鱼精蛋白。这种方法的另一个缺点是它浓缩了制备物中所有的大分子（血清和宿主细胞蛋白质、DNA），包括促炎因子和可能的病毒感染抑制剂。因此，为得到纯化载体，含病毒的培养基需通过蔗糖密度梯度或缓冲超速离心。

（二）超滤法

超滤法可避开以上问题。超滤过程中利用包加、浓缩离心管或超滤器 2000 和超滤膜（它们是 50～100kDa 分子质量规格的膜）。这些设备最初被用于蛋白质的浓缩和脱盐。然而，利用超滤膜对载体的浓缩与超速离心法相比，甚至更好，因为较低的离心力（2000～4000×g）和较短的离心时间（15～30min）可获得恢复更好的病毒载体颗粒，这种方法同时也除去了所有的比膜孔小的污染物。

（三）层析法纯化法

超滤过程尽管优于超速离心，但仍浓缩了大量来源于宿主细胞的污染物，在用于体内实验时可能引起免疫反应。与超速离心类似，超滤法的局限性是不能进行大规模的制备，所以作为临床治疗应用需大规模制备慢病毒载体，以层析法为基础的方法是一个较为理想适合的方法。目前已经有报道利用凝胶排阻层析法和肝素亲和层析法对载体制备物进行浓缩和纯化。然而，这些方法都只能回收得到 50%～70% 的载体。

Pall Corporation 研发的 Mustang Q Acrodisc 阴离子交换层析法可以简化慢病毒载体的浓缩和纯化，这个方法中用的膜是强阴离子交换剂，比传统的离子交换树脂流速更快，可省略预浓缩这一步。重组慢病毒颗粒的回收率可超过 75%。此外，Mustang Q Acrodisc 的设计是一次性的，适用于小规模注射工作和大规模浓缩应用（浓缩体积为 0.35～900ml，每天能处理约 1500L 载体培养基）。然而，与其他的层析树脂类似，这种膜也能结合血清来源的蛋白质及来源于天然载体制备物的污染性核酸物质，而有效的载体恢复要求细胞培养时存在于培养液中的杂质含量很少。此外，也有研究报道用这种方法浓缩的载体储存物对冻融更敏感。可能是因为在最终产物中存在少量杂质，因为利用 VSV-G 的 HIV-1 载体颗粒假型，在无血清的培养基中收集时对低温非常敏感。

（四）纯化的载体颗粒的稳定性

储存载体对冻融周期的敏感性是一个更大的问题，即病毒颗粒的热敏性。为了强调这一问题，Strang 等（2004）检测了不同假型在 37℃ 的稳定性。尽管有血清存在，含 VSV-G 的颗粒能稳定长达 6h，然而，含 γ 逆转录病毒包膜糖蛋白的 HIV-1 载体在 2h 后就有部分失活。其他的研究表明，在载体制备过程中，无血清条件对纯化的载体储存稳定性有副作用。例如，有研究发现，在 γ 逆转录病毒包膜假型中，逆转录过程的钝化导致其在 37℃ 时感染性快速增加。因为载体颗粒的稳定性对基因治疗应用很重要，所以迫切需要保护纯化载体储存的方法。最近有研究表明，将重组的人血清白蛋白（rHSA）和脂蛋白加到储存缓冲液中，明显提高了纯化的慢病毒载体的稳定性。

总之，在大多数体内应用中，需要对生产的载体进行浓缩和纯化。特别是临床级别的载体需要一个多步骤的过程，对这种载体的制备多选择层析技术。

第三节 慢病毒载体的医学应用

在过去的 10 多年间,慢病毒载体已经成为基础研究和应用研究许多领域中非常普及的基因转移工具。本节概述了慢病毒载体的应用状况。

一、功能基因组学

慢病毒载体与 RNAi 技术的结合,已在哺乳动物广泛的细胞类型,包括原代细胞和非分裂细胞,建立了高通量功能缺失筛选文库。已经报道的文库包含超过 135 000 个慢病毒克隆,结合已经证实的序列结构,定向选择了 27 000 个人和鼠的基因。展示了这一技术在全基因组层面上研究基因的功能具有巨大的价值。特别是能快速地鉴定生物通路中主要的调节因子,从而为哺乳动物的遗传通路提供了一个全局视图,如有可能在人类癌细胞的有丝分裂进程和增殖过程中鉴定超过 100 个可能的调节子或激酶。激酶被沉默后,肿瘤细胞对有丝分裂纺锤体蛋白驱动蛋白 5 的抑制剂(kinesin-5i)更为敏感。利用表达 shRNA 的微阵列慢病毒文库,定向筛选超过 5000 个人类药物控制基因,通过基因沉默、激活 β-连环素途径,鉴定出二氢叶酸还原酶(DHFR)为 β-连环素和 GSK3 信号通路中的一种新型调控因子。Ali 等利用慢病毒 shRNA 文库鉴定了一些新的能够改变造血干细胞(hematopoietic stem and progenitor cell,HSPC)分化特异性的靶基因及影响干细胞扩张的 shRNA 结构。

Bialkowska 等以含人工合成的编码 EGFP 标记的慢病毒为基础,获得了能在哺乳动物中进行蛋白质标记的遗传工具,可在全基因组水平研究基因的蛋白质表达水平,以及在不同的生理条件下利用共聚焦显微技术研究它们的亚细胞分布,还可用于研究蛋白质纯化及蛋白质与蛋白质相互作用。

二、转基因动物

以慢病毒为基础的基因转移系统在动物转基因工程领域得以广泛应用,并获得了转基因小鼠、大鼠、猪、鸡和牛等动物,也产生了一些不常见的转基因动物种,如家猫和草原田鼠。转基因动物是通过重组慢病毒感染受精或未受精的卵细胞、单细胞胚胎、早期囊胚、胚胎干细胞或对体细胞核转移(SCNT)中提供细胞核的供体细胞产生的。尽管外源基因经慢病毒载体携带的片段比以 DNA 为基础的方法要小,但通过 DNA 显微注射的基因转移方法效率相对较低,而经慢病毒转基因胚胎中的表达水平非常高且存活率更高。以慢病毒载体为基础的转基因动物具有以下优势:转基因动物的后代能遗传和表达转移基因;转基因动物具有组织特异性和(或)产生了条件性表达所需要的基因或基因沉默,可获得高效、低成本的转基因动物,并可广泛应用于科学研究、农业生产、生物技术和生物医学等领域。最典型的例子是,大动物可以被改造成器官捐赠者(猪)或活体蛋白质工厂(牛);慢病毒转基因技术为制造几乎所有的人类疾病的动物模型提供可能性,如成功获得了亨廷顿病的灵长类模型。

三、细胞工程

近年来，慢病毒载体被作为体细胞重新编程的一种极为方便的工具。诱导型多能干（iPS）细胞目前被认为是可能的自体干细胞的来源，通过慢病毒转化 Oct4、Sox2、Klf4 和 c-Myc 这 4 个转录因子，结合强力霉素诱导启动子表达，可以在分化的小鼠和人类细胞（如纤维母细胞或角质细胞）中诱导产生多能性。

转换强力霉素诱导基因表达的关闭和重新开启，调节 iPS 细胞分化，产生比原始转换更高频率的第二代 iPS 细胞。"干细胞系统"是为了避免多个载体用于细胞重新编程导致 iPS 细胞中更大量的遗传整合，限制其在治疗方面的应用而建立的，利用单一的慢病毒载体产生 iPS 细胞表达所需的 4 个转录因子，从单一的转录物中表达 4 个基因（利用 2A 肽序列或 2A 肽和 IRES 的组合），使得单个病毒的整合即可诱导多能性。Cre/loxP 重组系统应用于 iPS 技术，通过利用单一的多顺反子慢病毒载体转导成人皮肤成纤维细胞诱导多能性，在产生的 iPS 细胞中 Cre 重组酶的表达导致载体从宿主 DNA 中缺失，这种能诱导转化细胞多能性的慢病毒载体颗粒具有商业应用价值。

四、基因治疗

慢病毒载体在临床基因治疗中的靶向细胞或器官有 CNS、肝脏、心脏、肾、肌肉、眼和胰腺。前期临床试验已经成功地在阿尔茨海默病、帕金森病、亨廷顿病等神经系统疾病的治疗中得以实施应用。许多与造血系统相关的遗传性疾病的治疗在动物模型与临床研究中也相继取得成功。至 2012 年年底，全球共有 1843 个利用不同基因传递方法进行基因治疗的临床试验在 31 个国家和地区开展或已结束，其中利用慢病毒载体进行的临床试验共有 55 个，占 2.9%。目前所有临床试验，包括 I/II 期研究，都是以体内载体传递为基础的。这些试验中主要是针对 HIV 感染的治疗、遗传病（如 X-染色体连锁的脑白质营养不良症、镰刀形细胞贫血症、β-地中海贫血症、紫斑湿疹综合征、Ⅶ型黏多糖疾病、范科尼贫血症互补群 A、帕金森病及 X 连锁重症联合免疫缺陷病等）的治疗及抗肿瘤治疗。

利用慢病毒载体的第一个临床 I 期研究是抗 HIV 治疗，由美国宾夕法尼亚大学的 Carl H. June 在 2003 年启动、2006 年公布结果。该试验用来评估条件性复制的 HIV-1 载体将一段 937bp 长的 HIV-1 包膜反义基因传递到自体 $CD4^+$ T 细胞后的安全性和有效性。由于这个载体（含有两个 LTR 的转移载体）的设计使得 *env* 反义 RNA 的表达具有 Tat 和 Rev 依赖性，因此，当野生型 HIV 感染含载体的细胞时本底表达会增加。这个研究中的对象是 5 个对抗 HIV 药物治疗无效的慢性 HIV 感染患者，经注入 1010 个体内基因改造的自体 $CD4^+$ T 细胞后，其中的 4 个患者免疫功能得以提高，同时经过 21~36 个月的观察，患者体内检测不到插入突变和具复制能力的慢病毒（replication-competent lentivirus，RCL），也没有迹象表明治疗后转化细胞的增殖导致临近的原癌基因或抑癌基因中整合位点的增加。总之，这些研究证明了慢病毒载体在 T 细胞培养系统和基因转移中的临床应用价值。2013 年，该研究将接受基因治疗的临床 I 期和 II 期的患者数目扩增至 65 例，其中部分随访超过 8 年，累计输入自体 $CD4^+$ T 细胞 263 次，通过大量跟踪监测分析患者的 CD4$^+$ T 细胞数目、RCL、HIV 载量等，未发现任何不良事件，提示该项临床试验中用慢病毒载体治疗 HIV 感染是有效且无明显风险的。

2009 年，《科学》杂志报道了法国巴黎大学的 Aubourg 小组用慢病毒造血干细胞治疗 2 例 X-染色体连锁的肾上腺脑白质营养不良症的临床试验。X-染色体连锁的肾上腺脑白质营养不良症（X-linked adrenoleukodystrophy，ALD）是一种最常见的过氧化物酶体病，呈 X-连锁隐性遗传，由位于 Xq28 的 *ABCD1* 基因突变所致，其病理特点是中枢神经进行性脱髓鞘及肾上腺皮质萎缩或发育不良，血浆中极长链脂肪酸异常增高，同种异体造血细胞移植（hematopoietic stem cell transplantation，HCT）可阻止 ALD 的恶化，而在该项临床试验中对两名没有供体来源的患者进行了造血干细胞（hematopoietic stem cell，HSC）基因治疗，即将患者的造血干细胞取出，将含有野生型 *ABCD1* 基因的慢病毒载体转入其中，然后将细胞再植回患者体内。两个接受治疗的患者分别在 14 个月和 16 个月时观察到脑部脱髓鞘停止，在 24～30 个月的随访中可检测到 9%～14% 的粒细胞、单核细胞、T 淋巴细胞和 B 淋巴细胞表达慢病毒载体编码的 ALD 蛋白。最后作者将这两名患者和造血干细胞移植患者的治疗情况进行比较，发现慢病毒载体的治疗效果可与同种异体 HCT 临床结果相媲美，这项临床研究极大地减少了造血干细胞移植对供体的依赖。2012 年，对该研究的追踪报道发现两名患者 7%～14% 的粒细胞、单核细胞、T 淋巴细胞和 B 淋巴细胞表达慢病毒载体编码的 ALD 蛋白，同时对造血系统的深度测序未发现慢病毒插入导致的克隆优势等现象，两名接受治疗的患者分别在 14 个月和 16 个月时观察到脑部脱髓鞘停止后并无进一步进展。

用于对抗各种不同疾病的慢病毒载体疫苗的发展越来越引起科学家的研究兴趣，其中包括针对 HIV 感染和抗肿瘤的疫苗。在最近的研究中，非整合的慢病毒载体使得小鼠能够免疫西尼罗河病毒（WNV）、HBV 及表达卵清蛋白（OVA）抗原的肿瘤细胞。另一个基于慢病毒载体的有趣应用是在伤口愈合方面，2007 年 Badillo 等的研究表明在慢病毒介导的动物模型中基质细胞生长因子 1α（SDF-1α）的过量产生足以使得糖尿病伤口愈合相关的病理生理异常得到修复。

（杨红枚 华中科技大学同济医学院）

复习思考题

1. 阐述逆转录病毒结构。
2. 慢病毒载体的优缺点有哪些？
3. 包装细胞有哪些种类？它们分别有什么特点？
4. 慢病毒载体转基因技术的应用领域。

参 考 文 献

Aiuti A，Cattaneo F，Galimberti S，et al. 2009. Gene therapy for immunodeficiency due to adenosine deaminase deficiency. N Engl J Med，360（5）：447-458.

Arumugam PI，Scholes J，Perelman N，et al. 2007. Improved human beta-globin expression from self-inactivating lentiviral vectors carrying the chicken hypersensitive site-4（cHS4）insulator element. Mol Ther，15：1863-1871.

Badillo AT, Chung S, Zhang L, et al. 2007. Lentiviral gene transfer of SDF-1alpha to wounds improves diabetic wound healing. J Surg Res, 143: 35-42.

Bainbridge JW, Smith AJ, Barker SS, et al. 2008. Effect of gene therapy on visual function in Leber's congenital amaurosis. N Engl J Med, 58 (21): 2231-2239.

Barat C, Lullien V, Schatz O, et al. 1989. HIV-1 reverse transcriptase specifically interacts with the anticodon domain of its cognate primer tRNA. Embo J, 8: 3279-3285.

Bhattacharya J, Repik A, Clapham PR. 2006. Gag regulates association of human immunodeficiency virus type 1 envelope with detergent-resistant membranes. J Virol, 80: 5292-5300.

Biffi A, Bartolomae CC, Cesana D, et al. 2011. Lentiviral vector common integration sites in preclinical models and a clinical trial reflect a benign integration bias and not oncogenic selection. Blood, 117 (20): 5332-5339.

Breckpot K, Emeagi PU, Thielemans K. 2008. Lentiviral vectors for anti-tumor immunotherapy. Curr Gene Ther, 8 (6): 438-448.

Broussau S, Jabbour N, Lachapelle G, et al. 2008. Inducible packaging cells for large-scale production of lentiviral vectors in serum-free suspension culture. Mol Ther, 16: 500-507.

Carmo M, Alves A, Rodrigues AF, et al. 2009. Stabilization of gammaretroviral and lentiviral vectors: from production to gene transfer. J Gene Med, 11: 670-678.

Carmo M, Dias JD, Panet A, et al. 2009. Thermosensitivity of the reverse transcription process as an inactivation mechanism of lentiviral vectors. Hum Gene Ther, 20: 1168-1176.

Cartier N, Hacein-Bey-Abina S, Bartholomae CC, et al. 2009. Hematopoietic stem cell gene therapy with a lentiviral vector in X-linked adrenoleukodystrophy. Science, 326 (5954): 818-823.

Cartier N, Hacein-Bey-Abina S, Bartholomae CC, et al. 2012. Lentiviral hematopoietic cell gene therapy for X-linked adrenoleukodystrophy. Methods Enzymol, 507: 187-198.

Cockrell AS, Kafri T. 2007. Gene delivery by lentivirus vectors. Mol Biotechnol, 36: 184-204.

Coutant F, Frenkiel MP, Despres P, et al. 2008. Protective antiviral immunity conferred by a nonintegrative lentiviral vector-based vaccine. PLoS One, 3: e3973.

Dull T, Zufferey R, Kelly M, et al. 1998. A third-generation lentivirus vector with a conditional packaging system. J Virol, 72 (11): 8463-8471.

Dullaers M, Van Meirvenne S, Heirman C, et al. 2006. Induction of effective therapeutic antitumor immunity by direct *in vivo* administration of lentiviral vectors. Gene Ther, 13 (7): 630-640.

Ellis J. 2005. Silencing and variegation of gammaretrovirus and lentivirus vectors. Hum Gene Ther, 16 (11): 1241-1246.

Gilliet M, Cao W, Liu YJ. 2008. Plasmacytoid dendritic cells: sensing nucleic acids in viral infection and autoimmune diseases. Nat RevImmunol, 8 (8): 594-606.

Ginn SL, Alexander IE, Edelstein ML, et al. 2013. Gene therapy clinical trials worldwide to 2012 - an update. J Gene Med, 15 (2): 65-77.

Helseth E, Kowalski M, Gabuzda D, et al. 1990. Rapid complementation assays measuring replicative potential of human immunodeficiency virus type 1 envelope glycoprotein mutants. J Virol, 64: 2416-2420.

Hu B, Yang H, Dai B, et al. 2009. Nonintegrating lentiviral vectors can effectively deliver ovalbumin antigen for induction of antitumor immunity. Hum Gene Ther, 20 (12): 1652-64.

Joseph A, Zheng JH, Chen K, et al. 2010. Inhibition of *in vivo* HIV infection in humanized mice by gene therapy of human hematopoietic stem cells with a lentiviral vector encoding a broadly neutralizing anti-HIV antibody. J Virol, 84 (13): 6645-6653.

Karolewski BA, Watson DJ, Parente MK, et al. 2003. Comparison of transfection conditions for a lentivirus vector produced in large volumes. Hum Gene Ther, 14: 1287-1296.

Karwacz K, Mukherjee S, Apolonia L, et al. 2009. Nonintegrating lentivector vaccines stimulate prolonged T cell and antibody responses and are effective in tumor therapy. J Virol, 83: 3094-3103.

Kuate S, Stahl-Hennig C, Stoiber H, et al. 2006. Immunogenicity and efficacy of immunodeficiency virus-like particles pseudotyped with the G protein of vesicular stomatitis virus. Virology, 351 (1): 133-144.

Lee CL, Dang J, Joo KI, et al. 2011. Engineered lentiviral vectors pseudotyped with a CD4 receptor and a fusogenic protein can target cells expressing HIV-1 envelope proteins. Virus Res, 160 (1-2): 340-350.

Lemiale F，Korokhov N. 2009. Lentiviral vectors for HIV disease prevention and treatment. Vaccine，27：3443-3449.

Lesch HP，Turpeinen S，Niskanen EA，et al. 2008. Generation of lentivirus vectors using recombinant baculoviruses. Gene Ther，15：1280-1286.

Levine BL，Humeau LM，Boyer J，et al. 2006. Gene transfer in humans using a conditionally replicating lentiviral vector. Proc Natl Acad Sci USA，103（46）：17372-17377.

McGarrity GJ，Hoyah G，Winemiller A，et al. 2013. Patient monitoring and follow-up in lentiviral clinical trials. J Gene Med，15（2）：78-82.

Mendell JR，Campbell K，Rodino-Klapac L，et al. 2010. Dystrophin immunity in Duchenne's muscular dystrophy. N Engl J Med，363（15）：1429-1437.

Mok HP，Javed S，Lever A. 2007. Stable gene expression occurs from a minority of integrated HIV-1–based vectors: transcriptional silencing is present in the majority. Gene Ther，14：741-751.

Naldini L，Blomer U，Gage FH，et al. 1996. Efficient transfer，integration，and sustained long-term expression of the transgene in adult rat brains injected with a lentiviral vector. Proc Natl Acad Sci USA，93：11382-11388.

Naldini L，Blomer U，Gallay P，et al. 1996. *In vivo* gene delivery and stable transduction of nondividing cells by a lentiviral vector. Science，272：263–267.

Neil SJ，Zang T，Bieniasz PD. 2008. Tetherin inhibits retrovirus release and is antagonized by HIV-1 Vpu. Nature，451：425-430.

Orchard PJ，Wagner JE. 2011. Leukodystrophy and gene therapy with a dimmer switch. N Engl J Med，364（6）：572-573.

Reiser J，Lai Z，Zhang XY，et al. 2000. Development of multigene and regulated lentivirus vectors. J Virol，74：10589-10599.

Schambach A，Zychlinski D，Ehrnstroem B，et al. 2013. Biosafety features of lentiviral vectors. Hum Gene Ther，24（2）：132-142.

Strang BL，Ikeda Y，Cosset FL，et al. 2004. Characterization of HIV-1 vectors with gammaretrovirus envelope glycoproteins produced from stable packaging cells. Gene Ther，11：591-598.

Thrasher AJ. 2013. Progress in lentiviral vector technologies. Hum Gene Ther，24（2）：117-118.

Wanisch K，Yáñez-Muñoz RJ. 2009. Integration-deficient lentiviral vectors: a slow coming of age. Mol Ther，17：1316-1332.

Xia X，Zhang Y，Zieth CR，et al. 2007. Transgenes delivered by lentiviral vector are suppressed in human embryonic stem cells in a romoter-dependent manner. Stem Cells Dev，16：167-176.

Yamada K，McCarty DM，Madden VJ，et al. 2003. Lentivirus vector purification using anion exchange HPLC leads to improved gene transfer. Biotechniques，34：1074-1078，1080.

Zhang B，Xia HQ，Cleghorn G，et al. 2001. A highly efficient and consistent method for harvesting large volumes of high-titre lentiviral vectors. Gene Ther，8：1745-1751.

Zhang XY，La Russa VF，Reiser J. 2004. Transduction of bone-marrow-derived mesenchymal stem cells by using lentivirus vectors pseudotyped with modified RD114 envelope glycoproteins. J Virol，78：1219-1229.

Zufferey R，Donello JE，Trono D，et al. 1999. Woodchuck hepatitis virus posttranscriptional regulatory element enhances expression of transgenes delivered by retroviral vectors. J Virol，73：2886-2892.

Zufferey R，Dull T，Mandel R J，et al. 1998. Self-inactivating lentivirus vector for safe and efficient *in vivo* gene delivery. J Virol，72：9873-9880.

Zufferey R，Nagy D，Mandel RJ，et al. 1997. Multiply attenuated lentiviral vector achieves efficient gene delivery *in vivo*. Nat Biotechnol，15：871-875.

第七章 痘 病 毒

痘病毒（Poxviridae）是病毒颗粒最大和结构最复杂的一类线性双链 DNA 病毒，感染机体后可引起局部或全身化脓性皮肤损害。曾经肆虐人类的传染病天花的病原体——天花病毒（variola virus，VARV）即为痘病毒的一种。1979 年，WHO 宣布人类消灭了天花疾病。此后，VARV 只保留在美国亚特兰大的疾病预防与控制中心和俄罗斯的国家病毒与生物技术研究中心供研究使用。用于预防天花的天花疫苗——痘苗病毒（vaccinia virus，VACV），作为迄今为止最成功的疫苗之一，作为病毒学和免疫学的模型被广泛研究，近年来人们对它的兴趣则逐渐转向将其作为疫苗开发和基因治疗的载体。

痘苗作为活病毒疫苗载体之一，其优点在于：具有安全性、热稳定性和低突变率、易于操作制备、成本低廉、可容许插入大抗原片段（至少 25kb）的复杂基因组，以及其在细胞质内复制的能力有助于诱导较好的细胞免疫应答等。事实上，早在 1982 年，随着转基因技术的发展，痘病毒就已经成为第一批被成功改造并作为真核表达外源基因的病毒载体之一。法国赛诺菲子公司梅里埃集团研制的口服兽用疫苗 Raboral V-RG，将狂犬病病毒糖蛋白 G 的基因插入哥本哈根株痘病毒中并成功表达了该糖蛋白，是全球首个成功应用的重组痘苗。在欧洲和北美，该口服疫苗成功削弱甚至阻断了森林狂犬病在野生赤狐中的传播。随后，重组痘苗在兽用疫苗、人用疫苗及抗肿瘤免疫治疗中被广泛应用。本章将从转基因技术的角度出发，重点介绍痘病毒、痘病毒疫苗及痘病毒载体的特性及其在医学和生物学领域上的应用。

第一节 痘病毒简介

一、生物学特性

（一）分类

痘病毒包含两个亚科，即脊索亚科和昆虫亚科，前者有 8 个属，后者有 4 个属。不同种属的痘病毒感染不同动物可引发相关的特定疾病，其中，与人类和动物有关的痘病毒可分为正痘病毒属、山羊痘病毒属、禽痘病毒属、副痘病毒属、猪痘病毒属、兔痘病毒属、软疣痘病毒属和亚塔痘病毒属 8 个属。能感染人类并致病的有正痘病毒属的天花病毒、痘苗病毒、猴痘病毒和牛痘病毒等。在人类与天花疾病作斗争的过程中，各个国家使用了不同类型的痘苗病毒株作为抗天花疫苗。例如，美国和西非使用了纽约卫生局株，英国使用了利斯特氏株，法国使用了巴黎株，土耳其使用了安卡拉株，中国使用了天坛株痘病毒（vaccinia Tiantan，VTT）等。虽然每种毒株的来源和免疫原性不同，但由于其交叉保护作用而均在抗天花中做出了重要贡献。除此之外，还有其他一些痘苗病毒株虽然没有用来作为抗天花疫苗使用，但是作为疫苗载体或基因治疗载体进行了大量实验室及临床试验研究，如 WR 株（western reserve strain）、Wyeth 株、改良安卡拉株（modified vaccinia Ankara，MVA）等。有意思的是，虽然痘苗病毒帮助人类成功消灭了天花疾病，但是其来源一直是个谜。序列分析发现，该类痘病毒与马痘病毒基因组的相似性最高，然而，其并不符合马痘病毒最典型的基因特征。目前针对痘苗病毒的来源主要有以下几种假说：有的认为该病毒来自一种已经绝种的人畜共感染天花疾病的病原体；也有的认为该病毒来自正痘病毒属，经过多次实验室传代培养后其毒性减弱，但来源和传代过程不明；还有的认为该病毒是正痘病毒属某种未知病毒与天花病毒的杂合子。

（二）病毒结构

作为一类双链 DNA 病毒，痘病毒的基因组全长为 130～375kb，编码约 200 种蛋白质。病毒颗粒的大小约为 300nm×250nm×200nm，是目前已知最大的病毒之一，可在电子显微镜下清晰观察到，如图 7-1A 所示。大多数痘病毒粒子呈砖型，由管状物组成外层结构，内部是核膜（core membrane）包围的哑铃状核小体（nucleosome），内含病毒DNA 和核蛋白，两侧还有功能不明的侧体（lateral body），如图 7-1B 所示。

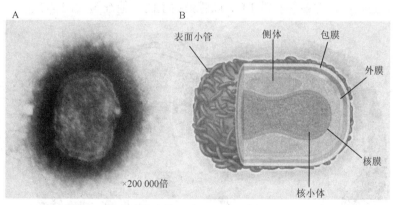

图 7-1　痘病毒的电镜照片（A）和结构示意图（B）

（三）病毒复制

与其他双链 DNA 不同的是，痘病毒可在细胞质复制，形成嗜酸性包涵体，但并不会整合至宿主基因组中。此外，痘病毒自身编码了多数 DNA 复制和转录相关蛋白，包括多亚基的 RNA 聚合酶、转录因子、甲基化、mRNA 加帽系统及 polyA 聚合酶，并通过主动招募少数宿主蛋白来完成病毒的复制，即 VACV 是以自体表达蛋白质为主，宿主细胞产物为辅的形式来进行生命周期的活动。

由于 VACV 对人的致病性较弱，因此，在天花疾病被消灭后，该病毒作为痘病毒结构的模式病毒被广泛研究，早在 1990 年就已完成全基因组测序。作为一种包膜病毒，VACV 感染性病毒颗粒主要分为两种，即胞内成熟病毒（intracellular mature virus，IMV）和胞外包膜病毒（extracellular enveloped virus，EEV）。两种病毒颗粒具有不同的生物学特性且在病毒入侵宿主的过程中发挥的作用不同。例如，前者的病毒颗粒仅有一层包膜，在细胞裂解后被释放，主要介导宿主间的传播；后者则还有一层外膜，该类脂膜会在病毒和靶细胞融合前分解，这类病毒颗粒主要介导宿主体内细胞与细胞之间的传播。另外，胞内囊膜化病毒（intracellular enveloped virus，IEV）和细胞相关囊膜化病毒（cell associated enveloped virus，CEV）则是病毒颗粒的中间形式。病毒的复制可分为几个步骤：吸附和穿入（30min）、脱壳、早期转录（1～2h）、DNA 合成（2～4h）、晚期转录和组装（4～6h），最后释放出病毒体。特别的是，病毒基因组 DNA 的启动子结构仅能被病毒的转录系统识别并转录。VACV 入侵的早期即可引起细胞病变效应，病毒感染 4～6h 内，能够快速自我复制并几乎完全抑制宿主细胞自体蛋白质的合成。感染 12h 内，病毒能够产生约 1 万个子病毒。其中，一半左右均能合成为成熟病毒颗粒并释放。病毒入侵细胞后，迅速进行脱衣壳过程并开始释放各种酶类，RNA 聚合酶被转运至细胞质，并进行早期 mRNA 的合成并随即翻译为蛋白质，这些早期合成的蛋白质参与并进一步推动病毒脱衣壳、DNA 复制及中期 mRNA 转录翻译等过程。然后，这些中期 RNA 又接着翻译为晚期反式激活因子并诱导晚期 mRNA 的合成。随后，病毒包膜的结构蛋白和转录因子被合成并装配至子病毒颗粒中，最终以出芽方式从细胞质释放成熟的病毒颗粒。期间，少数宿主细胞蛋白质会被招募并发挥一定的作用。病毒在细胞质的大量复制可形成所谓的病毒工厂（virus factory），并最终释放 EEV 以感染宿主的其他细胞（图 7-2）。

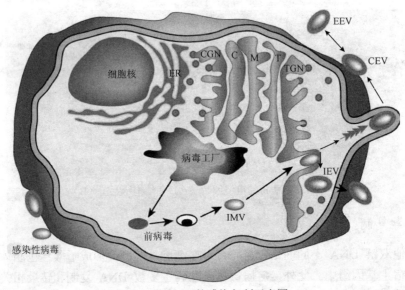

图 7-2　VACV 的感染复制示意图

二、致病性与免疫性

不同种属的痘病毒感染相应的宿主可引发相关的疾病。其中，天花病毒感染人体造成天花的过程是最受关注的重点之一。天花病毒在低湿度和低温条件下更容易存活，其毒性较强，可在人群中广泛传播，致死率约为 30%。传播方式为飞沫、体液和直接接触等。病毒进入呼吸道后，立即黏附于黏膜部位并迅速扩散至局部淋巴结。感染早期，病毒在淋巴样组织中增殖并感染全身巨噬细胞。随后进入潜伏期，通常为 7～17

天，期间，病毒在网状内皮组织大量繁殖。继而，开始感染口咽黏膜部位，并侵入皮肤外胚层的上皮细胞，伴随有严重的发病症状。口咽和皮肤损伤处为病毒颗粒的富集部位，脾、淋巴结、肝脏、骨髓和肾中也有大量病毒；另外，病毒也可在尿液和结膜分泌物中排出。由于免疫系统受损，发病过程中极易引起继发性细菌感染如肺炎、病毒血症和菌血症等。

典型天花疾病的病程可分为前驱期、发疹期和结痂期3个阶段。前驱期持续2～3天，发病较急，患者出现一过性病毒血症伴随发热、肌痛、头痛、呕吐、寒战、乏力、畏光等症状，某些患者有轻度上呼吸道炎症。患者结膜充血，有时流泪，出现肝脏、脾轻度肿大等，偶见暂时性麻疹样前驱疹。之后进入发疹期，即初次发病1～4天后，出现微红色小斑，很快变成直径2～4mm质地较坚实的丘疹，深藏皮内。自面部和黏膜部位开始，丘疹于1或2天内迅速蔓延至颈部、前臂、上臂、手、胸和腹部，最后为下肢和脚底，其中头部和四肢部位最密集。期间体温逐渐恢复。1或2天后，丘疹转变为水疱状，周围隆起且红晕加深，中心凹陷，此时体温再度上升，病情加重。随着病程进展，水疱灌浆，渐成脓疱，可引起局部明显疼痛。其中，黏膜部位丘疹在向水疱转化的过程中，上皮层易破裂，形成炎症溃疡并导致局部炎症造成继发性细菌感染。病程10～12天，脓疱开始皱缩干枯，周围红晕消失，逐渐干燥结成黄绿色厚痂，伴随着瘙痒。随后，体温回落，全身情况开始好转并开始脱痂。病程2～4周内，痂壳自然脱落，形成凹陷痘痕，俗称"麻点"。其中，发疹顺序可归纳为：红斑—丘疹—水疱—脓疱—结痂—脱痂。统计学数据表明，65%～85%的人病愈后，脸等部位会留下较明显的痘疤；1%的患者会出现全眼球炎甚至失明，1%的患者会出现脑炎，2%的儿童会有关节炎等后遗症。根据美国疾病预防控制中心（CDC）推荐天花的临床诊断准则（表7-1），可分为基本准则和辅助准则两类。

表 7-1 天花的临床诊断指标

基本准则	辅助准则
发热症状：皮疹出现前1～4天发热，约38.3℃，且至少有一种下列情况如头痛、背痛、胃痛、腹痛、虚脱和寒战等	皮疹分布：面部和四肢远端最为集中，皮疹最早出现在面部、口腔黏膜和前臂，皮肤损伤逐日加重，手心或足底出现丘疹损伤
典型皮疹：深层、坚固、圆形、边界清晰的水疱或脓疱；随着病程进展，逐渐变成脐凹状并相互融合	发疹顺序：红斑—丘疹—水疱—脓疱
病程进展：在发病部位，疱疹进展保持基本一致	垂死

作为迄今为止最成功的疫苗之一，痘病毒疫苗，即痘苗病毒诱导机体产生免疫保护作用的机制，一直是疫苗研究者所关心的课题。研究显示，低剂量的痘病毒感染后，机体会产生相应的免疫应答以清除病毒并产生免疫记忆，从而在病毒再度入侵时迅速发挥杀伤功能，这是痘病毒疫苗能够消灭天花疾病的原因。然而，当感染人体的病毒载量较高时，机体往往无法及时清除病毒从而造成严重的感染。另外，痘病毒本身也具有多种逃逸机制以逃避免疫杀伤。本部分将从天花病毒感染引起的免疫应答、痘苗病毒诱导的免疫反应及痘病毒对机体免疫杀伤的逃逸等方面探讨痘

病毒的免疫学特性。

天花病毒感染后，机体能够产生较强的细胞免疫和体液免疫应答。研究证明，与健康人群相比，无论 T 细胞缺陷还是 B 细胞缺陷的患者，其对于痘病毒感染的发病率和致死率均有显著升高；而特异性 IgG 或 T 细胞的过继治疗能够提高患者的生存率，提示细胞免疫和体液免疫反应在抗痘病毒感染的过程中缺一不可。研究显示，在发病 6 天后，就能检测到机体分泌痘病毒特异性的中和抗体，并且这种抗体能够在体内维持 20 年；血凝素抑制抗体则在感染 16 天后才能被检测到，该抗体在机体内能存在 5 年左右；而检测到补体结合抗体至少需要感染 18 天后，且其仅能在体内留存约 1 年。

在天花被消灭后，关于机体对痘病毒免疫应答的研究即从天花病毒逐渐转向了对机体保护更有效的痘苗病毒。研究认为，痘苗病毒免疫产生的中和抗体是其作为抗天花疫苗保护机体免受感染的决定性因素。除此之外，最近有数据证明，CD8$^+$ T 细胞免疫应答也是保护因素之一。例如，痘苗免疫人体后采集外周血单个核细胞（peripheral blood mononuclear cell，PBMC）进行体外多肽刺激，高达 3%～14% 的 CD8$^+$ T 细胞能够产生免疫应答，1 个月后这些效应 T 细胞转变为记忆 T 细胞。在小鼠实验中，痘苗免疫 5 个月后，依然能检测到痘病毒特异性的 T 细胞免疫应答。而且，CD8$^+$ T 细胞的减少推迟了痘病毒感染后小鼠体重的恢复速度，而 B 细胞缺失的小鼠依然可以耐受低剂量的痘病毒攻击，证明 T 细胞也参与了机体对于痘苗的免疫应答。并且，在免疫结束数十年后，依然能够检测到病毒特异性的 CD4$^+$ T 细胞。此外，也有研究显示，机体对痘病毒感染的固有免疫反应、补体结合抗体的分泌、血凝反应、抗体依赖细胞介导的细胞毒性作用（antibody dependent cell-mediated cytotoxicity，ADCC）、细胞因子特别是 IFN-γ 的分泌等，也是机体能够在疫苗接种部位快速清除感染并诱导产生长效记忆细胞的原因。

时相方面，数据显示痘苗免疫诱导产生的抗体滴度在前 3 年内持续下降，但是在接下来的 30 年内保持稳定。病毒特异性的记忆 B 细胞可存活 50 年以上，可分泌较高滴度的特异性 IgG 和中和抗体；而病毒特异性 T 细胞的半衰期也长达 8～15 年。但是，一项流行病学研究证明，痘苗免疫后的 5 年内保护效率最高，随着时间的延长，疫苗的保护率缓慢下降：免疫结束后 1～10 年病毒暴露的死亡率仅为 1.4%，11～20 年为 7%，20 年以上的则为 11%，而未免疫者比例高达 52%。与之对应的是，多针免疫诱导的抗体滴度和产生长效记忆 B 细胞的频率要显著高于单针免疫，提示痘苗诱导的免疫保护随着时间的延长而减弱，而多针加强免疫可以弥补这个缺陷。因此，有研究者建议，天花病毒的高危暴露人群应该在痘苗免疫结束后 1 年进行加强免疫，然后每隔 10 年加强免疫一次，以达到最好的保护效果。

由于突变率比较低，痘病毒不像其他病毒那样具有因变异外壳蛋白而逃逸机体抗体反应杀伤的能力。但是，痘病毒有多种生长非必需基因，这些基因往往在病毒的体外培养中不发挥作用，但却能够帮助病毒更有效地在感染者体内复制。其中有一些基因干扰了对宿主免疫系统的调控，使得机体对于痘病毒的免疫应答被抑制，即帮助病毒成功逃逸机体的免疫反应。目前的研究显示，痘病毒基因参与调节的免疫过程有 Toll 样受体信号通路、双链 RNA 合成、

NF-κB 信号通路、干扰素和促炎因子的分泌、细胞凋亡及主要组织相容性复合物 I 和 II 的抗原呈递作用等。从这个角度来讲，痘病毒毒株的基因组越大，其干扰宿主免疫系统的基因数就越多，导致其免疫原性越弱，致病性越强，因此它作为疫苗的安全性随之降低，而基因组较小的痘病毒毒性，其所含的生长非必需基因较少，下调机体免疫应答和免疫记忆的能力也减弱，因此其安全性和免疫原性都更强。该假说也被认为是痘苗病毒最终取代牛痘病毒作为痘病毒疫苗的重要原因之一：最初被 Edward Jenner 医生用作痘病毒疫苗的牛痘病毒，是基因组最大的痘病毒之一，约为 225kb，因而含有多种可以下调宿主免疫应答的基因；而最终被广泛使用的痘苗病毒，长度约为 190kb，非必需基因较少，对免疫应答逃逸的能力较弱，从而能够诱导机体更有效地清除病毒并诱导长效免疫记忆。

三、微生物学检测方法

主要包括聚合酶链反应（polymerase chain reaction，PCR）扩增病毒基因组、抗体检测、涂片电镜观察、血凝抑制试验、补体结合试验等。一般情况下，如果使用痘病毒特异性引物能够扩增出条带，加之电镜观察能够观察到痘病毒颗粒和抗体检测阳性，即可确诊感染痘病毒。其中 PCR 检测的引物为：天花病毒特异性引物（5′-TAAATCATTGACTGCTAA-3′、5′-GTAGATGGTTCATTATCATTGTG-3′）；牛痘病毒特异性引物（5′-ATGCAACTCTATCAT-GTAA-3′、5′-CATAATCTACTTTATCAGTG-3′）；猴天花病毒特异性引物（5′-GAGAGAATCT-CTTGATAT-3′、5′-ATTCTAGATTGTAATC-3′）；正痘病毒通用引物（5′-AATACAAGGAG-GATCT-3′、5′-CTTAACTTTTTCTTTCTC-3′）。

天花病毒和牛痘病毒 PCR 扩增条件为 94℃ 1min，50℃ 1min，72℃ 1min，30 个循环；猴天花病毒 PCR 扩增条件为 94℃ 1min，36℃ 1min，72℃ 1min，30 个循环；正痘病毒通用 PCR 扩增条件为 94℃ 1min，40℃ 1min，72℃ 2.5min，30 个循环。

电镜观察的基本方法为：用磷钨酸对标本水疱液、脓疱液、痂皮乳剂等标本进行负染色，用电子显微镜观察痘病毒粒子；病毒培养观察的基本过程为取水疱液、脓疱液等标本，稀释后感染 Vero、BSC-1、BHK-21 和 HeLa 等痘病毒易感细胞系，观察空斑形成情况；痘病毒在如鸡胚绒毛尿囊膜上接种 2 或 3 天后可形成 1mm 左右的光滑痘斑；抗体检测则可使用预包被 IgG、IgM 的 96 孔板，加入稀释的病毒液标本，使用酶联免疫吸附测定（enzyme-linked immunosorbent assay，ELISA）进行检测。

四、治疗与预防

感染天花病毒的患者需要在专门的负压病房隔离性治疗，密切接触者也需要进行隔离观察。在尚无特效药物的通常情况下，给予防治继发性细菌感染和败血症的广谱抗生素进行治疗。值得注意的是，抗病毒药物西多福韦（cidofovir）在体外实验中可以抑制多种痘病毒包括痘苗病毒、骆驼痘病毒和猴痘病毒的复制，动物实验证实该药物可将致死率降低 60%～100%，是潜在的抗痘病毒药物。

我国早在 16 世纪就已经发明了利用"种痘"的方法预防天花疾病。据清代的《痘科金镜赋集解》中记载："闻种痘法起于明朝隆庆年间（公元 1567～1572 年）宁国府太平县（今安徽太平）……由此蔓延天下。"其方法包括痘衣法、痘浆法、旱苗法和水苗法等，即使用少量天花患者痘痂颗粒甚至贴身衣服来免疫未感染者以获得免疫记忆。但是，该方法安全性较差，容易造成免疫力低下者死亡。1796 年，英国医生 Edward Jenner 受挤奶女工不易罹患天花疾病的启发，发明了利用一种牛痘病毒预防天花疾病的方法。随后人们对该方法进行改进，并最终选择了痘苗病毒作为疫苗。随着疾病的盛行和疫苗研究的成熟，1966 年开始了全球性的痘苗接种运动。痘病毒疫苗的接种方式为肌内注射，接种剂量根据病毒株种类、培养方式及动物实验效果来决定，通常为 $2.5×10^5$pfu（plaque forming unit，空斑形成单位）。详述如下：使用一次性天花疫苗接种针（分叉针，bifurcated needle）进行上臂三角肌肌内注射，20～25s 后接种部位少量出血。接种后，痘苗病毒在接种部位局部真皮组织内大量复制并诱发皮肤损伤，6～8 天后，伤口处逐渐变为灰白色，并形成直径为 1～2mm 周围隆起、中央凹陷的脓疱，3 周左右后，伤口形成结痂，即为接种成功。如果不出现类似的症状则应视为接种失败，需要再补加一针接种。95%以上的接种者可在免疫后 5～10 年内获得对天花疾病完全的免疫力，部分人能持续 10 年以上。但是，痘苗的接种可能会引起严重的不良反应。因此，免疫缺陷者、严重皮肤湿疹患者和孕妇严禁接种且不宜与接种者密切接触。随着天花疾病的控制，接种痘苗的危险性已经超过其必要性，所以美国于 1972 年已不再进行全民接种，我国也于 20 世纪 80 年代初停止种痘。得益于抗天花疫苗的大规模接种，WHO 于 1979 年宣布人类战胜了天花疾病。

第二节　　痘病毒载体转基因技术原理

一、常用的痘病毒载体

常用的痘苗载体可分为复制缺陷型、减毒复制型和完全复制型 3 种。出于安全性考虑，绝大部分的研究特别是临床试验主要集中在复制缺陷型痘苗领域，具有代表性的如痘苗病毒（VACV）中的改良安卡拉株（MVA）和哥本哈根定点突变株（NYVAC），以及从金丝雀痘病毒（canarypox virus，CNPV）改良而来的减毒疫苗株（ALVAC）和鸟禽痘病毒（fowlpox virus，FWPV），后两类属于禽痘病毒属，不能在其他宿主细胞包括人类细胞中复制。

与复制缺陷型痘苗相比，可复制型痘苗虽然存在安全性隐患，但是往往具有良好的免疫原性。因此，使用复制型痘苗是提高痘苗免疫效果的方法之一。目前就有多项针对痘病毒载体改造的研究以使其从复制缺陷型转变为减毒复制型并提高免疫原性，例如，利用插入宿主基因的方法，研究人员成功制备了 3 种来自 NYVAC 的减毒复制型痘病毒载体。值得注意的是，在我国，用于预防天花病毒感染的天坛株痘病毒疫苗，是减毒复制型疫苗的代表之一，其安全性已经过数亿人的证明，具有广阔的应用前景。

二、构建原理

痘苗病毒的基因组非常大，并且其基因组 DNA 没有感染性，决定了不能将外源基因直接插入病毒的基因组 DNA 中。痘苗病毒载体的构建一般为三步法（图 7-3）。

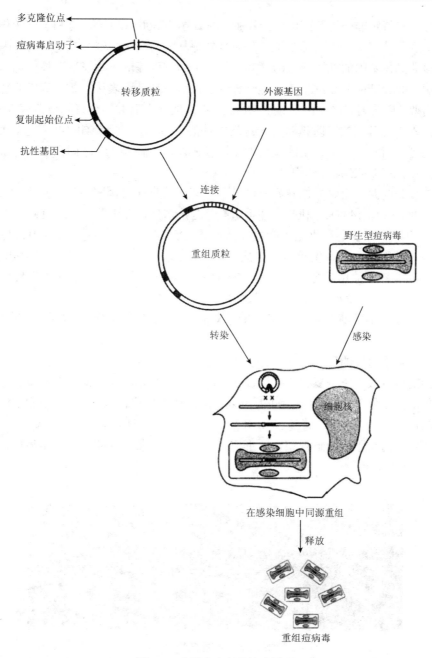

图 7-3　重组痘病毒的构建原理

　　第一步需要建立携带外源基因的转移载体。由于痘病毒在细胞质复制，启动子结构仅能为痘病毒的转录系统识别并转录，因此，设计痘病毒转移载体的关键在于必须要用痘病毒的启动子来启动外源基因的转录，外源基因置于病毒启动子的下游，其表达水平和持续时间也受不同类型的启动子所决定。为了获得高水平表达，常选用晚期或早期的启动子。常用的早期启动子如 p7.5 蛋白启动子或晚期启动子如 p11 蛋白启动子，但前者的转录终止需要存在特异性的 TTTTTNT 序列。另一重要的构建策略是，在读码框的两侧带有痘病毒特定非必需基因的同源序列，每端至少 300bp 以上，有利于该转移载体与野生型痘病毒基因组发生同源重组，从而将外源基因的表达读框引入重组的基因组中，并导致该非必需基因的破坏而灭活。其好处在于同时可提供一种表型选择标记。例如，胸苷激酶（thymidine kinase，TK）是一种痘苗病毒早期基因表达产物，病毒的感染和复制并不需要 TK 的编码区，因而该区被外源 DNA 取代之后并不会影响痘苗病毒的生存。另外，插入外源基因的同时携带可表达选择性的表型也有利于重组子的筛选，如 LacZ 筛选标记等。因此，一个典型的痘病毒穿梭载体含有痘病毒 TK 区同源序列、启动子、多克隆位点区和 LacZ 筛选标记。

第二步是同源重组。将构建好外源基因的转移载体转染至野生型痘病毒感染的 TK 表达缺失细胞（如 143TK⁻细胞），使重组载体与痘苗病毒在细胞中发生 TK 区的同源重组。转染的方法可以是商业化的脂质体法、磷酸钙沉淀法等。在此过程中，外源基因整合至病毒基因组中，产生重组痘苗病毒。最后，加入 5-溴脱氧尿嘧啶（BrdU）和筛选标记 X-gal 来得到重组成功的病毒。BrdU 可在胸苷激酶的作用下发生磷酸化而阻碍 DNA 的复制，野生型痘病毒无法生长；同时，重组痘病毒含有 LacZ 基因，感染细胞后可以翻译表达半乳糖苷酶，使得加入的 X-gal 变成蓝色。因此，蓝色病毒空斑即为重组痘病毒。

第三步是重组子的筛选纯化。为防止野生毒株污染及确保病毒为单克隆，往往需要将所得到的病毒液加压重复感染并铺板 3～5 次，经过几轮纯化后即可得到单克隆重组痘苗。具体的方法如下，取 10～100μl 反复冻融的病毒液接种至 143TK⁻细胞中，并加入 50μg/ml BrdU，使用维持培养基 37℃培养 48h，铺板，挑斑方法如上，重复 3～5 次，直至加入 X-gal 后镜下或肉眼观察，所形成的病毒斑均为蓝色（即均为重组痘病毒，无野生株污染）（图 7-4）。

图 7-4　病毒斑示意图

病毒斑均为蓝色，无野生型病毒污染；其中，编号 1 病毒斑过于密集，编号 3 过于稀少，均不适宜挑斑，
编号 2 是较理想状态

三、重组痘病毒鉴定、纯化和定量

首先宜小样制备重组痘病毒。将 143TK⁻细胞铺 10cm 细胞培养皿，待细胞长满整个培养皿底部时，换成 DMEM 维持培养基并加入 BrdU，将纯化得到的病毒液反复冻融 3 遍后吹匀加至培养基中，摇匀，37℃培养 48h，期间不断观察病毒斑形成情况，待病毒

空斑占总面积的 30% 左右时，收样，即使用 1ml 维持培养基将所有细胞收至 1.5ml Ep 管中，−80℃反复冻融 3 遍。

其次对构建的重组痘病毒从核酸和表达外源蛋白两个层面进行鉴定。核酸水平鉴定首选 PCR 方法。吸取 100μl 上述所得病毒液，利用病毒基因组提取试剂盒，抽提重组痘病毒的全基因组，将其作为模板，使用目的片段的特异性引物 PCR 扩增重组的 DNA 片段，然后进行 DNA 电泳检测，验证是否得到大小正确的条带，并送测序确证。蛋白质水平的鉴定常用 Western blot。吸取 20μl 上述病毒液，加入 5×loading buffer 中，煮沸 10min，制成蛋白质样本，以野生毒株感染 143TK⁻ 的培养上清液作为阴性对照，检测是否存在特异性的目的蛋白条带。

重组痘病毒的大量扩增常使用 Vero 细胞系或鸡胚成纤维细胞（原代细胞）。使用细胞铺 10cm 的细胞培养皿，每皿约 $8×10^6$ 个细胞，待细胞贴壁并铺满整个培养皿底部时，换成 DMEM 维持培养基，每个皿 10ml，以感染复数（MOI）为 0.01 的比例接种滴定成功的重组痘病毒，37℃培养 48h，收样，反复冻融 3 次后保存于−80℃，进行滴定或扩增量达一定程度时进行病毒的富集。

一些实验需要用到大量的重组痘病毒且对其体积有限制，如将其作为重组疫苗进行免疫接种，这时就需要对已经扩增成功的病毒进行富集，以使其达到比较高的滴度，方法为：将病毒液收集至数支 50ml 离心管中，4℃，$500×g$ 离心 10min，使细胞碎片沉入管底，将病毒上清液转移至新的 50ml 离心管中。使用 PBS 缓冲液洗涤管底的细胞碎片，同样条件离心并转移含有病毒的上清液，重复 3 次，以彻底清洗细胞并收集病毒液。将 10ml 36%（质量/体积）的蔗糖溶液加入 50ml 超速离心管中，把病毒液缓慢转移至蔗糖上层，4℃，$18\ 000×g$ 离心 80min，使病毒颗粒富集至管底，弃上清液，使用较小体积的 PBS 缓冲液溶解病毒颗粒，此即高浓度的重组痘病毒，进行滴定并调整至理想浓度。

重组痘病毒的滴定常用空斑法。使用 143TK⁻ 细胞铺 24 孔板，每孔 $2×10^5$ 个细胞，待细胞完全贴壁并长满整个培养板后，弃培养上清液，同时使用维持培养基将病毒液做 10 倍稀释，每个稀释倍数的病毒液为 1ml，根据稀释倍数依次将病毒液加入 24 孔板，每孔 500μl，每个稀释倍数两个孔。37℃培养 48h，之后进行铺板操作，方法如上。每个清晰的蓝斑可作为一个病毒，乘以稀释倍数即为病毒的滴度，例如，稀释 100 000 倍的病毒液共可形成 8 个蓝斑，其滴度就为 $8×10^5$pfu。

四、重组痘病毒的安全操作

由于实验室研究人员经常操作高剂量及高毒力的病毒颗粒且年轻研究人员均无接种痘苗的历史，因此建议痘病毒相关操作者在课题进行之前接种痘病毒疫苗以降低职业暴露风险（尤其是天花病毒、猴天花病毒等高毒力痘病毒，推荐每 10 年甚至 3 年接种一次，减毒复制型和复制缺陷型痘苗操作者不推荐疫苗接种，或根据条件和个人情况自行斟酌决定）。考虑到痘病毒主要通过皮肤或眼睛黏膜等部位传播，进行实验时要穿着个人防护装备并在实验过程中注意检查有无破损，需要特别注意的是，高滴度的病毒操作需要特别注意眼睛的防护，推荐带眼罩，必要时使用面罩，皮肤有伤口者不推荐操作。此外，操作过程中特别是在动物免疫的过程中需要特别注意不要将携带有痘病毒的注射器扎伤自己或同伴。痘病毒的实验室操作需要严格遵守生物安全规范。操作高毒力的天花病毒需要在生物安全四级实验室进行；操作相对低毒力的复制型痘苗病毒可适当放宽条件，推荐生物安全二级实验室；操作减毒复制型或复制缺陷型痘苗病毒和其他痘病毒则在生物安全一级实验室即可。痘病毒对温度较为敏感，一般的高压灭菌方法即可完成消毒。另外，作为一种包膜病毒，痘病毒同样对消毒剂敏感，1%的次氯酸钠溶液即足以消毒。实验结束后，固体废弃物（如 Tip 头、细胞培养瓶、移液管等）用消毒液浸泡，液体废弃物加入消毒片，并一起打包放入专用垃圾袋，高压蒸汽灭菌消毒，条件推荐为 121℃，60min。

第三节　痘病毒载体的医学应用

痘病毒研究对医学界最大的贡献即在于痘病毒疫苗成功消灭了天花疾病的传播，可通过基因工程方法来改造痘苗，以提高痘苗的免疫原性及安全性等。基于痘病毒转基因技术而不断改进的新一代痘苗，为潜在的猴天花疾病在人类大规模传播的预防控制及对天花病毒作为潜在生化恐怖武器的应对等都奠定了良好的基础。事实上，在天花疾病被消灭之后，痘病毒相关的研究更多地集中在将其作为一种基因工程载体，构建表达其他病原体蛋白质的重组痘苗以预防和治疗相应的疾病，或制备携带肿瘤相关基因的重组痘病毒来进行癌症的基因治疗。

一、新一代抗天花疫苗/疫苗载体

虽然天花已经宣布被消灭，出于痘病毒可作为生化袭击武器及已发生猴痘病毒感染人的案例等原因，以及临床试验数据表明 40%～47%的天花疫苗接种者出现轻度疼痛，2%～3%的接种者伴随有严重痛感，5%～9%的接种者出现低烧现象及其他不良反应如头痛、肌痛、寒战、恶心和疲劳等典型痘病毒感染症状，基于此，针对痘苗病毒的改造和优化一直在进行。其中，转基因技术的发展使得研究人员可以通过精确地敲除某些痘病毒基因，或定向重组免疫调节基因等来制备安全性更高、免疫原性更强的抗天花痘病毒疫苗和痘病毒载体。由于第一代痘苗是通过痘病毒感染动物而制备，成本较高且无法实现安全生产标准化质量控制，使用动物组织或鸡胚来制备痘苗的方法被发明，即第二代痘苗。比较知名的是由美国的商品化痘苗 Dryvax 改造而来的 ACAM2000。后来，考虑到某些人群由于免疫力缺陷接种痘苗会产生严重的不良反应甚至致死，又制备了新型的不可复制型痘苗或高度减毒痘苗，即安全性更高的第三代疫苗，其制备原理是将痘病毒在非人类来源的细胞系传代培养，使其在此过程中丢失或削弱其在人类宿主细胞中复制的能力。例如，在重组痘苗领域应用较广的 MVA，是由安卡拉痘病毒经过 571 次鸡胚成纤维细胞传代后失去了部分生长非必需基因而无法在人类细胞中复制。随着生物技术的发展，人们又利用基因工程方法在痘病毒基因组上插入宿主调节基因或定向敲除某些痘病毒的非必需基因等手段获得安全性和免疫原性俱佳的痘苗，统称为第四代痘苗。例如，著名的痘病毒疫苗载体 NYVAC，是将哥本哈根株痘苗病毒的 18 个可读框（open reading frame，ORF）人为敲除而得来的，分别为核苷酸代谢相关的胸苷激酶（J2R）和核糖核苷酸还原酶亚基（I4L）、血凝素编码基因（A56R）、A 型包涵体形成基因的片段（A26L）、丝氨酸蛋白酶抑制蛋白编码基因（B13R/B14R）、宿主功能调节基因（C7L 至 K1L，12个）。这些非必需基因的敲除减弱了该病毒的毒性但仍然保持了较强的免疫原性。然而，该病毒作为减毒活病毒疫苗也存在一定的缺点：与第一代疫苗相比，该痘苗在人体上接种后并不能形成痘疮，无法诱导能中和 IMV 的抗 A-27 抗体反应，且从未经过大规模临床试验验证，因而其作为抗天花疫苗的有效性还有待检测。类似的，*B8R* 基因是一种 IFN-γ 受体的结构类似物且可与该细胞因子结合并阻碍其分泌，敲除了该基因的痘苗病毒抵抗细胞因子杀伤的能力被减弱导致其毒性降低，但该病毒依然可以在体外培养中生长复制，其诱导的细胞免疫和体液免疫反应却并未明显降低，即其作为痘苗的安全性得到了提高但免疫原性却未受影响。最近的研究显示，敲除了阻碍Ⅱ型干扰素即 IFN-γ 分泌的 B8R 和阻碍Ⅰ型干扰素分泌的 B19R 的重组 NYVAC 疫苗，其抗原特异性免疫应答增强，提示该类基因和其介导的信号通路是增强新型痘苗安全性和提高重组痘苗免疫原性的靶点。除此之外，用于定点敲除以进行痘苗改造的靶点基因还有 *B22R*、*E3L* 和 *D4R* 等。

在我国，痘病毒天坛株是用来预防天花疾病的痘病毒疫苗，但其由于是减毒复制型痘病毒，因此具有一定的感染性，接种免疫缺陷人群往往会带来较强的不良反应。基于此，研究显示，VTT 中 *C12L*（IL-18 结合蛋白编码基因）和 *A53R*（TNF 受体同源基因）的敲除分别使小鼠颅内感染达到半数致死量（50% lethal dose，LD_{50}）的病毒 PFV 增加1121%和 466%，*C12L* 的敲除使小鼠皮内感染伤口的直径减小两个 log 值，且这两个突变株作为 HIV 疫苗载体所诱导的抗原特异性免疫应答却没有被明显降低。另外，由于 *K1L* 基因对病毒复制较为关键及 *K2L* 编码重要的丝氨酸蛋白酶抑制蛋白等，研究者构建了 *M1L*、*M2L*、*K1L*、*K2L* 缺失的 VTT。结果表明，突变株失去了在兔源细胞系 RK13 和人源细胞系 HeLa 中的复制能力，小鼠颅内感染的能力降低了 33800%，将该突变株作为疫苗进行初免-加强的免疫策略能够诱导较强的细胞免疫和体液免疫应答。

另外，利用在痘病毒基因组中插入免疫调节基因的方法也可用于改造痘病毒疫苗和痘苗载体。由于 IL-2、IFN-γ 等细胞因子的分泌是机体杀伤靶细胞的有效方式之一，在最初的研究中，研究者分别制备了重组这两种细胞因子的重组痘病毒，并用其感染胸腺缺陷裸鼠，结果发现感染这两类重组痘病毒的小鼠全都可慢慢康复。随后，人们又将 IL-15 插入痘病毒，与野生型痘病毒相比，该重组痘病毒的感染在小鼠模型中能够诱导更强的细胞免疫和体液免疫应答及长效 CD8$^+$记忆 T 细胞的产生，但其感染胸腺缺陷裸鼠的致死率却降低了 1000 倍，且在攻毒模型中，该重组痘病毒的免疫能够保护小鼠免受感染。除此之外，将免疫刺激基因插入非复制型痘病毒的方法也能够显著提高这些痘病毒的免疫原性。考虑到 MVA 疫苗免疫机体后，首先感染包括树突细胞、B 细胞和巨噬细胞在内的抗原呈递细胞，继而激活 T 细胞免疫应答。因此研究人员将能够增强抗原呈递细胞激活能力的细胞因子，如粒-巨噬细胞集落刺激因子、巨噬细胞促炎蛋白 3、fms 样酪氨酸激酶 3 配体等重组至该痘病毒载体，结果发现该方法能够将 MVA 特异性抗体的滴度提高 6 或 7 倍。

同时，也有研究者将基因敲除和重组细胞因子方法相结合，构建了表达 IFN-γ 但 B13R 和 B22R 缺失的 VACV，该重组痘病毒能够在组织培养中具有生长能力，但在免疫缺陷小鼠中却不能复制。而将其作为疫苗进行免疫，能够诱导一定水平的细胞免疫和体液免疫应答。

作为新型抗天花痘病毒疫苗，改造的目的主要是将痘病毒本身涉及免疫逃逸的分子敲除，或人为添加可增强免疫原性的基因，以提高安全性及增强机体对痘病毒的免疫记忆能力；而对新一代痘病毒疫苗载体的改造，除了安全性之外，考虑更多的机制是针对所插入免疫原的特异性免疫反应和免疫记忆能力是否有所提高。因此，与抗天花痘苗改造不同的是，痘苗载体的改造可以考虑将痘病毒本身激起机体强烈免疫反应的基因敲除，以使得免疫系统更有针对性的识别载体所表达的抗原。但这种改造可能对疫苗的安全性形成挑战，因此如何实现抗原特异性免疫应答和安全性之间的平衡还需要进一步研究。

二、预防传染病

近年来，转基因技术在痘病毒上最广泛的应用是将其作为一种载体，构建表达其他病原体蛋白质的重组痘病毒，并作为预防性疫苗。作为一种疫苗载体，痘病毒的优点为：可插入较大片段的基因组、突变率低、安全性高、热稳定性高、易于操作制备、可感染细胞诱导高水平的细胞免疫应答等。1982 年，痘病毒成为了首批成功的真核表达外源基因的病毒载体之一。近年来，痘病毒疫苗载体在兽用疫苗和人用疫苗中等均有较广泛的应用。

在兽用疫苗方面，法国梅里埃集团研发的抗狂犬病 Raboral V-RG 商品化疫苗是首个成功应用的兽用重组痘苗，该疫苗将狂犬病病毒糖蛋白 G 插入哥本哈根株痘病毒的 TK 区上。将该口服疫苗包裹在肉类诱饵中并在欧洲和北美洲狂犬病疫情较重的森林中播撒，成功阻断了该疾病在野生赤狐中的传播。类似的研究是将牛瘟病毒的融合蛋白（F）和血凝素编码基因（H）重组至哥本哈根株痘病毒，对牛禽肌内注射剂量为 10^3pfu 的重组痘苗的一个月后，对其进行致死剂量攻毒，发现该疫苗成功保护了被免疫动物，而剂量 10^8pfu 的免疫则可产生长效免疫记忆。对小鼠进行真皮内免疫重组水疱性口炎病毒 G 蛋白的 WR 株痘病毒可诱导较高水平的中和抗体分泌并在致死剂量攻毒实验中成功保护了动物。大脑内接种携带鸡瘟病毒 F 蛋白的鸡禽可以保护其免受该病毒感染。表达锥虫氧还蛋白过氧化物酶的 DNA 疫苗初免-MVA 痘病毒加强的免疫策略能够诱导犬类产生较强的细胞免疫应答。10^7pfu 重组糖蛋白 Gn 和 Gc 的哥本哈根株痘病毒肌肉免疫小鼠，产生了较高滴度的裂谷热病毒特异性抗体并保护了小鼠免受病毒感染。表达麻疹病毒融合蛋白和血凝素糖蛋白的痘苗病毒则可保护犬类耐受与免疫原同科病毒犬瘟热病毒的攻击。

在人用疫苗方面，尽管有人认为由于人类曾经大范围接种过预防天花用的痘苗，机体已有的针对痘苗的免疫反应可能会减弱疫苗的免疫效果。但最近的研究报告显示，痘苗载体特异性的免疫反应并未显著影响重组痘苗所携带抗原的特异性免疫应答。因此，重组痘苗可以在人群中广泛接种而不受已接种天花疫苗的影响。实际上，基于痘苗的免疫策略，尤其是在 HIV 疫苗领域中，已经有广泛研究及多项临床试验数据。

由于单个疫苗载体的局限性，如 DNA 疫苗免疫原性较弱、病毒载体疫苗的重复免疫容易造成机体对载体本身的强烈免疫应答，因此，在疫苗设计中经常使用多种疫苗的组合方案，即初免-加强的免疫策略。与单独载体接种相比，多种载体的免疫策略所激发的免疫应答往往更强且质量更好。因此，为了获得较强的免疫应答及降低机体对载体的非特异性免疫反应，在实际应用中往往使用不同疫苗载体的初免-加强免疫策略。其中最为成功的例子为 HIV 预防性疫苗 RV144 Ⅲ期临床试验。该试验使用了重组 HIV-1 Gag、Env 和蛋白酶的 ALVAC 疫苗作为初免，两次 GP120 蛋白免疫作为加强，结果显示该疫苗与对照组相比，取得了 31.2%的保护效果。尽管由于保护率不高，该疫苗并不适合推广应用，但它却是迄今为止在 HIV-1 临床试验中唯一有保护效果的疫苗。试验结果也提示，基于痘病毒载体的改良，可能有助于提高重组痘苗的免疫原性，甚至最终实现 HIV 疫苗研发的成功。

DNA 初免-痘病毒加强的免疫策略可诱导高水平的细胞免疫应答，是 T 细胞疫苗所优选的免疫策略之一，基于痘苗的免疫多采用该策略。灵长类动物实验数据表明，DNA 和痘苗的组合免疫策略可以提高这两种疫苗载体单独免疫所诱导的细胞免疫应答，并能够在接受疫苗接种的猴子体内控制猴免疫缺陷病毒（simian immunodeficiency virus，SIV）的感染。随后，研究人员又开展了一批临床试验以测试该免疫策略应用于人类抗 HIV 疫苗中的可行性。以 IAVI（international AIDS vaccine initiative）系列疫苗为例，携带有 HIV-1 A Gag p24/p17 和一系列细胞毒性 T 淋巴细胞（cytotoxic T lymphocyte，CTL）表位抗原的 DNA-MVA 免疫策略成功通过了 Ⅰ期临床试验安全性认证（接种方式：肌内注射。免疫策略：两针 DNA 初免-两针 MVA 加强。地点：英国、肯尼亚和乌干达，代号分别为 IAVI001、003 和 005）。但是，结果表明，该疫苗接种者并没有检测到明显的针对抗原的特异性应答。随后，加大了接种剂量，即 DNA 从 0.5mg 或 2mg 升高至 4mg，MVA 从 5×10^7pfu 增加到 2.5×10^8pfu，并最终观察到了针对 Gag 免疫原的免疫应答。目前，更大规模的临床试验正在进行，并且还有其他多项已经完成或正在进行临床试验的 DNA-VV 免疫策略。

另外，重组痘病毒疫苗也在抗结核、疟疾、流感和丙肝疫苗中有了一定的贡献。例如，Ⅰ期临床试验证明，表达结核分枝杆菌 Ag85A 蛋白的重组 MVA 疫苗免疫人体，能够诱导 CD4$^+$ T 细胞特异性分泌 IFN-γ、TNF-α、IL-12、IL-17 和 GM-CSF 等。类似的，基于重组疟原虫免疫原的腺病毒和 MVA 疫苗的 Ⅰ期临床试验也证实了这种初免-加强免疫策略能够诱导较强的细胞免疫和体液免疫应答。另外，灵长类动物实验证明，携带丙型肝炎病毒（hepatitis C virus，HCV）或呼吸道合胞体病毒某些基因的重组痘苗能够在这些病原体疫苗的研发中做出重要贡献。也有研究者制备了重组炭疽病毒 PA 蛋白的重组痘苗，旨在同时预防这两种潜在恐怖生化武器袭击的病毒感染所导致的疾病传播。

三、肿瘤基因治疗

由于重组痘苗可包装的基因容量大，可携带大片段的肿瘤相关抗原（tumor-associated antigen，TAA）的编码基因，并诱导针对这些表达抗原的免疫应答能力。因此痘病毒作为一种载体，也被纳入了抗肿瘤的免疫治疗体系中。目前已有一些基于痘病毒转基因技术的商品化抗肿瘤的治疗性痘苗进行了临床试验。丹麦 Bavarian Nordic 公司生产的

Prostvac 治疗性疫苗融合表达了前列腺特异性抗原（prostate-specific antigen，PSA）、共刺激分子 B7.1、ICAM-1 和 LFA-3，利用重组 VACV 初免-FWPV 加强的免疫策略，在治疗前列腺癌中取得了良好的效果，II 期临床试验证明该治疗性疫苗可以将短期死亡率降低 44%，中位生存期延长 8.5 个月。该疫苗的原理是，它所携带的前列腺特异性抗原用于攻击靶细胞，3 种共刺激分子通过放大 T 细胞受体（T-cell receptor，TCR）信号通路的方法来提高 T 细胞的激活能力。类似的，该公司研发产品 Panvac 则是携带黏蛋白-1、癌胚抗原和上述 3 种共刺激分子的 MVA 疫苗，在临床试验中同样取得了一定的保护性效果。而 MVA-BN-HER2 为表达人上皮生长因子受体 2 的重组 MVA 疫苗，小鼠实验证明该疫苗的免疫诱导了 HER2 特异性的 Th1 型抗体和 CD8$^+$ T 细胞免疫应答并降低了 Treg 细胞的比例，具有治疗乳腺癌的能力。而 MVA-BN-PRO 则为包含了 PSA 和前列腺酸性磷酸酶的 MVA 疫苗，其靶向性的导向外体（exosome）也获得了良好的抗原特异性免疫反应，能够治疗前列腺癌。目前，这两种疫苗均进行了相关的临床试验。由于人癌胚抗原 5T4 能够在多类肿瘤中如结直肠肿瘤、肾肿瘤、卵巢肿瘤、输卵管肿瘤、腹腔肿瘤和前列腺肿瘤中保守表达，英国 Oxford BioMedica 公司研发了携带该免疫原的 MVA 疫苗即 TroVax，临床试验证明，该疫苗单独使用或联合其他治疗方式如化疗、细胞因子佐剂治疗等均显著提高了患者的存活时间。同样，携带睾丸癌 NY-ESO-1 的重组 VACV 初免-FWPV 加强的免疫策略也在患者中诱导出较强的特异性抗体应答、CD4$^+$ T 和 CD8$^+$ T 细胞免疫反应。法国 Transgene SA 公司 TG4010 疫苗则是重组了黏蛋白-1 和 IL-2 编码基因的 MVA 疫苗，在非小细胞肺癌患者中将其与化疗联合使用，比化疗单独使用取得了更好的保护性效果。

近年来，基于痘病毒的溶瘤治疗也引起了人们广泛关注并取得了一定的进展。其中，美国 Jennerex Biotherapeutics 公司生产的 JX-594 和 vvDD-CDSR、Genelux 公司生产的 GLV-1h68 等是临床试验经历最丰富的溶瘤治疗性痘病毒，安全性和溶瘤效果都得到了证实。复制型痘病毒具有趋向感染肿瘤细胞的属性，且重组痘病毒的 TK 区等在重组质粒构建过程中被目的片段所取代，而肿瘤细胞则由于增殖代谢活性强，与普通细胞相比能够表达大量重组痘苗缺失的蛋白质，因此重组痘病毒感染机体后，趋向于选择肿瘤细胞作为靶细胞从而能够更好的复制生长。目前，重组痘病毒的制备已经较为成熟，且痘病毒的大型基因组使其作为载体能够融合表达较长的 DNA 片段，包括抗血管新生蛋白、细胞外基质蛋白、GM-CSF 和其他细胞因子等，使得溶瘤效果更好。此外，痘病毒作为溶瘤治疗载体的其他优点为：复制活性强、能够诱导较强的免疫反应、安全性较高、能够在血液系统中流动传播及作为抗肿瘤治疗载体取得了一定的成功等。

四、展望

早在 20 世纪 70 年代，人类就已经宣布战胜了天花疾病。但天花或其他痘病毒相关疾病还是可能因为某种原因（实验室泄露、恐怖生化武器、猴痘病毒交叉感染等）再度威胁人类的健康。近年来，随着转基因技术的进展，研究人员不断对疫苗进行了包括安全性和免疫原性方面的优化，以作为突发情况的备用疫苗。除此之外，更多的研究则转向将痘病毒作为一种疫苗和基因治疗载体，来预防其他病原体相关疾病和进行抗肿瘤治疗。

值得注意的是，在人用疫苗方面，考虑到安全性等原因，目前绝大多数基于痘病毒载体的重组疫苗临床试验都使用了复制缺陷型痘苗。以金丝雀痘病毒为基础建立的 HIV 疫苗 RV144 的临床试验，作为迄今为止唯一报告有积极预防作用的 HIV 候选疫苗，鼓舞了重组痘苗的研究和开发。但其他病原体如 TB 和 HCV 等疫苗的研发，重组痘苗的免疫效果还不尽人意。

（范小勇　胡志东　复旦大学附属上海市公共卫生临床中心）

复习思考题

1. 简述天花病毒的发病过程和临床表现。
2. 痘病毒作为疫苗载体的优点和缺点有哪些？
3. 痘病毒的实验室安全操作需要注意什么事项？
4. 重组痘苗构建的基本原理是什么？
5. 请列举提高重组痘苗免疫原性的方法。

参 考 文 献

Abdalrhman I，Gurt I，Katz E. 2006. Protection induced in mice against a lethal orthopox virus by the Lister strain of vaccinia virus and modified vaccinia virus Ankara（MVA）. Vaccine，24（19）：4152-4160.

Amara RR，Villinger F，Altman JD，et al. 2001. Control of a mucosal challenge and prevention of AIDS by a multiprotein DNA/MVA vaccine. Science，292（5514）：69-74.

Breman JG，Henderson DA. 2002. Diagnosis and management of smallpox. N Engl J Med，346（17）：1300-1308.

Carson C，Antoniou M，Ruiz-Arguello MB，et al. 2009. A prime/boost DNA/Modified vaccinia virus Ankara vaccine expressing recombinant Leishmania DNA encoding TRYP is safe and immunogenic in outbred dogs，the reservoir of zoonotic visceral leishmaniasis. Vaccine，27（7）：1080-1086.

Chavan R，Marfatia KA，An IC，et al. 2006. Expression of CCL20 and granulocyte-macrophage colony-stimulating factor，but not Flt3-L，from modified vaccinia virus ankara enhances antiviral cellular and humoral immune responses. J Virol，80（15）：7676-7687.

Dai K，Liu Y，Liu M，et al. 2008. Pathogenicity and immunogenicity of recombinant Tiantan Vaccinia Virus with deleted C12L and A53R genes. Vaccine，26（39）：5062-5071.

Ferrier-Rembert A，Drillien R，Tournier JN，et al. 2008. Short- and long-term immunogenicity and protection induced by non-replicating smallpox vaccine candidates in mice and comparison with the traditional 1st generation vaccine. Vaccine，26（14）：1794-1804.

Flexner C，Hugin A，Moss B. 1987. Prevention of vaccinia virus infection in immunodeficient mice by vector-directed IL-2 expression. Nature，330（6145）：259-262.

Goebel SJ，Johnson GP，Perkus ME，et al. 1990. The complete DNA sequence of vaccinia virus. Virology，179（1）：247-266，517-563.

Greenberg RN，Kennedy JS. 2008. ACAM2000：a newly licensed cell culture-based live vaccinia smallpox vaccine. Expert Opin Investig Drugs，17（4）：555-564.

Hammarlund E，Lewis MW，Hansen SG，et al. 2003. Duration of antiviral immunity after smallpox vaccination. Nat Med，9（9）：1131-1137.

Hanke T，Goonetilleke N，McMichael AJ，et al. 2007. Clinical experience with plasmid DNA and modified vaccinia virus Ankara-vectored human immunodeficiency virus type 1 clade A vaccine focusing on T-cell induction. J Gen Virol，88（Pt 1）：1-12.

Heo J，Reid T，Ruo L，et al. 2013. Randomized dose-finding clinical trial of oncolytic immunotherapeutic vaccinia JX-594 in liver cancer. Nat Med，19（3）：329-336.

Isaacs SN. 2012. Working safely with vaccinia virus: laboratory technique and review of published cases of accidental laboratory infections. Methods Mol Biol, 890: 1-22.

Jacobs BL, Langland JO, Kibler KV, et al. 2009. Vaccinia virus vaccines: past, present and future. Antiviral Res, 84 (1): 1-13.

Jaoko W, Nakwagala FN, Anzala O, et al. 2008. Safety and immunogenicity of recombinant low-dosage HIV-1 A vaccine candidates vectored by plasmid pTHr DNA or modified vaccinia virus Ankara (MVA) in humans in East Africa. Vaccine, 26 (22): 2788-2795.

Kennedy RB, Ovsyannikova IG, Jacobson RM, et al. 2009. The immunology of smallpox vaccines. Curr Opin Immunol, 21 (3): 314-320.

Legrand FA, Verardi PH, Chan KS, et al. 2005. Vaccinia viruses with a serpin gene deletion and expressing IFN-gamma induce potent immune responses without detectable replication *in vivo*. Proc Natl Acad Sci USA, 102 (8): 2940-2945.

Mackett M, Yilma T, Rose JK, et al. 1985. Vaccinia virus recombinants: expression of VSV genes and protective immunization of mice and cattle. Science, 227 (4685): 433-435.

Merkel TJ, Perera PY, Kelly VK, et al. 2010. Development of a highly efficacious vaccinia-based dual vaccine against smallpox and anthrax, two important bioterror entities. Proc Natl Acad Sci USA, 107 (42): 18091-18096.

Midgley CM, Putz MM, Weber JN, et al. 2008. Vaccinia virus strain NYVAC induces substantially lower and qualitatively different human antibody responses compared with strains Lister and Dryvax. J Gen Virol, 89 (Pt 12): 2992-2997.

Moss B. 2012. Poxvirus cell entry: how many proteins does it take? Viruses, 4 (5): 688-707.

Pantaleo G, Esteban M, Jacobs B, et al. 2010. Poxvirus vector-based HIV vaccines. Curr Opin HIV AIDS, 5 (5): 391-396.

Pastoret PP, Brochier B. 1996. The development and use of a vaccinia-rabies recombinant oral vaccine for the control of wildlife rabies; a link between Jenner and Pasteur. Epidemiol Infect, 116 (3): 235-240.

Perera LP, Waldmann TA, Mosca JD, et al. 2007. Development of smallpox vaccine candidates with integrated interleukin-15 that demonstrate superior immunogenicity, efficacy, and safety in mice. J Virol, 81 (16): 8774-8783.

Quigley M, Martinez J, Huang X, et al. 2009. A critical role for direct TLR2-MyD88 signaling in CD8 T-cell clonal expansion and memory formation following vaccinia viral infection. Blood, 113 (10): 2256-2264.

Reed KD, Melski JW, Graham MB, et al. 2004. The detection of monkeypox in humans in the Western Hemisphere. N Engl J Med, 350 (4): 342-350.

Rerks-Ngarm S, Pitisuttithum P, Nitayaphan S, et al. 2009. Vaccination with ALVAC and AIDSVAX to prevent HIV-1 infection in Thailand. N Engl J Med, 361 (23): 2209-2220.

Rojas JJ, Thorne SH. 2012. Theranostic potential of oncolytic vaccinia virus. Theranostics, 2 (4): 363-373.

Scriba TJ, Tameris M, Mansoor N, et al. 2010. Modified vaccinia Ankara-expressing Ag85A, a novel tuberculosis vaccine, is safe in adolescents and children, and induces polyfunctional CD4[+] T cells. Eur J Immunol, 40 (1): 279-290.

Sheehy SH, Duncan CJ, Elias SC, et al. 2012. Phase ia clinical evaluation of the safety and immunogenicity of the Plasmodium falciparum blood-stage antigen AMA1 in ChAd63 and MVA vaccine vectors. PLoS One, 7 (2): e31208.

Tartaglia J, Perkus ME, Taylor J, et al. 1992. NYVAC: a highly attenuated strain of vaccinia virus. Virology, 188 (1): 217-232.

Tulman ER, Delhon G, Afonso CL, et al. 2006. Genome of horsepox virus. J Virol, 80 (18): 9244-9258.

第八章 杆 状 病 毒

杆状病毒（baculovirus）是一类在自然界中仅感染节肢动物的病毒。目前已记录的杆状病毒除少量分离自蛛形纲和甲壳纲外，绝大多数都分离自昆虫纲，且主要分离自鳞翅目昆虫。本章重点介绍了杆状病毒的生物学特性、杆状病毒转基因技术及相关的医学应用。

第一节　杆状病毒简介

一、分类

杆状病毒是在自然界中专一感染节肢动物的 DNA 病毒（图 8-1）。杆状病毒隶属杆状病毒科（Baculoviridae）。杆状病毒科包括两个属，即核型多角体病毒属（*Nucleopoly-hedrovirus*，NPV）和颗粒体病毒属（*Granulovirus*，GV）。NPV 产生大的多角形的结构称为多角体（polyhedra）结构，分为两个亚属，一亚属为多粒包埋核型多角体病毒亚属或多衣壳核型多角体病毒亚属（*multicapsid nuclear polyhedrosis virus*，MNPV），代表种为苜蓿银纹夜蛾核型多角体病毒（*Autographa californica* MNPV，AcMNPV）；另一亚属为单粒包埋核型多角体病毒亚属或单衣壳核型多角体病毒亚属（*single-capsid nuclear polyhedrosis virus*，SNPV），指每个病毒粒子由一个核衣壳构成，代表种为家蚕核多角体病毒（*Bombyx mori* NPV，BmNPV）。GV 产生圆形或卵圆形的结构称为颗粒体结构，病毒

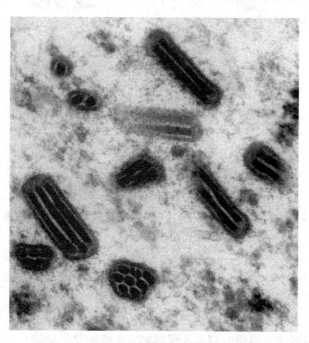

图 8-1　杆状病毒电镜照片（×80 000 倍）

粒子无多寡核衣壳的形式，均由单个核衣壳构成，代表种为苹果小蠹蛾颗粒体病毒（*Cydia pomonella granulovirus*，CpGV）。目前由于 GV 缺乏适宜的离体增殖细胞培养系统，因此对 GV 的生物学特性了解较少，故下面介绍的研究内容主要集中在 NPV。

二、病毒结构

杆状病毒的病毒粒子呈杆状，病毒粒子被包涵体封闭，多个病毒粒子包埋于多角体蛋白（polyhedrin）形成的晶体之中。杆状病毒具有双向复制周期，产生两种具有不同形态、不同功能的表型病毒，即细胞外出芽型病毒粒子（budded virus，BV）、包涵体来源型病毒粒子（occlusion derived virus，ODV）或多角体来源型病毒粒子（polyhedra derived virus，PDV）。两种表型病毒产生于病毒感染周期中的不同时期，它们的形态结构也存在差异。总之，ODV 与 BV 两者结构和化学组成的差异，主要是由它们功能的不同造成的（图 8-2）。

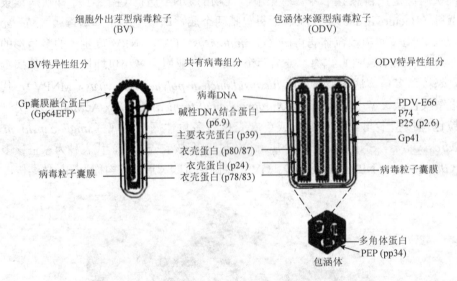

图 8-2　两种表型杆状病毒粒子的结构与组成

ODV 具有包膜，包膜呈典型脂质双层结构，包膜包被一个或多个核衣壳，核衣壳由衣壳和髓核组成，衣壳紧贴在髓核表面，其端部有环状乳头结构，底部有爪样结构，衣壳极性结构是不相同的（图 8-3）。已鉴定的衣壳结构蛋白主要是衣壳结构蛋白 p39、衣壳蛋白 p80/87、衣壳蛋白 p24 和衣壳蛋白 p78/83 4 种。髓核位于衣壳之中，由呈超螺旋结构的 DNA 和碱性 DNA 结合蛋白 p6.9 组成。

BV 的衣壳与髓核的结构和化学组成与 ODV 是一样的，二者的显著差别在于包膜。成熟 BV 的一端有多个钉状结构，称为膜粒（peplomer）。其包膜主要蛋白质为 Gp64 包膜融合蛋白，ODV 无此蛋白质。脂质分析表明，BV 包膜比 ODV 有更大的流动性，ODV 包膜比 BV 包膜的蛋白质含量高。两种病毒粒子包膜脂质组成的差异可能对其功能有某种作用，这种作用可能主要影响病毒入侵时与宿主细胞膜之间的相互作用。

图 8-3　杆状病毒 ODV 电镜照片（×100 000 倍）

　　杆状病毒的基因组为双链环状 DNA 分子，DNA 以超螺旋形式压缩包装在杆状衣壳内，为 90～180kb。随着分子生物学技术的飞速发展，目前已对 AcMNPV、BmNPV、黄杉毒蛾多粒包埋核型多角体病毒（*Orgyiapseudotsugata* MNPV，OpMNPV）、中国棉铃虫单粒包埋核型多角体病毒（*Helicoverpa armigera* SNPV，HaSNPV）、甜菜夜蛾多粒包埋核型多角体病毒（*Spodoptera exigua* MNPV，SeMNPV）、舞毒蛾多粒包埋核型多角体病毒（*Lymantria dispar* MNPV，LdMNPV）、斜纹夜蛾多粒包埋核型多角体病毒（*Spodoptera litura* MNPV，SlMNPV）和 XcGV（*Xestia cnigrum Granulovirus*）8 种杆状病毒基因组全序列进行了测定。

　　杆状病毒基因排列非常紧凑，基因间除了同源重复区（homologous repeat region，hr）序列外，只有很少的间隔，除了 *bro*（baculovirus repeat open reading frames related to Ac2）基因外，重复基因很少，也几乎没有插入序列（内含子），这些特征显然有利于增大基因组的表达量。杆状病毒基因组的可读框（ORF）有 120～160 个。另外，杆状病毒基因间有少量的重叠，其早、晚期基因分布于整个基因组，并无成簇现象。hr 序列是杆状病毒基因组极具特色的结构，由重复序列构成，包括顺向重复序列和不完全反向重复序列（回文结构），不同杆状病毒 hr 序列同源性一般都比较高。hr 序列具有增强子的功能，在病毒 DNA 复制过程中可作为复制原点。

　　杆状病毒基因类型可按表达时间或功能分类。杆状病毒基因按表达时间可分为极早期基因、早期基因、晚期基因和极晚期基因（或超量表达晚期基因）。前面两类称为早期基因，后面两类则称为晚期基因（图 8-4）。

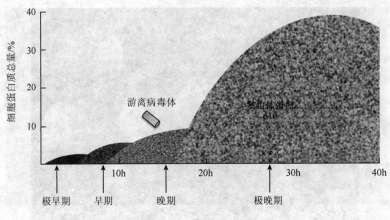

图 8-4　AcMNPV 基因表达的时间

　　早期基因的表达不需要新的蛋白质合成，且先于 DNA 复制，其转录由宿主细胞 RNA 聚合酶催化。早期基因主要为病毒 DNA 复制、晚期基因表达提供必需的蛋白质因子。早期基因最显著的结构特点是含有共同的基序 CAGT 或者 CGTGC，这些保守的序列通常为转录起始位点，它们含有转录信号。已鉴定出的早期基因有：*egt*、*ie-1*、*39K*、*gp67*、*pcna*、*me53*、*PE-38*、*ie-0*、*lef-1*（late expression factor 1）、*lef-2*、*lef-3*、*lef-4*、*lef-7*、*lef-8*、*lef-10* 及 DNA 聚合酶、解旋酶基因。

　　晚期基因表达依赖于病毒基因组 DNA 的复制，并通过病毒编码或病毒改造过的 RNA 聚合酶转录，同时需要 lef 类调控其表达。晚期基因启动子的特征序列是 TAAG，也是转录起始位点。晚期基因有：*e66*、*p87*、*ptp*、*p47*、*vp39*、*p10*、*sod*、*p74*、*p619*、*p25*、*gp37*、*p41* 及多角体蛋白、芋螺毒素、增强蛋白、组织蛋白酶、几丁质酶、泛素等的编码基因。

　　杆状病毒有的基因含有两个甚至多个启动子。这些基因有早、晚期启动子基序，表达往往从早期持续到晚期，如 *pk*（蛋白激酶）、*lef-6*、*lef-7*、*ie-1*、*p35*、*39k* 等。有的基因有 2 个或者 3 个晚期启动子，如 *vp39*、*gp67*。

　　杆状病毒基因的功能是多种多样的，根据功能的不同，可进行以下分类。

　　与病毒复制有关的基因：DNA 聚合酶及解旋酶基因、*lef-1*、*lef-2*、*lef-3*、*lef-7*、*ie-1*、*p35*、*pe-38*、*hcf-1*。前 6 种是 DNA 复制必需的基因，后 4 种对 DNA 复制有促进作用，仅存在于部分杆状病毒。

　　与病毒 DNA 表达调节有关的基因：*vlf*（AcMNPV 除外）及 *ie-2*、*lef-4*、*lef-5*、*lef-8*、*lef-9*（AcMNPV 无 *lef-8*、*lef-9*）、*p47* 等 lef 类。

　　与辅助功能有关的基因：这类基因不是病毒生存、DNA 复制所必需的，包括 *sod*（SlMNPV 除外）、*ptp*、*egt*（XcGV 除外）和几丁质酶、组织蛋白酶、成纤维细胞生长因子、蛋白激酶的编码基因（HaSNPV 除外）。其中，组织蛋白酶和几丁质酶一起作用可使虫体液化，有利于病毒的传播。*egt* 可催化葡萄糖基团转移到昆虫蜕皮激素或其他蜕皮甾皮内激素上，使激素失活，阻碍幼虫的蜕皮和蛹化。*egt* 是杆状病毒中目前发现的唯一在昆虫虫体水平通过对激素作用调控受感染宿主的基因。

与病毒结构有关的基因：8 种杆状病毒共有的与病毒结构有关的基因有 *gp41*、*vp39*、*p87*、*P80*（XcGV 无）、*p6.9*、*PDV-e66*、*p10*。

与核苷酸代谢有关的基因：在 LdMNPV、SlMNPV、OpMNPV、SeMNPV 中存在与核苷酸代谢有关的基因，如 *dUTPase*、*rr1*（编码核苷酸还原酶大亚基）和 *rr2*（编码核苷酸还原酶小亚基）。

与抗细胞凋亡有关的基因：*Lsp40*、*p35*、*iap*。

与宿主域有关的基因：*hcf-1*、*p35*、解旋酶基因。

AcMNPV 基因组中目前已有 64 个基因被鉴定。AcMNPV 的基因表达分为 4 个阶段：极早期基因表达、早期基因表达、晚期基因表达和极晚期基因表达。前两个阶段的基因表达早于 DNA 复制，而后两个阶段的基因表达则伴随着一系列的病毒 DNA 合成。其中在极晚期基因表达过程中，有两种高效表达的蛋白质，它们是多角体蛋白和 p10 蛋白。多角体蛋白基因和 *p10* 基因现在都已被定位和克隆，这两个基因的启动子具有较强的启动能力，因此这两个基因位点成为杆状病毒表达系统理想的外源基因插入位点。下面着重介绍多角体蛋白基因和 *p10* 基因。

多角体蛋白基因：是杆状病毒的超表达晚期基因（hyperexpressed late gene）。多角体蛋白占整个病毒质量的 95%。在病毒复制周期的后期该基因活化表达，高强度持续表达在 90h 以上，表达产物是分子质量为 28～33kDa 的多角体蛋白。多角体蛋白是形成包涵体的主要成分，感染后期在细胞中的积累可高达 30%～50%，是病毒复制非必需成分，但对病毒粒子却有保护作用，可使其保持稳定和具有感染能力。

p10 基因：编码约 10kDa 的 p10 蛋白，该基因也是杆状病毒的高表达晚期基因。p10 蛋白也是一类病毒复制非必需成分，与病毒核衣壳有联系，并在细胞质中形成一种与细胞骨架有关的结构，可能与细胞溶解有关。

三、病毒复制

杆状病毒的感染周期分为两个阶段，第一阶段 ODV 感染中肠上皮细胞，病毒复制增殖后产生子代 BV，多数昆虫中肠上皮细胞仅产生 BV。第二阶段是 BV 侵染其他组织，此阶段产生两种类型的病毒粒子，早期产生 BV，晚期产生 ODV 及多角体。宿主死亡与细胞解离时多角体被释放进环境。所以，ODV 不侵染其他组织，只能在虫体间水平传播，BV 可在组织细胞间传递感染。下面就以 NPV 为例，具体介绍杆状病毒的感染周期。

杆状病毒的主要感染途径是口服感染。昆虫幼虫吞食附有多角体的食物，多角体随食物进入中肠，绝大多数昆虫肠道消化液呈碱性，pH 8～11，可使多角体溶解释放病毒颗粒，在此期间寄主幼虫肠道中的碱性蛋白酶等一些酶类也参与了多角体的溶解。ODV 呈游离状态时，在到达中肠上皮细胞前需穿越昆虫幼虫肠道保护屏障——围食膜。一旦 ODV 穿越了围食膜进入中肠上皮细胞后，ODV 对中肠上皮细胞似乎比对其他组织具有更大的亲和力。病毒粒子附着在柱状上皮细胞微绒毛表面，病毒包膜和细胞膜发生融合并向细胞内释放核衣壳，病毒复制增殖后产生子代 BV，进而完成杆状病毒感染周期的第一阶段。

接着，BV 继续侵染寄主昆虫的其他组织。BV 进入宿主细胞的方式不同于 ODV。BV 是通过细胞内吞作用进入细胞的，这是一个多步骤过程，主要包括：①病毒粒子与宿主细胞受体结合；②宿主细胞膜的内陷；③含有病毒粒子的内吞泡的形成；④内吞体的酸化；⑤病毒包膜融合蛋白的活化；⑥病毒包膜与内吞体膜的融合；⑦病毒核衣壳向细胞质的释放。BV 侵染其他组织细胞后早期还是产生 BV，晚期产生 ODV 及多角体。宿主死亡与细胞解离时多角体被释放进环境，进而可以感染其他宿主。这就是杆状病毒感染周期的第二阶段（图 8-5）。

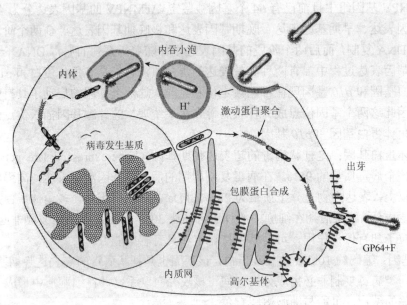

图 8-5 杆状病毒感染周期的第二阶段

第二节 杆状病毒载体转基因技术原理

正是在对杆状病毒分子生物学深入研究的基础上，Smith 等于 1983 年首次利用 AcMNPV 作载体在昆虫细胞中表达了人 β-干扰素基因，从而开辟了基因工程研究的一个新领域。杆状病毒表达系统主要包括 AcMNPV 表达系统和 BmNPV 表达系统。前者在欧美国家被广泛采用，后者在中国、日本应用较多。

一、杆状病毒表达系统的基本特征

杆状病毒之所以能作为载体是由它们的一些基本特性决定的，这些特性具体包括：杆状病毒作为外源基因表达载体其基因组相对较小，分子生物学特性简单。杆状病毒具有环状双链基因组，且上面含有多种限制性内切核酸酶位点，易于进行基因操作。杆状病毒作为外源基因表达载体具有复杂独特的复制特性。杆状病毒基因表达有时间顺序，不同基因在不同时间有不同的表达速率和表达强度。同时杆状病毒具有双向复制周期，能够产生不同形式、不同功能的病毒，这些都是杆状病毒作为真核细胞表达载体最重要的特性和理论依据。杆状病毒作为外源基因表达载体具有容量大的特点。从理论上讲，由于杆状病毒呈杆状，具有较大的容量可塑性，基本可以容纳任何外源真核和原核基因。杆状病毒作为外源基因表达载体安全性较高，杆状病毒只能感染昆虫宿主，对人、畜和其他哺乳动物、两栖动物、爬行动物及植物均无危害。杆状病毒作为外源基因表达载体具有高效表达的启动子，这也是杆状病毒最具优势的特征。杆状病毒的两个超量表达晚期基因多角体蛋白基因和 *p10* 基因，由强大的启动子调控表达，特别是多角体蛋白基因，其表达时间可持续几天，其表达的蛋白质最高可以占整个细胞的 25%。杆状病毒作为外源基因表达载体具有可靠的筛选标记。外源基因的插入导致多角体蛋白基因的失活，多角体蛋白不能产生，多角体阴性的重组病毒所形成的空斑与野生型病毒形成的空斑有明显的形态学差别，易于选择分离出来。杆状病毒作为外源基因表达载体是以昆虫细胞作为受体细胞系统，昆虫细胞属于真核细胞，可以对外源蛋白进行加工和修饰，进而保证表达的外源基因产物具有生物学活性。

二、杆状病毒表达系统基本原理及构建原则

杆状病毒表达系统的基本原理（图 8-6），是将外源目的基因插入启动子下游之后与杆状病毒重组，获得重组病毒，将重组的病毒纯化，用其感染昆虫细胞或虫体，外源基因随着病毒的复制而获得表达。

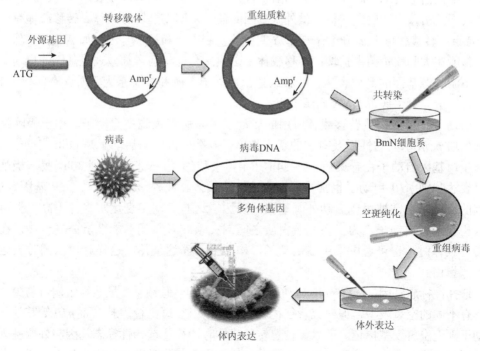

图 8-6　杆状病毒表达系统基本原理

为确保外源基因高效表达，其构建原则主要包括以下几个方面：杆状病毒的 RNA

转录有带帽功能，除个别基因外，多数无 RNA 剪切加工功能，故外源基因如有内含子，可能无法有效或高效表达。如有内含子宜采用 cDNA。外源基因插入后，不能影响病毒复制增殖，基本不影响或不降低邻近重要基因的表达。目前已阐明的非必需基因有多角体蛋白基因、*p10* 基因等，均是晚期高效表达基因。现构建重组杆状病毒，外源基因多以多角体蛋白基因为插入位点，既不影响病毒粒子包装，又不降低病毒毒力和表达能力。为确保外源基因的高效表达，必须具备高强度启动子。多角体蛋白基因、*p10* 基因的启动子均属于高强度启动子。外源基因插入应有方便易行的筛选方法，如替换多角体蛋白则导致不形成多角体，可通过空斑形态差异选择出来。但 *p10* 不能产生可识别的表型，一般导入 LacZ 等筛选标记，方便筛选。也可用外源 DNA 作为探针，通过核酸杂交分析筛选重组病毒。由于杆状病毒基因组约 130kb，外源基因难以在体外直接插入预定位点，因此要构建一个转移载体，使外源基因插入杆状病毒基因组中。

三、杆状病毒表达系统重要技术要点

（一）转移载体的构建

　　杆状病毒由于基因组庞大，外源基因的克隆不能通过酶切连接的方式直接插入，必须通过转移载体的介导，即将极晚期基因（如多角体蛋白基因及其边界区）克隆入细菌的质粒中，消除其编码区和不合适的酶切位点，保留其 5′端对高效表达必需的调控区，并在其下游引入合适的酶切位点供外源基因的插入，即得到转移载体。转移载体有以下 3 个特点：转移载体上必须含有 *E. coli* 质粒的复制原点和抗性基因（如 Amp^r），保证转移载体能在大肠埃希菌中扩增；转移载体上必须含有杆状病毒高效表达基因的启动子，保证下游外源基因的高效表达；转移载体上启动子上游和外源基因下游含有病毒 DNA 序列，用于与野生病毒 DNA 同源重组。

　　启动子：目前构建转移载体所用的启动子多为病毒极晚期启动子。由于极晚期多角体蛋白 *polh* 基因的性质及对它的认识程度，最早最常用的启动子是 polh 启动子。多角体蛋白基因启动子在感染后 18～24h 开始转录和翻译，一直持续到 70h。另一极晚期超量表达基因 *p10* 启动子也常被用于构建转移载体。此外 *p6.9* 基因、*p39* 基因、*ie-1* 基因的启动子也常被用作启动外源基因的表达，这些启动子表达水平都不高，但可以用来构建杂合启动子。为了研究蛋白质之间的关系或者装配功能性蛋白复合体，在构建转移载体时，也可考虑采用多启动子，构建多元表达载体，这样就可以同时表达多种外源蛋白。

　　选择性标志基因：选择 polh 启动子为基础构建的转移载体，虽然重组病毒与野生型病毒有不同的空斑表型，但研究者往往感到挑选重组空斑比较困难。而 *p10* 等其他基因启动子则无空斑表型标记。所以，构建转移载体时，往往选择性标志基因与外源基因一起经同源替代导入病毒基因组。标志基因表达产物可与化学底物反应产生颜色或者发出荧光等，以此鉴定和分离重组病毒。目前常用的选择性标志基因包括 *LacZ* 基因、荧光素酶基因和葡糖苷酸酶基因等。

　　亲和标记基因：为便于分离纯化目的蛋白，转移载体中常常设计一段短的亲和标记基因。目前常采用的亲和标记包括以下几种：在外源基因的前端插入 6×*his* 基因，表达的融合蛋白可通过 Ni 柱进行亲和层析纯化；将谷胱甘肽转移酶基因 *gst* 导入外源基因前端，利用 Gst 能和谷胱甘肽琼脂糖特异结合纯化蛋白质；利用抗生物素蛋白与目的蛋白融合表达，该蛋白质与生物素具有非常高的结合能力，可以对表达产物进行纯化。同时，为避免亲和标记影响目的蛋白的生物学活性，大多载体目前都设计有切割位点，以便于蛋白质纯化后将亲和标记切除。

　　信号肽基因：有的转移载体添加了信号肽序列，从而可以介导外源蛋白的分泌。该类转移载体将目的蛋白编码序列插在信号肽下游并处于共可读框内，产生的目的蛋白带有可切除的 N 端信号肽。构建的信号肽主要来自于 Gp64、Egt 及昆虫糖蛋白基因的信号肽序列。昆虫来源的信号肽能增加有些重组蛋白的分泌效率，同时，哺乳动物基因来源的信号肽也可用，在有些情况下其介导重组蛋白的分泌效果更好。有的转移载体 N 端有信号肽，C 端有亲和标记，以利于分泌到培养液中重组蛋白的纯化。

（二）重组病毒的筛选

　　当表达的外源基因插入转移载体启动子下游后，将重组转移载体与野生型 AcMNPV DNA 共转染昆虫细胞，通过两侧同源边界区发生同源重组，使多角体蛋白基因被外源基因取代。图 8-7 为转移载体与 AcMNPV 发生同源重组的示意图。而当外源基因整合到病毒基因组的相应位置时，由于多角体基因被破坏，使得不能形成多角体。这种表型在进行常规空斑测定时，可同野生型具有多角体的病毒空斑区别开来，这就是最初的筛选重组病毒的方式。这种方法的重组频率很低，为 0.1%～1%。由于这种方式重组频率很低，且亲本病毒背景空斑很高，阳性重组空斑难于分离，虽可通过引入标记基因如 *LacZ* 基因减少分离重组病毒的难度，但并不能降低亲代空斑背景。因此，又发展出一些新的方法来改进原始的重组病毒筛选方式，主要有以下几种。

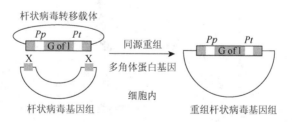

图 8-7　转移载体与 AcMNPV 发生同源重组

　　病毒 DNA 的线性化：Kitts 等将 *Bsu*36 I 酶切位点引入多角体蛋白基因。亲本病毒 DNA 用 *Bsu*36 I 酶切线性化，大大降低了亲本病毒的感染性；当线状亲本病毒与转移载体质粒 DNA 共转染昆虫细胞时，等位替代后重组病毒 DNA 重新环化，其复制能力远超过亲本病毒的复制能力，大大减少了亲本病毒的空斑背景，结果重组频率提高到 30%。图 8-8 为单一位点的线性化。

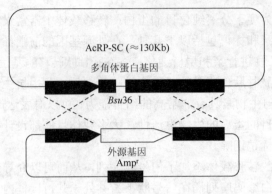

图 8-8　单一位点的线性化

　　但单一位点的线性化，DNA 容易重新环化，因此 Kitts 在此基础上发展了更有效的产生重组病毒的线性化技术，即用含有一个 Bsu36 I 位点的 LacZ 基因取代了多角体蛋白基因，同时在多角体蛋白基因两翼则各有一个 Bsu36 I 位点。其原理是 Bsu36 I 酶消化造成病毒 DNA 的缺失，缺失的 DNA 包括位于多角体蛋白基因下游的 ORF 1629 的一部分，ORF 1629 编码与核衣壳有关的磷酸化蛋白，此基因是病毒复制所必需的，故其缺失的线性化病毒 DNA 不具活性，当将这种线状重组病毒 DNA 用作亲本 DNA 与转移载体（含完整 ORF 1629）共转染昆虫细胞后，由于同源重组，病毒 DNA 得到恢复和挽救。这种设计基本消除了亲本病毒的空斑背景，病毒的重组率大大提高，可以高达 85%～99%，分离筛选更加方便快捷。图 8-9 为多位点的线性化示意图。

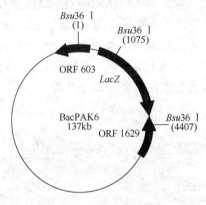

图 8-9　多位点的线性化

　　离体条件下酶促重组：此法是利用 Cre/Lox 系统产生重组杆状病毒。Cre（cause recombination）重组酶由噬菌体 P1 编码，LoxP（locus of crossover P1）来源于 P1 噬菌体，为 Cre 酶底物。Cre 重组酶能介导两个 LoxP 位点（序列）之间的特异性重组，使 LoxP 位点间的基因序列被删除或重组。

　　Peakman 等利用 Cre/Lox 系统实现了杆状病毒在体外的重组。它们首先构建了含 LoxP 位点的重组病毒 vAcLox，然后构建了一个含 LoxP 位点、外源基因和 LacZ 基因的重组质粒 pLoxZ。vAcLox 病毒 DNA 与重组质粒 pLoxZ DNA 混合，加入 Cre 重组酶，

Cre 重组酶可以介导两种 DNA 重组形成重组杆状病毒，使得整个重组质粒 DNA 都插入病毒 DNA 基因组。此法由于重组酶的介导，通过提高反应底物浓度和采用适宜的反应条件，产生重组病毒的效率可达 50%以上。此外，由于有选择性标记 *LacZ* 基因，可通过蓝色空斑直接挑选重组病毒。图 8-10 为离体条件下酶促重组。

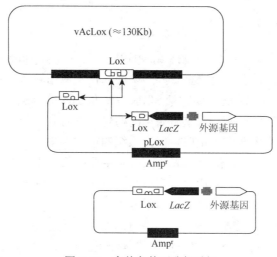

图 8-10 离体条件下酶促重组

　　酵母细胞中的同源重组：这种方法的基本构建策略是构建一个在多角体蛋白启动子下游依次为选择性标志基因（*Sup4-0*）、酵母 DNA 自主复制序列（ARS）、选择性标志基因（*URA3*）、着丝粒序列（CEN）的重组杆状病毒。这些酵母 DNA 元件插入重组杆状病毒的多角体蛋白基因区域，将此病毒 DNA 导入酵母细胞后，DNA 能作为稳定的低拷贝附加子在酵母中复制并稳定保持在酵母细胞中。目的基因位于转移载体中，将其转化含重组杆状病毒 DNA 的酵母细胞，通过同源重组，外源基因替代 *Sup4-0* 基因，重组病毒可通过无 *Sup4-0* 基因酵母转化子表型筛选分离，分离的杆状病毒 DNA 通过转染昆虫细胞得到重组病毒并表达外源蛋白。这种重组病毒 DNA 能穿梭于酵母和昆虫细胞，因此这种方法更加快速、简便。

　　大肠埃希菌中位点特异性转座：除酵母细胞的同源重组外，还有更加快速便捷的方法，即将外源蛋白基因经位点特异性转座到杆状病毒基因组中。其关键是构建一个重组 bacmid。实际上是一种重组杆状病毒，其 DNA 中间插有微型 F 复制子（mini-F replicon）、选择性标记基因（用于 bacmid 筛选）和 Tn7 转座位点。这样，重组 bacmid 能够在大肠埃希菌中自主复制。此外尚需构建两个质粒，一个质粒是供体质粒，供体质粒含有目的基因和选择性标记，它们位于 Tn7 转座位点左右臂之间。另一个是辅助质粒（helper plasmid），含有转座子酶，并具有转座功能。重组时，辅助质粒将供体质粒中的目的基因和选择性标志基因转位到 bacmid，以此产生重组 bacmid（重组杆状病毒），且重组 bacmid 能够在大肠埃希菌中被筛选、分离，相比在昆虫细胞中进行重组更加简单。其后，再将重组 bacmid 转染昆虫细胞产生重组病毒，表达外源蛋白。

　　外源基因直接克隆到杆状病毒基因组：这种方法的基本原理是构建在 polh 下游含单

一酶切位点 *I-Sce I* 的线状杆状病毒 DNA——Ac-Omega。当插入基因经 *I-Sce I* 处理后，线状病毒 DNA 与插入基因体外连接，转染昆虫细胞，通过空斑分析得到重组杆状病毒。Ernst 等的实验显示这种方法使亲本病毒 DNA 空斑背景低于重组杆状病毒的 25 倍。

四、杆状病毒表达系统的改进

(一) 改变宿主范围

现有的杆状病毒表达系统主要包括 AcMNPV 表达系统和 BmNPV 表达系统。前者在欧美国家被广泛采用，后者在有家蚕资源的中国、日本应用较多。这两个系统均有各自的优缺点。AcMNPV 表达系统主要感染 Sf21、Sf9 及 Tn5 等昆虫细胞系，主要优点是易于培养，生长旺盛，繁殖迅速，对重组病毒的构建十分有利，而且适合于大规模用无血清培养基悬浮培养细胞生产重组蛋白；但该系统的宿主昆虫个体小，饲养困难，难以适应产业化水平开发的要求。BmNPV 表达系统则主要感染家蚕细胞，该细胞生长慢，使重组病毒的构建、筛选及用于表达大量病毒增殖所花费的时间较长；但其宿主——家蚕个体大，易饲养，适合生物制药产业化水平要求。

有研究表明，DNA 解旋酶（helicase）是 DNA 复制过程中一类重要的酶，负责打开 DNA 双链，并参与新生链的合成，在 DNA 修复和重组过程中都发挥着必不可少的作用。杆状病毒 DNA 解旋酶除了参与 DNA 复制外，对晚期基因的转录、关闭宿主蛋白质合成及决定杆状病毒宿主域方面都有重要的作用。根据这个原理，研究者构建了 AcMNPV 与 BmNPV 杂交重组病毒表达载体。构建好的杂交重组病毒表达载体有以下一些优点：宿主范围广谱；重组病毒的构建、筛选和纯化变得容易和迅速，加快了重组病毒的繁殖；既可利用 Sf21、Sf9 及大型 Tn5 细胞利用无菌状态下的悬浮培养法快速生产重组蛋白，又可在家蚕幼虫中表达并进行大规模生产，有利于实现产业化水平的要求；比 BmNPV 和 AcMNPV 表达系统具有更高的表达效率，重组蛋白生产水平提高 50%～60%。

(二) 促进外源基因在昆虫细胞中的表达

为了促进外源基因在昆虫细胞中的表达，通常包括共表达伴侣蛋白、添加杆状病毒同源区和降低外源蛋白的降解等几个改进途径。

目前应用于昆虫细胞表达系统的伴侣蛋白根据它们在细胞内所处的位置不同分为两类：一类附着在内质网上，一类分布在细胞质中。分布在内质网上的伴侣蛋白包括：钙连接蛋白（calnexin）、钙网织蛋白（calreticulin）、免疫球蛋白结合蛋白（binding immunoglobulin protein）、蛋白二硫异构酶（protein disulfide isomerase）等。通过共感染（coinfection）或者共表达（coexpression）外源目的蛋白与这些伴侣蛋白，可以有效地促进外源目的蛋白的正确折叠和修饰，降低外源目的蛋白的降解，进而提高外源目的蛋白的表达产量。分布在细胞质中的伴侣蛋白主要是热激蛋白 70（Hsp70），它能够有效地减少蛋白质的聚合，避免外源目的蛋白的降解，进而提高外源目的蛋白的表达产量。

最早有研究发现，将 AcMNPV 的同源区 1（hr1）或者 BmNPV 的同源区 3（hr3）插入重组杆状病毒基因组后，可以促进报告基因的高表达。最近有研究报告，将 hr1 插入 polh 启动子的上游后可以分别将荧光素酶（luciferase）、人蛋白激酶 B-a（human protein kinase B-a）和细胞色素 1A2（CYP 1A2）的表达量提高到 4.5 倍、3.5 倍和 3 倍；在 BmNPV 中，有研究发现 hr3 的插入可以有效地增强 vp39 启动子的能力，并最终促进了大量正确折叠的有活性的外源目的蛋白的表达。

一般杆状病毒感染昆虫细胞后会导致细胞裂解，随之释放出来大量蛋白裂解酶可以降解外源蛋白，从而影响外源蛋白的产量。有研究表明，在杆状病毒感染 Sf21 细胞时添加 5-溴脱氧尿苷（5-bromodeoxyuridine），促使杆状病毒基因组发生随机突变，最终发现某一株突变的杆状病毒在感染细胞 5 天后，只有 7% 的细胞发生了裂解；而与之对照的正常的杆状病毒在感染细胞 5 天后，有高达 60% 的细胞发生了裂解。研究人员将其命名为 vC4。

研究发现，在杆状病毒感染细胞中有几丁质酶基因与组织蛋白酶基因的表达。其中几丁质酶基因主要在杆状病毒感染昆虫细胞的后期大量表达几丁质酶 A（ChiA），ChiA 上含有信号肽可以将 ChiA 转移到内质网上，并对分泌型外源蛋白和膜蛋白的表达造成消极的影响。组织蛋白酶基因主要编码组织蛋白酶，通过蛋白质水解作用降解外源蛋白，从而影响外源蛋白的表达。研究人员通过构建这两种基因缺失的重组杆状病毒，有效地降低了外源蛋白的降解，从而提高了外源蛋白的产量。

重组杆状病毒一般采用的是 polh 和 p10 启动子，它们都是极晚期启动子。在杆状病毒感染昆虫细胞晚期时，细胞内会含有各种蛋白酶及其他有毒的代谢产物，并且细胞也会发生裂解，释放大量蛋白水解酶，这会大大降低外源蛋白的表达产量，并影响外源蛋白的活性。研究人员发现通过启用一些杆状病毒早期启动子，或者构建早期/晚期杂合启动子，可以有效地避免细胞感染晚期不良环境对外源蛋白的影响。

另外，通过添加蛋白酶抑制剂（表 8-1）可以抑制各种蛋白酶的活性，降低外源蛋白被蛋白酶水解的风险，从而大大提高了外源蛋白的表达。

表 8-1　目前常用的蛋白酶抑制剂

蛋白酶抑制剂	杆状病毒载体	细胞系	生物学活性
E-64	BmNPV	Bm-N	蛋白酶活性完全抑制
亮抑蛋白酶肽	AcMNPV	Sf21	显著蛋白酶活性抑制
E-64			
对氯汞苯磺酸酯	BmNPV	Bm-N	促进蛋白质产物的聚集
胃酶抑素 A	AcMNPV	Sf21	促进上清液中蛋白质产物的聚集
亮抑蛋白酶肽			
胃酶抑素 A	AcMNPV	Sf9	促进蛋白质产物的聚集
抗蛋白酶肽			
苯甲基磺酰氟化物	AcMNPV	Sf9	对蛋白质水解的抑制
苯甲基磺酰氟化物	AcMNPV	*T.ni* larvae	降低蛋白酶活性
E-64	AcMNPV	Sf21	避免 prov-cath 的活化
胃酶抑素	AcMNPV	Sf21	防止上清液中蛋白质的降解
亮抑蛋白酶肽			
E-64			
a2-巨球蛋白			
E-64	BmNPV	*B.mori* larvae	抑制了 80%～90% 的蛋白酶活性
亮抑蛋白酶肽			

第三节　杆状病毒载体的医学应用

随着杆状病毒表达系统研究的不断深入和发展，其作为一种有效的生物技术工具已被广泛地运用于医学应用的各个方面。下面将从表达外源蛋白、杆状病毒表面展示、基因治疗、抗体与疫苗及基因工程病毒杀虫剂 5 个方面来展示杆状病毒表达系统在医学方面的具体应用。

一、表达外源蛋白

杆状病毒表达系统由于具有表达量大，安全性高，属于真核表达系统，且可以对外源蛋白进行必要的加工和修饰等优点，目前已被广泛地用于大量表达外源蛋白。表达的产物按照生物种类可分为 4 种：人类与人类病毒蛋白、动物与动物病毒蛋白、植物与植物病毒蛋白、昆虫蛋白与细菌蛋白。按照用途则可分为 3 种：生化及检测试剂、免疫疫苗和治疗药物。

二、杆状病毒表面展示

微生物表面展示技术是利用基因工程手段将外源肽或蛋白质通过融合蛋白的形式在微生物表面进行展示，并使被展示的多肽或蛋白质保持相对独立的空间结构和生物活性的新技术。常见的噬菌体和细菌表面展示技术采用的是原核表达系统，由于缺乏真核生物蛋白质正确折叠所需的分子伴侣及相关酶类，因此不能完成复杂真核生物蛋白质磷酸化、糖基化、甲基化、乙酰化、羟基化、二硫键异构化等翻译后修饰，致使表达展示的蛋白质活性受到限制。近年来，人们发展了杆状病毒表面展示等新的真核生物表面展示技术。杆状病毒表面展示系统是以杆状病毒为载体，将外源基因片段插入病毒包膜蛋白或衣壳蛋白的信号肽与成熟蛋白之间，从而使外源蛋白稳定地表达并展示于感染细胞、病毒粒子或病毒衣壳的表面。该系统属于高等真核生物展示系统，可弥补原核展示系统的不足，并保持表面展示系统的优点，在高亲和力抗体及多肽药物的筛选、蛋白质抗原表位分析、构建多肽文库和抗体库、新型疫苗研制、基因治疗等方面具有广阔的应用前景。目前，研究及应用最为广泛的是 AcMNPV 和 BmNPV 表面展示系统。

三、基因治疗

基因治疗是指向靶细胞或组织中引入外源基因 DNA 或 RNA 片段，以纠正或补偿基因的缺陷，关闭或抑制异常表达的基因，从而达到治疗疾病目的的生物医学新技术。目前研究较多的用于基因治疗的病毒载体有逆转录病毒、腺病毒、腺相关病毒、疱疹病毒和慢病毒等，这些病毒载体由于重组病毒制备、外源基因插入长度、感染细胞特异性、转导效率、免疫原性、细胞毒性和安全性等方面的缺陷限制了它们的使用。重组杆状病毒作为载体，可以将外源基因在哺乳动物启动子的调控下，有效地导入哺乳动物细胞尤其是肝组织细胞中，并且经修饰的重组杆状病毒还可以在体内传递基因。由于重组杆状病毒的感染复数不同、哺乳动物启动子的选择差异及报告基因的不同，其转导不同的哺乳动物细胞的效率和表达效率也不同。随着杆状病毒载体研究的发展，杆状病毒日益显示了其作为非复制型载体在基因治疗中的应用前景，开辟了杆状病毒应用研究的新领域。

杆状病毒作为基因治疗载体具有以下的优点：操作容易，实验流程简单快捷；重组病毒易于构建，容易获得高滴度病毒粒子；宽泛的细胞类型特异性，并可转导原代细胞；转导效率高，表达水平和稳定性高；具有很高的靶细胞/组织特异性；对细胞只有微小的毒性或者没有毒性，杆状病毒的转导不影响细胞的生长；可以用瞬时表达分析或稳定转染表达分析；杆状病毒基因组不能在哺乳动物细胞中复制，自身启动子一般也不能启动基因的表达；可同时转导几个不同的基因，生物安全性好。

四、抗体与疫苗

完整的抗体是由两条轻链与两条重链组成的异源二聚体，并且含有二硫键区域，这使得抗体的生产仅限于真核表达载体系统。从 20 世纪 80 年代开始，就有利用杆状病毒表达系统来生产抗体的研究，并于 1990 年首次报道了通过杆状病毒表达系统成功地制备了抗体。在早期的研究中，主要是通过共表达的方式，即将抗体的轻链和重链基因分别插入含有两个不同方向 polh 启动子的重组杆状病毒中进行表达。最近的一些研究主要是将抗体的轻链和重链基因分别插入含有 polh 和 p10 启动子的重组杆状病毒中。以上这两种方法都称为共表达。当然也有研究采用共感染的方式，即将抗体的轻链和重链基因分别插入两个重组杆状病毒中，然后共同感染同一个昆虫细胞来获得抗体。

利用杆状病毒表达系统来生产的疫苗主要是指病毒样颗粒（virus-like particle，VLP）疫苗。VLP 是由某些病毒的一种或多种结构蛋白组成的不含病毒核酸的空心颗粒。这些 VLP 大多可以自我组装，具有与天然病毒高度相似的空间结构，因而具有很好的免疫原性，同时由于 VLP 不含有核酸，因此没有感染性。因此，病毒样颗粒疫苗是一种安全、高效的候选疫苗。目前利用杆状病毒表达系统，通过共感染或者共表达或者二者兼备的方法已生产了多种病毒的 VLP（表 8-2）。在 2009 年，美国 FDA 批准了第一个通过杆状病毒表达系统生产的人乳头瘤病毒的 VLP 疫苗。

表 8-2　通过杆状病毒表达系统成功表达的病毒的 VLP

病毒名称	表达策略	表达蛋白
细小病毒 B19	共表达	VP1、VP2
	共感染	VP1、VP2
蓝舌病毒	共表达	VP3、VP7
	共表达、共感染	VP2、VP3、VP5、VP7
轮状病毒	共感染	VP2、VP6
	共感染	VP2、VP4、VP6
	共感染	VP2、VP6、VP7
	共感染	VP2、VP4、VP6、VP7
脊髓灰质炎病毒	共表达	VP0、VP1、VP3
	共感染	VP0、VP1、VP3
肠道病毒 71	共感染	P1、CD3
	共表达	P1、CD3

病毒名称	表达策略	表达蛋白
人乳头瘤病毒	共表达	L1、L2
	共感染	L1、L2
单纯疱疹病毒	共感染	VP23、VP5、VP21
	共感染	VP24、VP22a、VP26、VP19C
猿猴病毒 40	共感染	VP1、VP2、VP3
腺相关病毒	共感染	VP2、VP3
流感病毒	共表达	HA、NA、M1、M2
	共表达	HA、NA、M1
	共感染	HA、NA、M1
	共感染	HA、M1
	共感染	H5N1、HA、NA、M1
艾滋病病毒	共感染	Gag、protease
	共感染	Gag、Env
	共表达	Gag、Env
乙型肝炎病毒	共感染	Gag、Env
埃博拉病毒	共表达	Core、surface
汉滩病毒	共感染	VP40、GP
	共感染	NP、G1、G2

五、基因工程病毒杀虫剂

杆状病毒作为杀虫剂防治农林害虫的应用始于 20 世纪 70 年代初。目前利用杆状病毒作为杀虫剂受到世界各国的广泛重视。重组杆状病毒作为基因工程病毒杀虫剂(表 8-3)的突出优点是：对人畜安全，不伤害天敌，不污染环境，并有后效作用。

表 8-3　目前杆状病毒防治的几种代表性害虫

害虫	杆状病毒	为害作物
松黄叶峰	NPV	松树、针叶树
舞毒蛾	NPV	阔叶树
棉铃虫	NPV	棉花、高粱、玉米
黄衫毒蛾	NPV	黄杉
粉纹夜蛾	NPV	甘蓝
黎豆夜蛾	NPV	大豆
莲纹夜蛾	NPV	棉花
黄纹夜蛾	NPV	蔬菜
菜粉蛾	GV	蔬菜

目前在欧洲、美洲和亚洲已有多种杆状病毒杀虫剂注册或者商品化生产。其中在美国已运用杆状病毒杀虫剂来防治棉铃虫、黄衫毒蛾、舞毒蛾和松柏锯角叶蜂；在加拿大已运用杆状病毒杀虫剂来防治红头锯角叶蜂；在巴西，世界上最为成功的、防治面积最大的黎豆夜蛾核型多角体病毒（*Anticarsia gemmatalis* NPV，AgNPV）杀虫剂，商品名为

Multigen，主要用来防治大豆害虫梨豆夜蛾；在我国已有几十种 NPV 进行了不同程度的大田应用试验和大面积推广试验，其中第一个商品化的病毒杀虫剂是棉铃虫核型多角体病毒（*Heilicoverpa armigera* NPV，HearNPV），已被广泛地应用于棉铃虫的防治。目前已有 10 余种混配产品投入市场。

　　尽管杆状病毒杀虫剂的研制和应用得到较大的发展，但其过高的宿主特异性与缓慢的发病致死作用两大缺点也在一定程度上影响了病毒杀虫剂商品化的速度。杀虫谱过窄尽管对有益昆虫有利，但势必造成生产成本高，对生产者和使用者均不利。目前科学家正在考虑构建新的重组杆状病毒。首先就是更换启动子，polh 和 p10 启动子尽管表达强度高，但启动时间晚。杀虫剂要求作用时间尽可能短，因此更换早期启动子虽然表达强度低，但只要外源基因选择适当，少量蛋白质的积累就能导致虫体中毒麻痹，达到防治害虫的目的。其次，科学家正在考虑用不同类型外源基因来构建新的重组病毒。外源基因包括各种昆虫神经毒素、肽类激素、Bt 毒素蛋白、蛋白酶抑制因子等基因。这些外源基因产物发生作用的时间比野生型病毒引起的病理过程早，致死作用加快。基因工程病毒杀虫剂的研制不但可以克服杆状病毒固有的缺点，而且为扩大病毒杀虫功能提供了潜在可能。

六、展望

　　目前杆状病毒表达系统由于其独特的优势已经被广泛地应用于多个领域。然而，迄今对杆状病毒的基因组学，特别是功能基因组学的研究相对薄弱，有关病毒晚期基因的高表达和调控机制等仍不明了。另外，杆状病毒可能的其他宿主还不十分清楚，表达产物的纯化和多元表达等方面的技术还不够理想等，这些都需要今后进一步研究。相信，随着杆状病毒相关研究及技术的不断完善和改进，杆状病毒表达体统将会应用于更多的领域，发挥更大的作用。

（张芳琳　程林峰　第四军医大学）

复习思考题

　　1. 常用的杆状病毒载体的构建原理、方法。
　　2. 利用杆状病毒表达系统来生产病毒样颗粒疫苗的优势。

参 考 文 献

Ahrens CH，Russell RL，Funk CJ，et al. 1997. The sequence of the Orgyia pseudotsugata multinucleocapsid nuclear polyhedrosis virus genome. Virology，229（2）：381-399.

Ayres MD，Howard SC，Kuzio J，et al. 1994. The complete DNA sequence of Autographa californica nuclear polyhedrosis virus. Virology，202（2）：586-605.

Blissard GW. 1996. Baculovirus-insect cell interactions. Cytotechnology，20（1-3）：73-93.

Boublik Y，Di Bonito P，Jones IM. 1995. Eukaryotic virus display：engineering the major surface glycoprotein of the Autographa californica nuclear polyhedrosis virus（AcNPV）for the presentation of foreign proteins on the virus surface. Biotechnology（NY），13（10）：1079-1084.

Ernst WJ，Grabherr RM，Katinger HW. 1994. Direct cloning into the Autographa californica nuclear polyhedrosis virus for generation of recombinant baculoviruses. Nucleic Acids Res，22（14）：2855-2856.

Higgins MK，Demir M，Tate CG. 2003. Calnexin co-expression and the use of weaker promoters increase the expression of correctly assembled Shaker potassium channel in insect cells. Biochim Biophys Acta，1610（1）：124-132.

Hong SM，Yamashita J，Mitsunobu H，et al. 2010. Efficient soluble protein production on transgenic silkworms expressing cytoplasmic chaperones. Appl Microbiol Biotechnol，87（6）：2147-2156.

Kitts PA，Ayres MD，Possee RD. 1990. Linearization of baculovirus DNA enhances the recovery of recombinant virus expression vectors. Nucleic Acids Res，18（19）：5667-5672.

Kitts PA，Possee RD. 1993. A method for producing recombinant baculovirus expression vectors at high frequency. Biotechniques，14（5）：810-817.

Kut E，Rasschaert D. 2004. Assembly of Marek's disease virus（MDV）capsids using recombinant baculoviruses expressing MDV capsid proteins. J Gen Virol，85（4）：769-774.

Lu A，Carstens EB. 1992. Nucleotide sequence and transcriptional analysis of the p80 gene of Autographa californica nuclear polyhedrosis virus：a homologue of the Orgyia pseudotsugata nuclear polyhedrosis virus capsid-associated gene. Virology，190（1）：201-209.

Luckow VA，Lee SC，Barry GF，et al. 1993. Efficient generation of infectious recombinant baculoviruses by site-specific transposon-mediated insertion of foreign genes into a baculovirus genome propagated in Escherichia coli. J Virol，67（8）：4566-4579.

Luckow VA，Summers MD. 1988. Signals important for high-level expression of foreign genes in Autographa californica nuclear polyhedrosis virus expression vectors. Virology，167（1）：56-71.

Maeda S. 1989. Expression of foreign genes in insects using baculovirus vectors. Annu Rev Entomol，34：351-572.

Meller Harel HY，Fontaine V，Chen H，et al. 2008. Display of a maize cDNA library on baculovirus infected insect cells. BMC Biotechnol，8：64.

Miller LK. 1988. Baculoviruses as gene expression vectors. Annu Rev Microbiol，42：177-199.

Nakajima M，Kato T，Kanamasa S，et al. 2009. Molecular chaperone-assisted production of human alpha-1，4-N-acetylglucosaminyltransferase in silkworm larvae using recombinant BmNPV bacmids. Mol Biotechnol，43（1）：67-75.

Patel G，Nasmyth K，Jones N. 1992. A new method for the isolation of recombinant baculovirus. Nucleic Acids Res，20（1）：97-104.

Peakman TC，Harris RA，Gewert DR. 1992. Highly efficient generation of recombinant baculoviruses by enzymatically medicated site-specific *in vitro* recombination. Nucleic Acids Res，20（3）：495-500.

Shen X，Hu GB，Jiang SJ，et al. 2009. Engineering and characterization of a baculovirus-expressed mouse/human chimeric antibody against transferrin receptor. Protein Eng Des Sel，22（12）：723-731.

Smith GE，Summers MD，Fraser MJ. 1983. Production of human beta interferon in insect cells infected with a baculovirus expression vector. Mol Cell Biol，3（12）：2156-2165.

Sokolenko S，George S，Wagner A，et al. 2012. Co-expression vs. co-infection using baculovirus expression vectors in insect cell culture：benefits and drawbacks. Biotechnol Adv，30（3）：766-781.

Song M，Park DY，Kim Y，et al. 2010. Characterization of N-glycan structures and biofunction of anti-colorectal cancer monoclonal antibody CO17-1A produced in baculovirus-insect cell expression system. J Biosci Bioeng，110（2）：135-140.

Summers MD. 1971. Electron microscopic observations on granulosis virus entry，uncoating and replication processes during infection of the midgut cells of Trichoplusia ni. J Ultrastruct Res，35（5）：606-625.

Zhang L，Wu G，Tate CG，et al. 2003. Calreticulin promotes folding/dimerization of human lipoprotein lipase expressed in insect cells（Sf21）. J Biol Chem，278（31）：29344-29351.

第九章 甲 病 毒

甲病毒（alphavirus）属于披膜病毒科（Togaviridae），目前发现约 30 种病毒，其中 8 种与人类疾病相关。SFV 病毒组（Semliki forest virus，西门利克森林病毒）和 SIN 病毒组（Sindbis virus，辛德毕斯病毒）常被用来作为体外和体内的表达载体。甲病毒载体的宿主范围广谱，使其能在哺乳动物及非哺乳动物的细胞系、原代细胞培养物及体内的研究中使用。甲病毒的嗜神经元特性使其在神经生物学研究中特别有用。但甲病毒对宿主细胞有强烈的细胞毒性作用，因此甲病毒载体仅能在体内瞬时表达，限制了其在基因治疗方面的应用。近年研究发现的突变甲病毒表现出低的细胞毒性，能在体外长期表达，有益于其应用。此外，甲病毒载体易引起感染细胞凋亡的特性使其成为肿瘤基因治疗的策略之一。

第一节 甲病毒简介

一、生物学特性

（一）病毒分类

甲病毒属于披膜病毒科，目前发现约 30 种病毒，其中 8 种与人类疾病相关。根据地理分布和核酸序列可将甲病毒分为三大组，每组以其包含的代表性病毒的名称命名，即 VEE 病毒组（Venezuelan equine encephalitis virus，委内瑞拉马脑炎病毒），SFV 病毒组（Semliki forest virus，西门利克森林病毒），SIN 病毒组（Sindbis virus，辛德毕斯病毒）。甲病毒为虫媒病毒，蚊虫为主要传播媒介，可引起人和牲畜严重的传染病。

（二）病毒结构

甲病毒颗粒为球形结构，由双层类脂膜、核衣壳和含有 RNA 的核心 3 个基本成分组成。核衣壳由 240 个壳粒排列成 $T=4$ 的二十面立体对称结构。跨膜的 E1-E2 二聚体与分泌型的 E3 形成三聚体，构成刺突糖蛋白。因为外膜的类脂含量很高，所以甲病毒对乙醚和去污剂十分敏感。

甲病毒的基因组为单链线性正股 RNA，由 11 000～12 000 个核苷酸组成。分子质量 $4.3×10^9$Da（沉降系数为 49S），具有感染性。病毒 RNA 具有真核 mRNA 的典型特征，即 3′端有多聚腺苷酸（polyA）尾，5′端有帽子结构。病毒 RNA 可看作双顺反子 mRNA，包含 2 个可读框（ORF）。第一个 ORF 从基因组 5′端开始的前 2/3 基因片段，编码非结构蛋白——复制酶（replicase，Rep）。第二个 ORF 为基因组 3′末端后的 1/3 基因片段，编码病毒的结构蛋白。

（三）病毒复制

甲病毒核衣壳的 E1、E2 蛋白与敏感细胞上的受体结合，病毒被内吞进入细胞质。病毒的整个复制过程在细胞质内进行（图 9-1）。病毒包膜与内吞体膜融合释放基因组 RNA。基因组 RNA 的第一个 ORF 直接作为 mRNA，翻译合成复制酶（unprocessed Rep）。在复制酶的帮助下，以基因组 RNA 为模板合成全长的互补负链 RNA。之后，复制酶被细胞蛋白酶水解为 4 个非结构蛋白（non-structural protein，nsp1～nsp4）。4 个非结构蛋白形成四聚体，以负链 RNA 为模板合成多条全长正链 RNA，即 49S 基因组 RNA。同时，在非结构蛋白四聚体的帮助下，合成一条稍短的 26S 亚基因组 RNA（subgenomic RNA，sgRNA），即第二个 ORF。26S RNA 与 49S RNA 的 3′—OH 端 1/3 是相同的，也有帽子结构和多聚腺苷酸尾。在基因组 RNA 非结构基因与结构基因结合区的核苷酸序列是 26S sgRNA 的启动子（sg Pr）。26S RNA 翻译合成一个多聚蛋白前体（NH_2-C-E3-E2-6K-E1-COOH），通过自身切割，产生衣壳蛋白（C）和刺突蛋白（E1、E2 和 E3）。与小 RNA 病毒一样，刺突蛋白糖基化后，通过内质网和高尔基体搬运到细胞膜，成为一种穿膜蛋白。核衣壳蛋白则能识别插入的位点，最终包装成病毒颗粒，最后由细胞表面芽生释放病毒。

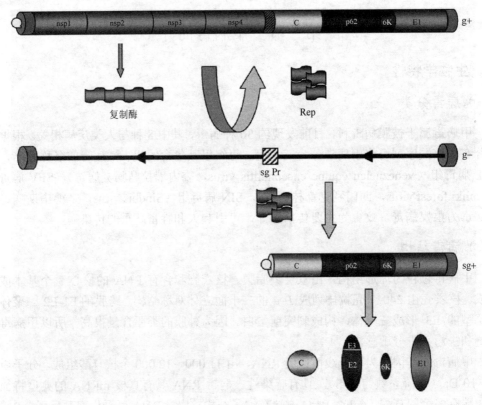

图 9-1　甲病毒的增殖过程

二、致病性

委内瑞拉马脑炎病毒

VEE 主要发生在委内瑞拉、哥伦比亚、厄瓜多尔、阿根廷等 10 余个国家。VEE 在马群中流行时也可感染人。人感染 VEE 常表现为轻到重度的呼吸道疾病，伴有严重的前额头痛、肌痛和高热。脑炎的病例并不多，感染主要发生于儿童，最早的症状是发热，随后很快发生头痛，并伴有下背部和腿的肌肉痛和寒战。成人约 0.4%、儿童约 4%发生脑炎。蚊虫是 VEE 的传播媒介。

辛德毕斯病毒

SIN 全球分布，感染后出现的症状称为"辛德毕斯热"，主要表现为发热、倦怠、头痛、关节痛和皮疹，皮疹发生在躯干和四肢，面部不出现皮疹。患者可自愈，无后遗症及死亡发生。SIN 的传播媒介以库蚊和伊蚊为主。

基孔肯雅病毒

以前人们认为只有 VEE 病毒组中的病毒对人具有高致病性，但 2005 年 SFV 病毒组中基孔肯雅病毒（Chikungunya virus，CHIK）在印度洋岛屿的爆发流行改变了人们的认识。CHIK 病毒的急性感染可引起发热、皮疹、关节炎等临床症状，在某些患者体内可能参与慢性风湿性关节炎的发生。在婴儿和老年人可引起较严重的症状，如脑炎、外周神经病等。CHIK 病毒感染的致死率约为 1∶1000。

第二节 甲病毒载体转基因技术原理

随着对甲病毒复制及包装机制的深入了解，人们致力于发展在动物细胞中高效表达异源 RNA 和蛋白质的甲病毒表达系统。甲病毒载体是一种高效表达载体，表达的外源蛋白可达细胞总蛋白的 25%～50%。外源蛋白的高效表达可能是因为重组甲病毒 RNA 在感染细胞细胞质中大量复制，通过竞争利用细胞的大部分翻译元件，或是因为选择性关闭了宿主特异性的蛋白质合成。但由于甲病毒载体易引起细胞凋亡，因此重组蛋白的表达往往是瞬时表达。甲病毒表达载体的优势有：较广谱的宿主范围，甲病毒可感染昆虫、鸟、哺乳动物细胞等；在细胞质中高水平表达 RNA 和蛋白质，不需要剪接；甲病毒 RNA 具有感染性，感染性的重组 RNA 可通过对全长 cDNA 的体外转录获得。

一、甲病毒表达载体的构建

构建甲病毒表达系统有以下两种策略：体外转录产生带甲病毒复制酶基因的感染性重组 RNA 分子，通过物理方法转染宿主细胞，甲病毒复制酶的表达帮助外源基因 RNA 转录，进而翻译出外源蛋白；体外转录产生带甲病毒复制酶基因的感染性重组 RNA 分子和复制缺陷的表达甲病毒结构基因的 RNA 分子，两者共转染宿主细胞，获得重组病毒颗粒（viral particle，VP）。VP 感染宿主细胞，重组 RNA 在复制酶的作用下自扩增，并转录出外源基因 RNA，翻译产生大量的外源蛋白。

构建甲病毒表达载体的基础是克隆全长甲病毒 cDNA，cDNA 置于原核启动子 SP6 或 T7 的控制下，利用噬菌体 RNA 聚合酶可在体外转录产生大量的感染性 RNA。逐步发展起来的有基于 SFV、VEE、SIN 和 CHIK 的表达载体。最初人们将外源基因插入甲病毒结构基因的上游或下游，构建可复制甲病毒载体（图 9-2A）。该甲病毒载体含有两个启动子，能高效表达外源蛋白，但同时能产生野生型病毒颗粒，安全性不高。而且这种可复制甲病毒载体在感染细胞中很快引起细胞凋亡,限制了外源蛋白的表达。此外,重组甲病毒载体的基因组大于野生型病毒的基因组,具有不稳定性。因此,对这种可复制甲病毒载体进行改造,以外源基因取代病毒的结构基因得到重组质粒,进一步构建了非复制型表达载体（图 9-2B）。非复制型甲病毒载体由于缺少病毒的结构基因,感染细胞后无法完成自我复制,因此也称为"自杀性载体"。据报道,1991 年 Peter 等把 SFV cDNA（pSP6-SFV4）的结构基因和非结构基因分开,构建了 SFV 表达载体系统。他们用 *Asu*II 和 *Nde*I 消化 pSP6-SFV4,切除其结构基因,但保留 26S RNA 的启动子、全部的非结构蛋白编码区、复制所需的顺式作用序列和包装序列。并在 26S RNA 启动子位点的下游插入多克隆位点序列和翻译终止盒,构建了非复制型表达质粒 pSFV1-3（图 9-2B）。同时,pSP6-SFV4 经 *Kpn*I 酶切消化,切除其非结构蛋白区和病毒包装序列,保留结构蛋白编码区和复制所需的顺式作用序列,构建了辅助病毒载体 pSFV-Helper1。

为进一步提高外源蛋白的表达水平,尝试将外源基因插入到衣壳 C 蛋白基因的 5′ 端下游（此区域为增强子区,enhancer,ENH）,发现外源蛋白的产量能提高 10～20 倍。但表达的外源蛋白 N 端有额外的残基。为去除外源蛋白的 N 端残基,在 C 蛋白增强子区和外源基因之间插入手足口病病毒 2A 蛋白酶序列。表达的融合蛋白在 2A 蛋白酶的作用下能自行切割,产生的外源蛋白仅在 N 端带一个额外的脯氨酸（图 9-2C）。

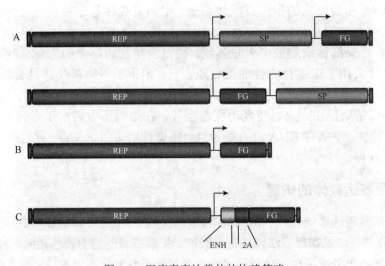

图 9-2 甲病毒表达载体的构建策略

二、甲病毒表达载体的转染

甲病毒载体导入细胞的方式有 3 种。直接转染法:外源基因克隆于编码甲病毒非结构基因而无结构基因的表达质粒上,体外转录产生大量的感染性重组 RNA,通过如电穿孔、脂质体或直接注射法导入细胞。重组病毒感染法:使用辅助载体获得感染性病毒。非复制型甲病毒载体仅编码病毒非结构基因和外源基因。辅助载体仅编码甲病毒的结构基因,而复制酶基因（病毒的包装信号位于其中）被删除。非复制型甲病毒载体和辅助载体均可通过体外转录产生感染性 RNA，共转染细胞。重组载体 RNA 在细胞中被 C 蛋白包装，产生感染性的重组病毒颗粒（VP）。由于辅助载体 RNA 不含包装信号，因此辅助载体 RNA 不能被包装。VP 再感染宿主细胞，重组载体 RNA 在复制酶的作用下扩增，转录外源基因 RNA，生产大量的外源蛋白。RNA 聚合酶依赖的 DNA/RNA 载体系统直接转染细胞：将 CMV 的早期增强子/启动子序列（IE）插入重组甲病毒 cDNA SP6 启动子的上游，或替换 SP6 启动子，同时在 cDNA 多克隆位点的下游插入 SV40 晚期聚 A 尾信号序列，能大大提高甲病毒载体的表达效率。这类载体称为 DNA/RNA 甲病毒载体系统。重组载体 DNA 直接转染宿主细胞，在细胞核内载体 DNA 由 RNA 聚合酶Ⅱ转录成 RNA，RNA 被转运至细胞质，合成甲病毒复制酶，帮助重组载体 RNA 的复制和转录（图 9-3）。

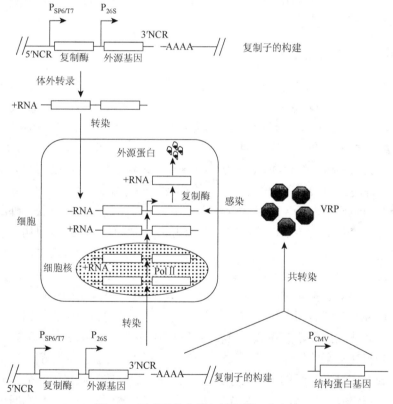

图 9-3　甲病毒载体导入细胞的 3 种方式

第三节　甲病毒载体的医学应用

一、蛋白质表达

甲病毒表达载体已被用于表达多种蛋白质，如 SFV 载体表达二氢叶酸还原酶（DHFR）、转铁蛋白受体、溶菌酶等多种胞内型、膜型和分泌型蛋白；SIN 载体表达日本脑炎和风疹病毒结构蛋白、流感病毒血凝素等；VEE 载体表达流感病毒抗原等。甲病毒载体表达外源蛋白水平的高低与多种因素有关，包括细胞外 KCl 浓度、感染后的时间、细胞种类、病毒滴度等。细胞被重组甲病毒载体感染后易诱导细胞的程序性死亡，在细胞死亡前，细胞所表达的蛋白质质量随时间的延长而增大。甲病毒可在多种细胞中复制，但其组织嗜性有很大差别。SIN 主要在成纤维细胞，SFV 主要在 BHK 细胞，VEE 主要在淋巴细胞中复制。甲病毒的神经嗜性，使其可突破血脑屏障，在神经元中表达外源蛋白。其在神经元中的复制效率和细胞毒性随病毒株和神经元的分化状态而异。由于包装容量有限，甲病毒载体对插入的外源片段的大小有一定限制，插入外源基因的大小会影响重组载体 RNA 的稳定性和表达水平。例如，在具有两个启动子的 SIN 载体中（图 9-2A），插入小于 2kb 的小片段比插入大片段更稳定；当外源基因插入结构基因上游时，重组 RNA 更稳定；而当外源基因插入结构基因下游时，外源基因的表达水平更高。

二、肿瘤疫苗与肿瘤治疗

　　肌内注射带有外源基因的质粒 DNA 可导致编码基因的长效表达，并激发机体产生相应的免疫应答，因此 DNA 疫苗被誉为第三代疫苗。目前的研究结果证实：DNA 疫苗可用于肿瘤治疗，但存在很多问题。其中的最大障碍是：外源基因以 DNA 的方式导入，导入的 DNA 可能被整合到细胞基因组，激活原癌基因，使细胞发生转化，造成致癌隐患。目前，探索用 RNA 替代 DNA 作为基因疫苗，既能克服 DNA 疫苗引起细胞转化的潜在危险，也解决了 DNA 通过核膜较困难的缺陷。甲病毒是单股正链 RNA 病毒，病毒的复制完全在细胞质中进行，用甲病毒载体将外源基因导入体内既可获得外源基因的高效表达，同时也避免了外源基因使细胞发生转化的潜在危险。此外，甲病毒载体的瞬时表达特性更适宜用作疫苗。非复制型甲病毒载体不表达自身的结构蛋白，载体本身引起的免疫应答弱，方便作为疫苗多次接种。甲病毒复制仅产生 4 种蛋白质（nsp1～nsp4），而腺病毒要复杂得多。腺病毒会产生包括特异抗原在内的多种结构蛋白，因而腺病毒载体在高效表达外源基因的同时也携带了具有一定免疫原性的自身结构蛋白。与传统的痘病毒和腺病毒载体相比，甲病毒载体疫苗具备以下的优点：抗原表达量高，接种少量病毒载体就可获得高水平的抗原表达，且抗原表达可持续 1～2 周，足以启动高效的免疫应答；甲病毒载体本身无广泛的免疫背景，具有较好的初次免疫效果；甲病毒在细胞质中除合成少量的病毒复制酶外，无其他结构蛋白产生，机体对甲病毒载体自身的免疫反应较低；宿主范围广谱。

　　早在 1975 年，Griffith 等报道，用体外感染野生型 SFV 的纤维瘤细胞免疫小鼠能引起抗肿瘤保护应答。之后直到 1999 年，Nicholas 研究小组再次报道了表达肿瘤相关抗原（tumor associated antigen，TAA）β-gal 的 SFV 或 SIN 载体能用于抗肿瘤的预防性疫苗。相关研究发现，虽然甲病毒载体表达的抗原量并不比普通 DNA 疫苗高，但使用远低于普通 DNA 疫苗剂量（1%）的甲病毒载体就能激发产生与 DNA 疫苗相当的抗肿瘤免疫。这些研究结果揭示增强的免疫应答与甲病毒引起的感染细胞凋亡有关。感染细胞的死亡促进了 DC 细胞和其他抗原呈递细胞对外源蛋白的摄取，从而增强了抗肿瘤相关抗原的免疫应答。或者，甲病毒载体能感染 DC 细胞，直接促进了外源蛋白的抗原呈递效率。甲病毒载体进入细胞，合成双链 RNA，启动 I 型干扰素应答，PKR、RNase L、RIG-I、MDA5 等分子活化，导致细胞凋亡。

1999 年 Colmenero 等用 SFV 感染性颗粒（VP）表达肥大细胞瘤相关抗原 P815A（其编码基因是 *P1A*），研究结果证实，用 SFV VP 预防接种小鼠后，能有效保护小鼠免受 P815 细胞的攻击。当 *P1A* 基因插入到 SFV 增强子下游时，P815A 抗原高水平表达，VP 表现出更强的保护效应。与表达 P815A 抗原的腺病毒载体或痘病毒载体相比，VP 诱导的预防肿瘤效果最好。虽然 VP 激活的肿瘤特异性 CD8$^+$ T 细胞数量不多，但受到肿瘤抗原刺激后能更好地扩增，表现出更好的免疫功能。

HER/neu 属于酪氨酸激酶受体家族，在 20%～30%的人类乳腺癌中表达。表达 neu 抗原的 SIN DNA 肌内注射 3 次（剂量为 100μg）能保护 80%的小鼠不被表达 neu 抗原的肿瘤细胞攻击。SIN-neu 与阿霉素或与表达 neu 抗原的腺病毒载体共同免疫小鼠能发挥治疗肿瘤的作用。VEE-neu VP 皮下注射能在约 36%的动物体内清除肿瘤，提示 VEE 对 DC 细胞的内在亲和性使 VEE VP 具有更好的免疫力。

HPV 16、HPV 18 型感染与宫颈癌的发生有密切的关系。E6、E7 蛋白被认为能促使细胞发生恶性转化。Jan 在 2000～2004 年发表了一系列研究结果：表达 E6、E7 的 SFV VP 不仅能预防肿瘤，还能清除肿瘤。特别是 *E6*、*E7* 基因插入 SFV 翻译增强子下游的载体（SFV-enhE6，E7）能激发较强的特异性 T 细胞应答。当 SFV-enhE6、E7 与 SFV-IL-12 共注射时能提高疫苗的抗肿瘤效应。尝试将 E7 与 Hsp70 融合表达或 E7 与单纯疱疹病毒的 VP22 蛋白融合表达，提高 E7 抗原经 MHC I 途径的呈递效率或提高 DC 细胞摄取 E7 抗原的效率，从而增强 SIN-E7 疫苗的免疫效果。

虽然表达肿瘤相关抗原的甲病毒载体能在某些肿瘤动物模型中表现出清除肿瘤细胞的能力，但甲病毒载体用于肿瘤治疗还存在一些问题，如有许多肿瘤，人们并不清楚其特异抗原，另外，表达肿瘤相关抗原的甲病毒载体免疫可导致对 TAA 免疫逃逸肿瘤细胞的出现。因此，改造甲病毒载体使其能激发强的抗肿瘤免疫应答是当下的研究目标。

Murphy 等报道，表达 GFP 的 SFV VP 高剂量、多次、肿瘤内注射能导致细胞凋亡和坏死，从而抑制肿瘤生长。同样表达报告基因的 SIN 载体也能表现出抑制肿瘤生长的治疗效果。

甲病毒载体表达细胞因子，如 IL-12、IL-15、IL-18 和 GM-CSF 等，能增强甲病毒载体的抗肿瘤免疫。特别是 SFV-enhIL-12 能高表达 IL-12，比表达 IL-12 的腺病毒载体更有力地激发抗肿瘤免疫应答。其机制可能是：甲病毒载体导致肿瘤细胞凋亡，使肿瘤抗原被更有效呈递给抗原呈递细胞；此外甲病毒载体进入肿瘤细胞，经 dsRNA 诱导 I 型干扰素产生，增强了抗肿瘤免疫（图 9-4）。

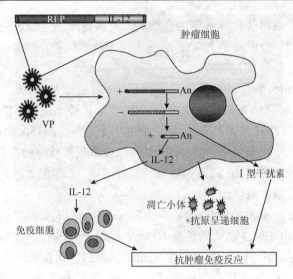

图 9-4　表达 IL-12 甲病毒载体的抗肿瘤机制

三、靶向性基因治疗

甲病毒可以自我复制并可感染多种哺乳动物细胞，具备作为基因治疗载体的基本条件。SIN 的 E2 蛋白能容纳任意的插入片段，虽然会减弱 SIN 对哺乳细胞的结合，但对病毒颗粒的包装和感染性并无大影响。1997 年 Ohno 等用 SIN 作导向性载体，将蛋白质 A 的 IgG 结合位点基因插入到病毒包膜蛋白 E2 区，使其形成融合蛋白。融合蛋白既改变了重组病毒的包膜糖蛋白，使重组病毒的感染性降低，又可与单克隆抗体结合，使重组病毒能感染表达相应抗原的靶细胞，从而使外源基因的导入具备靶向性。这一研究结果表明，融合表达 IgG 结合结构域的辅助病毒与 SIN 共转染所产生的重组病毒，通过结合的单克隆抗体建立起新的细胞靶向机制。选用不同的单抗即可改变 SIN 感染的肿瘤细胞，从而针对不同的靶细胞而无需重新构建质粒。但此种病毒载体由于不能感染肿瘤中的其他细胞，如 DC 细胞，削弱了其激发抗肿瘤免疫的能力，从而限制了其发展。使用甲病毒导向性载体面临的最大问题是：将靶向元件重组到病毒外壳有一定困难。为了使靶向具有较高的特异性，需要去除病毒与天然受体的结合位点，这会导致重组病毒对其他细胞感染能力的下降。用腺病毒和反转录病毒作导向性病毒载体都同样遇到了转染效率不佳的问题，可能是去除病毒与天然受体的结合位点后，靶向配体影响了病毒的穿入机制。

甲病毒导向性载体已获得一些成功经验，为基因治疗的载体构建打开了新思路，但也存在一些不足。除了神经细胞能产生持续的感染外，甲病毒感染大多数脊椎动物细胞会导致细胞凋亡，因此限制了该载体的应用。如果甲病毒导向性载体能在细胞内长期、稳定表达，其应用范围将会更广。甲病毒导致的细胞凋亡对杀灭肿瘤细胞有益，因此可应用于肿瘤治疗。目前的甲病毒导向性载体即使应用高纯度的单克隆抗体，其感染效率依然较低，推测甲病毒感染细胞除 E1、E2 的结合位点外还有其他结合位点。使用甲病毒导向性载体对单克隆抗体的纯度要求高，限制了其应用。Sawai 等的实验研究克服了定向载体必须使用单克隆抗体的缺陷。他们直接将人绒毛膜促性腺激素（HCG）的 α 和

β 基因与 SIN 的包膜蛋白融合，构建嵌合的辅助载体 RNA。当这种 RNA 与 SIN 载体共转染 BHK 细胞时，可获得带有嵌合包膜的重组病毒载体。这种载体对 BHK 细胞及不含有 HCG 受体的细胞感染率很低，但对含有 HCG 受体的细胞如绒毛膜肿瘤细胞具有定向感染的特点。因此，这种载体可携带目的基因定向导入靶细胞，用于肿瘤的基因治疗。如果能建立合适的包装细胞系，并克服转染细胞出现的凋亡，甲病毒导向性载体有望成为继逆转录病毒载体、腺病毒载体、腺相关病毒载体之后又一具有挑战性的基因治疗载体。

四、展望

甲病毒载体目前尚存在一些缺陷，如甲病毒载体转染后可引起细胞凋亡，使用辅助 RNA 包装的重组病毒不能传代，且具有产生野毒株的潜在危险。尽管用于构建载体的甲病毒已证实不引起人类疾病，基于生物安全考虑，也应尽可能减少病毒扩散的机会。因此，研制安全有效的甲病毒包装细胞系，产生有复制能力的重组 RNA，特别是构建可调节的 RNA，从而控制翻译效率和调节 mRNA 的稳定性，会使甲病毒载体的应用更加广泛。

（徐 飚 华中科技大学同济医学院）

复习思考题

1. 甲病毒载体的转基因技术原理。
2. 甲病毒载体的医学应用。

参 考 文 献

Liljeström P, Lusa S, Huylebroeck D, et al. 1991. *In vitro* mutagenesis of a full-length cDNA clone of Semliki Forest virus: the small 6, 000-molecular-weight membrane protein modulates virus release. J Virol, 65（8）: 4107-4113.

Lundstrom K, Rotmann D, Hermann D, et al. 2001. Novel mutant Semliki Forest virus vectors: gene expression and localization studies in neuronal cells. Histochem Cell Biol, 115（1）: 83-91.

MacDonald GH, Johnston RE. 2000. Role of dendritic cell targeting in Venezuelan equine encephalitis virus pathogenesis. J Virol, 74（2）: 914-922.

Mahito N, Makoto O. 2012. Development of sendai virus vectors and their potential applications in gene therapy and regenerative medicine. Current Gene Therapy, 12（5）: 410-416.

Murphy AM, Morris-Downes MM, Sheahan BJ, et al. 2000. Inhibition of human lung carcinoma cell growth by apoptosis induction using Semliki Forest virus recombinant particles. Gene Ther, 7（17）: 1477-1482.

Nagai Y. 1995. Virus activation by host proteinases: a pivotal role in the spread of infection, tissue tropism and pathogenicity. Microbiol Immunol, 39（1）: 1-9.

Näslund TI, Uyttenhove C, Nordström EK, et al. 2007. Comparative prime-boost vaccinations using Semliki Forest virus, adenovirus, and ALVAC vectors demonstrate differences in the generation of a protective central memory CTL response against the P815 tumor. J Immunol, 178（11）: 6761-6769.

Okada Y. 1993. Sendai virus-induced cell fusion. Methods Enzymol, 221: 18-41.

Onimaru M, Yonemitsu Y, Tanii M, et al. 2002. Fibroblast growth factor-2 gene transfer can stimulate hepatocyte growth factor expression irrespective of hypoxia-mediated downregulation in ischemic limbs. Circ Res, 91（10）: 923-930.

Pugachev KV, Mason PW, Shope RE, et al. 1995. Double-subgenomic Sindbis virus recombinants expressing immunogenic proteins of Japanese encephalitis virus induce significant protection in mice against lethal JEV infection. Virology，212 （2）：587-594.

Pushko P，Parker M，Ludwig GV，et al. 1997. Replicon-helper systems from attenuated Venezuelan equine encephalitis virus： expression of heterologous genes *in vitro* and immunization against heterologous pathogens *in vivo*. Virology，239（2）：389-401.

Quetglas JI，Ruiz-Guillen M，Aranda A，et al. 2010. Alphavirus vectors for cancer therapy. Virus Res，153（2）：179-196.

Riezebos-Brilman A，Regts J，Chen M，et al. 2009. Augmentation of alphavirus vector-induced human papilloma virus-specific immune and anti-tumour responses by co-expression of interleukin-12. Vaccine，27（5）：701-707.

Slobod KS，Shenep JL，Luján-Zilbermann J，et al. 2004. Safety and immunogenicity of intranasal murine parainfluenza virus type 1（Sendai virus）in healthy human adults. Vaccine，22（23-24）：3182-3186.

Takimoto T，Murti KG，Bousse T，et al. 2001. Role of matrix and fusion proteins in budding of Sendai virus. J Virol，75（23）：11384-11391.

Tamm K，Merits A，Sarand I. 2008. Mutations in the nuclear localization signal of nsP2 influencing RNA synthesis，protein expression and cytotoxicity of Semliki Forest virus. J Gen Virol，89（Pt 3）：676-686.

Tseng JC，Levin B，Hirano T，et al. 2002. *In vivo* antitumor activity of Sindbis viral vectors. J Natl Cancer Inst，94（23）：1790-1802.

Uchida T，Kim J，Yamaizumi M，et al. 1979. Reconstitution of lipid vesicles associated with HVJ（Sendai virus）sikes. Purification and some properties of vesicles containing nontoxic fragment A of diphtheria toxin. J Cell Biol，80（1）：10-20.

Vähä-Koskela MJ，Tuittila MT，Nygårdas PT，et al. 2003. A novel neurotropic expression vector based on the avirulent A7 （74）strain of Semliki Forest virus. J Neurovirol，9（1）：1-15.

Vanlandingham DL，Tsetsarkin K，Hong C，et al. 2005. Development and characterization of a double subgenomic chikungunya virus infectious clone to express heterologous genes in Aedes aegypti mosquitoes. Insect Biochem Mol Biol，35（10）：1162-1170.

Wang X，Wang JP，Rao XM，et al. 2005. Prime-boost vaccination with plasmid and adenovirus gene vaccines control HER2/neu+ metastatic breast cancer in mice. Breast Cancer Res，7（5）：580-588.

Xiong C，Levis R，Shen P，et al. 1989. Sindbis virus： an efficient，broad host range vector for gene expression in animal cells. Science，243（4895）：1188-1191.

Ying H，Zaks TZ，Wang RF，et al. 1999. Cancer therapy using a self-replicating RNA vaccine. Nat Med，5（7）：823-827.

第十章　仙台病毒

仙台病毒（sendai virus，SeV）于1953年在日本仙台获得分离和鉴定，又称乙型副流感病毒Ⅰ型（mouse parainfluenza virus type 1）、日本凝血病毒（hemagglutinating virus of Japan，HVJ），属副黏病毒科副黏病毒亚科呼吸道病毒属病毒，是基因组不分节段的单负链RNA（–ss RNA）包膜病毒，其包膜具有细胞融合活性。仙台病毒是引起啮齿目动物呼吸道感染的主要病原体，对人类的致病性尚无定论，多被视为条件致病性病原体。近年来，仙台病毒由于其低毒性、基因表达高效性、宿主范围广谱性及目的蛋白细胞质表达等特点，在重组病毒载体的应用中日益受到重视。

第一节　仙台病毒简介

一、生物学特性

（一）病毒结构

仙台病毒的病毒颗粒为球形，平均直径为260nm，为嗜肺单负链RNA病毒，Z株全基因序列在1986年获得测序，整个基因组RNA含有15 384个核苷酸，由6个顺反子组成，编码6个病毒结构蛋白和2个非结构蛋白。每个顺反子都有精确的转录起始和终止位点，除P区以外，其他顺反子都只编码一个多肽，P区编码P、C和V 3种蛋白质（图10-1）。

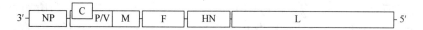

图10-1　仙台病毒的基因组结构（编码NP、P、M、F、HN和L 6个结构蛋白和C、V 2个非结构蛋白）

成熟的病毒体有6种结构蛋白，HN（72kDa）、F（65kDa）、M（34kDa）、NP（60kDa）、P（79kDa）及L（200kDa）。这种简单的结构有利于用治疗性基因替换与病毒复制和基因表达无关的F、HN和M 3个蛋白质的基因，构建重组病毒颗粒。核衣壳蛋白（NP）、磷蛋白（P）和大蛋白（L）与基因组RNA组成RNP复合体，即病毒核衣壳。RNP复合体形式一方面可以保护基因组RNA免受RNA酶的作用而发生降解，另一方面NP、P和L蛋白协同作用，成为RNA依赖的RNA聚合酶，在仙台病毒进入宿主细胞时，直接启动病毒的生物合成。NP蛋白是核衣壳的主要结构成分，约2600个NP分子紧紧围绕着RNA。衣壳化使得RNA不易于被RNA酶接触，保护RNA不受降解，以作为病毒RNA依赖的RNA聚合酶合成的模板。NP蛋白在仙台病毒复制过程中起到重要的作用，调控聚合酶从转录型转变为复制型。L蛋白和P蛋白在核衣壳中的含量较低，L蛋白是具有多种酶功能的复合蛋白，具有起始、延伸和终止转录、复制产物及甲基化、带帽、聚腺苷酸化等多种功能。P 蛋白参与 RNA 合成的多种蛋白质相互作用，它与 L 蛋白形成复合物组成 RNA 聚合酶，帮助 L 蛋白的正确折叠，介导聚合酶与核衣壳的结合。基质（M）蛋白排列组成基质，连接核衣壳与包膜，M 蛋白在病毒颗粒形成中发挥重要的作用。仙台病毒颗粒是在细胞膜上称为"脂筏"的结构内形成，在脂筏内，M 蛋白连接核衣壳与包膜蛋白并起到富集作用，促进完整病毒颗粒的组装。M 蛋白也参与病毒的出芽过程，故而 M 蛋白称为仙台病毒装配与出芽的驱动器。

仙台病毒的包膜具有细胞融合活性，镶嵌了 2 种跨膜糖蛋白，血凝素神经氨酸酶（HN）蛋白和融合（F）蛋白，形成刺突。HN 蛋白具有血凝素和神经氨酸酶活性，特异性识别细胞表面唾液酸受体，介导病毒的吸附；在病毒释放过程中，HN 蛋白发挥神经氨酸酶活性切割掉宿主细胞表面唾液酸残基，促进子代病毒的释放，并避免病毒颗粒的自身集聚；HN 蛋白还参与膜融合过程。F 蛋白介导病毒-细胞融合或细胞-细胞融合，具有溶血活性，帮助感染扩散。仙台病毒表面初合成的 F 蛋白为无活性的 F0 形式，由二硫键连接的两个亚单位构成，病毒表面的 F0 被一种类胰酶的内源蛋白酶切割为 F1 和 F2，病毒才能获得感染力。在缺乏水解 F0 的蛋白酶的细胞中，产生的病毒颗粒仅能与靶细胞结合，但不具有感染性，其基因组不能进入靶细胞。由于啮齿目动物呼吸道 clara 细胞能分泌此类蛋白酶，因此仙台病毒主要感染啮齿目动物呼吸道。在体外细胞培养体系获得成熟仙台病毒颗粒时也需要加入类胰酶以诱导 F0 酶切以产生有活性形式的病毒，即感染性病毒颗粒。

仙台病毒基因组还编码 2 个非结构蛋白，C 和 V 蛋白。其中 C 蛋白功能复杂，它可对抗 IFN 的抗病毒效应、降低病毒 RNA 合成、促进病毒组装，并且主要表达于病毒感染的细胞内。C 蛋白发挥抗 IFN 效应是通过降低 STAT1 的稳定性，从而阻止 IFN 发挥效应诱导细胞进入抗病毒状态，此外 C 蛋白还可阻止程序性细胞死亡。V 蛋白对于病毒在体外培养系统中复制并不重要，但 V 蛋白与病毒感染小鼠的致病性相关。

以上由仙台病毒基因组编码的翻译产物也许并不是仙台病毒基因组所编码的所有蛋白质。近年来有科学家发现仙台病毒基因组 P 区还编码一个 10kDa 的小蛋白，X 蛋白，但它的具体功能尚未知。此外，P 区编码的 C 蛋白共有 4 种，为共 C 端蛋白，统称为 C 相关蛋白，其中对 C 蛋白的研究较多，其他蛋白质功能尚未明确。

（二）病毒复制

仙台病毒复制周期和其他副黏病毒相似，仙台病毒通过病毒颗粒表面的 HN 和 F 糖蛋白吸附于宿主细胞表面，HN 与普遍表达于哺乳动物细胞表面乙酰类唾液酸受体结合，F 糖蛋白进而与细胞膜上脂质结构如胆固醇结合，诱导病毒与细胞的融合，介导核衣壳进入宿主细胞内。仙台病毒核衣壳进入细胞后，核衣壳自身携带的聚合酶（polymerase）以基因组 RNA 为模板转录并翻译出病毒结构蛋白，促使聚合酶由转录模式转为复制模式，迅速在宿主细胞细胞质内复制出病毒基因组；通过初始转录形成 mRNA，并启动基因表达，翻译出结构蛋白，包装产生子代病毒颗粒以出芽方式释放。仙台病毒的整个复制过程在细胞质内完成，不形成 DNA 中间体。

二、致病性与免疫性

仙台病毒于 1953 年在日本仙台从罹患肺炎的新生婴儿肺组织中首次获得分离，并命名为新生儿肺炎病毒（仙台型）。从死于新生儿肺炎的婴儿肺组织内分离出的病毒在小鼠体内首次获得分离培养，并在小鼠肺引起肺炎样病变。但迄今为止这个事例仍存在争议。部分学者认为，自然界中小鼠普遍受仙台病毒感染，因而用小鼠分离培养获得人体感染标本中的仙台病毒并不准确。仙台病毒的自然感染在世界范围内广泛分布，主要发生于各小鼠群体，仓鼠、豚鼠、大鼠等啮齿目动物也可发生仙台病毒感染引起肺炎。在仙台病毒自然感染过程中，病毒主要在呼吸道上皮细胞内复制。尽管其他脏器的多种细胞类型都具有仙台病毒感染所需受体，然而啮齿目动物呼吸道上皮细胞内，因可产生具有介导病毒-细胞融合的蛋白酶，clara 类胰蛋白酶，而成为仙台病毒的易感细胞。clara 类胰蛋白酶可特异性切割病毒融合糖蛋白 F 蛋白的第 116 位精氨酸残基而活化该蛋白质。宿主感染组织病理学分为：急性阶段，其特征是对病毒的炎症反应和靶细胞溶解，病理变化包括水肿、被感染的细支气管段黏膜固有层、肺泡中多形核白细胞浸润；修复阶段，其特征是再生的靶细胞/组织上皮增生；恢复阶段，其特征是肺实质瘢痕化收缩。人类有可能只是仙台病毒造成机会性感染的宿主。在野生型仙台病毒感染小鼠模型中，观察到仙台病毒能激发较强的细胞免疫。

三、微生物学检测方法

在病毒感染后一周可考虑检测病毒抗原。病毒分离可使用鸡胚或细胞培养系统获得分离培养。MDCK 细胞（犬肾细胞）、LLC-MK2 细胞、Vero 细胞（非洲绿猴肾细胞）、BHK-21 原代猴肾细胞、仓鼠细胞、小鼠细胞等都可用于仙台病毒的分离培养。仙台病毒也可用鸡胚分离鉴定，对 8～13 日龄的鸡胚采用绒毛尿囊腔或羊膜腔接种，10 天后即可收集病毒。检测仙台病毒特异性抗原的免疫细胞化学和免疫组织化学可增加诊断的特异性和敏感性。RT-PCR 技术也被发展用于仙台病毒的检测。在血清学检测方面，仙台病毒感染后可产生强而持久的血清抗体，数种血清学方法如血凝抑制试验、血吸附抑制试验、免疫荧光抗体检测试验、微量中和试验、琼脂扩散试验、玻片免疫酶法和酶联免疫吸附试验等都可用于检测病毒感染。血凝抑制试验能较特异地区分仙台病毒和 HA-2 病毒，但其敏感性较低。免疫荧光抗体检测和酶联免疫吸附试验的敏感性和特异性均较强。玻片免疫酶法不需要特殊的设备，结果易于判断，适用于大批量标本的检测。

第二节　仙台病毒载体转基因技术原理

逆转录基因操作技术的发展，开启了利用 RNA 病毒作为转基因载体的技术之门。分节段或不分节段的负链 RNA 病毒基因组可逆转录获得基因组 cDNA 克隆，并以此为基础拯救出（rescue）感染性病毒颗粒。这类病毒包括不分节段的副黏病毒科（Paramyxoviridae）、弹状病毒科（Rhabdoviridae）、丝状病毒科（Filoviridae）和博尔纳病毒科（Bornaviridae）及基因组分为 2~8 个节段的沙状病毒科（Arenaviridae）、布尼亚病毒科（Bunyaviridae）和正黏病毒科（Orthomyxoviridae）。与人类疾病相关的病毒有呼吸道合胞病毒、麻疹病毒、腮腺炎病毒、流感病毒、埃博拉病毒、马尔堡病毒和副流感病毒。其中仙台病毒，或称鼠副流感病毒 I 型，由于与人副流感病毒 I 型亲缘性强，日益受到重视，成为基因治疗载体的研究热点。基于全长基因组 cDNA 的重组仙台病毒已于 1995 年成功获得构建。随后在仙台病毒基因组中安装不同外源基因的各种病毒载体获得构建。仙台病毒作为转基因载体具有以下基本特点：病毒整个复制周期在宿主细胞细胞质内完成，不会与宿主 DNA 发生整合；由于病毒基因组被结构蛋白紧密包裹，不同毒株基因组不发生同源重组；宿主细胞广谱，可在多种细胞内获得较强或可调控的病毒基因表达；转导效率不依赖于靶细胞细胞周期；病毒表面糖蛋白决定载体颗粒的亲嗜性；仙台病毒和人类任何疾病没有相关性，安全性高。

一、构建原理

仙台病毒属于非节段负链 RNA 病毒（nonsegmented negative-strand RNA virus，NNSV），通过反向遗传技术（reverse genetic），把编码病毒功能性核衣壳成分的质粒（病毒全长基因组或反基因组 RNA）和参与病毒复制与转录的主要蛋白质成分（NP、P 和 L）共转染细胞，可将 NNSV 拯救出来。

仙台病毒单负链 RNA 基因组包含 15 384 个核苷酸，与 NP 蛋白紧密结合。RNA 的有效复制需遵循"6 碱基原则"，这可能是由于每个 NP 蛋白单体与 6 个核苷酸相互作用形成复合体。只有遵循 6 碱基原则，病毒才能有效的转录、复制和包装，因此在插入外源基因构建 cDNA 克隆时应考虑这一点。由于仙台病毒野毒株自然感染的生物周期的启动依赖于病毒自身携带的 RNA 聚合酶，因此在体外拯救过程中，需要引入 T7 RNA 聚合酶辅助病毒合成。T7 RNA 聚合酶的引入可通过以下方式：共转染表达 T7 RNA 聚合酶的重组痘病毒；宿主细胞选择可稳定表达 T7 RNA 聚合酶的细胞，如幼仓鼠肾细胞系；共转染编码 T7 RNA 聚合酶的质粒。通过反向遗传技术构建 NNSV 载体可保证载体的安全性，此外，在重组病毒载体的构建中，可将编码外源基因的 cDNA 插入病毒基因组获得可编码外源蛋白的重组载体，也可用外源基因 cDNA 替代载体基因骨架的某一抗原编码序列，这种操作也称为抗原嵌合病毒。

第一代仙台病毒载体保留了病毒基因组全长，将表达 NP、P 和 L 蛋白的基因的重组质粒与含病毒全长反义基因组的质粒共转染进入预先感染有能表达 T7 RNA 聚合酶的重组痘苗病毒的细胞，在细胞内转染的质粒通过形成 RNP，在聚合酶的作用下进行复制、转录和翻译，即组装和释放出完整的病毒粒子。外源 DNA 被插入第一代仙台病毒载体全长基因组的 3'端和 NP 蛋白之间。这一类载体可复制，接种细胞或受精鸡胚进行培养可产生大量外源 DNA 编码产物。

第二代仙台病毒载体为缺失部分基因，如 F 蛋白基因的传播缺陷型病毒载体，安全性高，载体容量更大，同时可降低机体的抗病毒免疫反应。F 蛋白基因缺失的仙台病毒载体（SeV/dF）由日本 DNAVEC 株式会社开发，病毒 F 蛋白由包装细胞 LLC-MK2/F 反式提供，这一载体保留了高效感染细胞的能力，但形成的子代病毒虽可释放到细胞却没有感染能力，属于传播缺陷型载体。目前，缺失 M 蛋白基因或 HN 蛋白基因载体的构建也有报道，然而基因缺失载体的复制能力受到影响，使得收获的病毒颗粒滴度较低。还有将紫外灭活的病毒颗粒改造成转基因载体的非复制型包膜病毒载体（HVJ envelope vector，HVJ-E）。

总体来说，基于全长基因组的第一代载体在细胞培养或鸡胚培养体系收获的滴度可达 $10^9 \sim 10^{10}$ pfu/ml，缺失 F 蛋白基因的第二代传播缺陷型载体复制能力由于基因缺陷而较弱，收获滴度约为 10^8 pfu/ml。

二、发展方向

（一）外源基因的插入长度和稳定性

仙台病毒载体插入外源基因片段长度的限制性目前为止尚未明确，一般多控制在 3.4kb 左右，但更长的基因片段或者多基因片段也可以成功插入，还可插入 EGFP、luc 或 lacZ 等标记蛋白表达序列。此外，仙台病毒还可作为有效表达分泌性蛋白的载体。有课题组利用仙台病毒载体表达 HIV 包膜蛋白 gp120，表达量大于 $6.0\mu g/10^6$ 细胞，是目前在哺乳动物细胞培养体系可达的最大表达量。插入基因的遗传稳定性是值得关注的问题，通过对外源性表达氯霉素乙酰转移酶（chloramphenicol acetyltransferase，CAT）表达序列的监测，细胞传代超过 25 代之后仍能保证 *CAT* 基因序列的正确性，表明仙台病毒作为表达载体表达外源基因有一定的稳定性。

（二）外源基因表达的调控

野生型仙台病毒基因组的转录具有一个重要的特点，转录梯度，即基因表达效率随着基因与病毒 3′领头序列的距离增加而降低，也称为"极性作用"。因此在宿主细胞内，仙台病毒结构蛋白表达丰度最高的是 NP 蛋白，而最低的是 L 蛋白。这一特性可被用来设计外源基因插入病毒骨架的区域以调控外源基因的表达强度。大多数研究都将外源基因插入 1 区，即 3′领头序列和 NP 蛋白序列之间。有趣的是，外源基因插入的位点决定了子代病毒的滴度，外源基因插入位点离 5′越近，载体增殖可获得的滴度越高。此外，不同 ORF 的转录起始调控序列的功能强弱也决定了外源基因的表达效率，有研究表明 F 蛋白基因的转录起始信号具有较弱的起始活性。因而通过对这些特性的调控可调节外源基因的表达强弱。

（三）其他考虑

（1）发展缺失更多与复制无关的基因，如 F、M 等蛋白基因缺失的载体。一方面可提高载体的安全性，降低病毒促进膜融合所造成的细胞毒性；另一方面可减弱机体对病毒载体的免疫清除。

（2）调节病毒的组织亲嗜性。仙台病毒感染所识别的唾液酸受体广泛分布于动物细胞，因而可感染多种类型的细胞，如呼吸道上皮细胞、心血管内皮细胞、视网膜上皮细胞、肝细胞、肠上皮细胞、神经元、树突细胞、造血干细胞等。发展组织/细胞特异性感染的仙台病毒载体可实现严格靶向性治疗，对仙台病毒包膜糖蛋白 HN 和 F 的改造可能可改变病毒的感染亲嗜性，以达到对不同疾病治疗的特异性。

（3）提高外源基因表达的时相性和遗传稳定性。虽然在体外细胞培养体系中，重组仙台病毒载体可稳定表达外源基因，甚至到 25 代细胞传代时仍可检测到外源蛋白的表达。然而，在动物模型研究中，通过不同的途径接种，病毒在体内停留的时间从 1 周至 30 天长短不同，具体影响机制尚不明确。

第三节　仙台病毒载体的医学应用

作为在自然界主要感染啮齿目动物的病原体，仙台病毒对人是非致病性病原体。早在对仙台病毒分子水平的研究之前，通过紫外照射或碱性试剂灭活的仙台病毒颗粒就被用作融合试剂以制备杂交瘤细胞，通过膜融合介导大分子如蛋白质和核酸进入哺乳动物细胞。完整的活病毒颗粒还被用作干扰素诱生剂。这些应用的开展归因于仙台病毒对人类既不致瘤也不致病，仙台病毒的膜融合受物种和细胞特异性影响较小。此外，仙台病毒鸡胚培养系统已成功建立，单只受精鸡胚可获得毫克级纯化病毒颗粒。这些特点都使得仙台病毒在医学上的应用越来越受到重视。

仙台病毒载体的早期应用，主要利用了病毒对呼吸道上皮细胞的亲嗜性来治疗呼吸系统疾病，如 ΔF-SeV 被用来治疗囊性肺纤维化。近年来的临床实践主要集中于以下领域，减毒活疫苗、严重肢体缺血的基因治疗、肿瘤、核重编程等基因治疗和操作。仙台病毒与人副流感病毒 I 型（hPIV-1）高度同源，hPIV-1 在人群中感染率达 75%，且可引起反复感染，以仙台病毒为载体进行基因治疗，如何规避人体自然感染 hPIV-1 所获得的抗体对仙台病毒载体的清除，仍需深入研究。

一、减毒活疫苗

重组仙台病毒载体多被用来诱导黏膜免疫。仙台病毒和引起人类肺炎、喉气管支气管炎的人副流感病毒 I 型（hPIV-1）具有共同免疫原性，可作为抗 hPIV-1 的异嗜性减毒活疫苗。I 期临床试验中，仙台病毒野毒株通过滴鼻途径接种，未产生任何不良反应。该研究也明确了仙台病毒不引起人类发病。表达 hPIV-1、hPIV-2、hPIV-3 和呼吸道合胞病毒（RSV）包膜蛋白的复制型重组仙台病毒载体也获得构建，其有效性在动物模型上获得验证。以仙台病毒为载体的抗 HIV、流感病毒、乳头瘤病毒、疱疹病毒等的疫苗也正在研制中。向仙台病毒载体中导入 HIV 所编码基因而研制的疫苗，经鼻腔接种后，仙台病毒约 2 周后消失，但由其所导入的 HIV 的基因编码蛋白，会促使人体免疫系统产生抵御 HIV 的物质，该疫苗由国际艾滋病疫苗倡议组织（IAVI）和日本 DNAVEC 株式会社联合研制，在英国和卢旺达等地进入临床试验阶段。以仙台病毒为载体构建的疫苗需考虑到人体自然感染 hPIV-1 所获得的抗体将有可能清除仙台病毒，造成干扰。

二、治疗肢端缺血

表达促血管细胞因子-成纤维细胞生长因子（FGF-2）的复制缺陷型（F 蛋白基因缺

陷）仙台病毒载体被用于治疗严重肢端缺血性疾病的研究。一项 1/2a 期临床试验于 2006 年在日本九州大学进行。5×10^9 pfu/kg 体重的 rSeV-FGF2 经由肌内注射。虽然到目前该研究的结果尚未公布，但并无严重不良事件报道。这一试验也是第一次尝试将重组仙台病毒载体通过直接注射的途径应用于人体。

三、治疗肿瘤

用仙台病毒载体治疗肿瘤正处于临床前研究。引入外源性表达 IFN-β 的 rSeV-IFNβ 可活化树突细胞达到杀瘤作用。rSeV/dMFct14（uPA2）被喻为生物刀（bioknife），在动物模型观察到可治疗恶性胶质瘤等恶性肿瘤。生物刀的构建是通过改变病毒 F0 切割位点为尿激酶型纤溶酶原激活物（uPA）、去掉 M 蛋白基因以干扰病毒合成。改建的病毒载体通过膜融合在细胞间扩散。因 uPA 多在癌细胞表面活化，并与肿瘤转移相关，故该病毒主要在恶性细胞内扩散并通过细胞毒效应杀灭细胞。也有报道，将仙台病毒活病毒颗粒通过紫外线照射灭活，破坏病毒基因组，保留包膜结构以维持细胞融合活性，并进而将质粒 DNA、siRNA 或抗肿瘤蛋白导入，制备成非复制型包膜病毒载体（HVJ envelope vector，HVJ-E）。由于病毒基因已被灭活，在感染细胞内病毒基因无法获得复制和表达，但外源基因可获得表达。HVJ-E 在荷瘤小鼠体内可通过诱导 CTL 和 NK 细胞活化而引起较强的抗肿瘤免疫反应，并通过促进 DC 细胞分泌 IL-6 以抑制 Treg 的免疫抑制作用。被灭活降解的病毒 RNA 片段还可被固有免疫系统识别诱导 IFN-β 产生。这些机制使得 HVJ-E 可成为有效的抗肿瘤基因治疗载体。HVJ-E 是目前唯一的一个复制无能型溶瘤病毒（replication-incompetent oncolytic virus），在美国、欧洲、中国、加拿大、韩国、中国台湾和日本已取得专利。

四、细胞核重编程诱导多能干细胞

可诱导多能干细胞（induced pluripotent stem cell，iPSC）是近年来基因治疗领域广受关注的发展方向。科学家在体细胞内导入 Oct4、Sox2、Klf4 和 c-Myc 这 4 个核重编程因子，使体细胞发生重编程后形成可诱导多能干细胞，具有和胚胎干细胞一样的分化能力，即可分化为 3 个胚层的各种类型细胞；由 iPSC 分化而来的体细胞在移植入机体后，不会发生免疫排斥反应；使用 iPSC 进行基因治疗，可避免产生伦理学问题。这些特点使得 iPSC 成为基因治疗和细胞治疗的理想工具。

对体细胞进行核编程需要所导入的外源性转录因子能维持表达 10～20 天，在细胞完成重编程后，要能不可逆的抑制外源基因表达或将外源基因从细胞内去除，以避免发生诸如细胞转化或者插入突变等不可预期的不良反应并保持细胞的多能性。在最早使用 γ 逆转录病毒或慢病毒载体实现核重编程的尝试中，这 2 种载体都可发生宿主基因组的前病毒插入，于是研究者开始将目光转向其他转基因载体，试图建立去除外源基因的 iPSC（ex-gene-free iPSC）。在众多载体系统中，仙台病毒因其不发生染色体整合而备受关注。据报道，携带 Oct4、Sox2、Klf4 和 c-Myc 等重编程因子的野生仙台病毒载体可使体细胞完成重编程转变为 iPSC，在细胞传代中病毒可自然地被细胞去除而使细胞成为 ex-gene-free iPSC。温度敏感突变型仙台病毒载体也可实现载体基因组的去除。

使用仙台病毒载体构建 iPSC 尚需解决其他技术问题。例如，如何维持携带单一转录因子的各病毒载体表达水平的平衡，以更有效地控制 iPSC 的质量。虽然对仙台病毒载体的研究和应用离临床治疗还有相当远的距离，但仙台病毒已逐渐成为基因治疗的有利工具，仙台病毒的宿主细胞范围广谱，已报道可被仙台病毒重编程的细胞有皮肤成纤维细胞、呼吸道上皮细胞、CD34$^+$脐带血细胞、活化的 T 淋巴细胞、单核细胞等，这些研究对于细胞治疗和再生医学意义重大。

五、其他应用

还有若干关于应用仙台病毒载体治疗神经肌肉障碍性疾病、关节炎等的报道。仙台病毒在植物遗传工程、农业领域也受到重视并获得应用。

（石春薇　华中科技大学同济医学院）

复习思考题

　　1. 仙台病毒载体的转基因技术原理。
　　2. 仙台病毒载体的医学应用。

参 考 文 献

Calain P, Roux L. 1993. The rule of six, a basic feature for efficient replication of Sendai virus defective interfering RNA. J Virol, 67 (8): 4822-4830.

Cheng WF, Hung CF, Chai CY, et al. 2001. Enhancement of Sindbis virus self-replicating RNA vaccine potency by linkage of Mycobacterium tuberculosis heat shock protein 70 gene to an antigen gene. J Immunol, 166 (10): 6218-6226.

Cheng WF, Hung CF, Lee CN, et al. 2004. Naked RNA vaccine controls tumors with down-regulated MHC class I expression through NK cells and perforin-dependent pathways. Eur J Immunol, 34 (7): 1892-1900.

Chikkanna-Gowda CP, Sheahan BJ, Fleeton MN, et al. 2005. Regression of mouse tumours and inhibition of metastases following administration of a Semliki Forest virus vector with enhanced expression of IL-12. Gene Ther, 12 (15): 1253-1263.

Colmenero P, Liljeström P, Jondal M. 1999. Induction of P815 tumor immunity by recombinant Semliki Forest virus expressing the P1A gene. Gene Ther, 6 (10): 1728-1733.

Coronel EC, Takimoto T, Murti KG, et al. 2001. Nucleocapsid incorporation into parainfluenza virus is regulated by specific interaction with matrix protein. J Virol, 75 (3): 1117-1123.

Daemen T, Pries F, Bungener L, et al. 2000. Genetic immunization against cervical carcinoma: induction of cytotoxic T lymphocyte activity with a recombinant alphavirus vector expressing human papillomavirus type 16 E6 and E7. Gene Ther, 7 (21): 1859-1866.

Daemen T, Regts J, Holtrop M, et al. 2002. Immunization strategy against cervical cancer involving an alphavirus vector expressing high levels of a stable fusion protein of human papillomavirus 16 E6 and E7. Gene Ther, 9 (2): 85-94.

Daemen T, Riezebos-Brilman A, Bungener L, et al. 2003. Eradication of established HPV16-transformed tumours after immunisation with recombinant Semliki Forest virus expressing a fusion protein of E6 and E7. Vaccine, 21 (11-12): 1082-1088.

Daemen T, Riezebos-Brilman A, Regts J, et al. 2004. Superior therapeutic efficacy of alphavirus-mediated immunization against human papilloma virus type 16 antigens in a murine tumour model: effects of the route of immunization. Antivir Ther, 9 (5): 733-742.

Frolov I, Schlesinger S. 1994. Comparison of the effects of Sindbis virus and Sindbis virus replicons on host cell protein synthesis and cytopathogenicity in BHK cells. J Virol, 68 (3): 1721-1727.

Garcin D，Curran J，Itoh M，et al. 2001. Longer and shorter forms of Sendai virus C proteins play different roles in modulating the cellular antiviral response. J Virol，75（15）：6800-6807.

Hahn CS，Hahn YS，Braciale TJ，et al. 1992. Infectious Sindbis virus transient expression vectors for studying antigen processing and presentation. Proc Natl Acad Sci USA，89（7）：2679-2683.

Hidmark AS，Nordström EK，Dosenovic P，et al. 2006. Humoral responses against coimmunized protein antigen but not against alphavirus-encoded antigens require alpha/beta interferon signaling. J Virol，80（14）：7100-7110.

Hirata T，Iida A，Shiraki-Iida T，et al. 2002. An improved method for recovery of F-defective Sendai virus expressing foreign genes from cloned cDNA. J Virol Methods，104（2）：125-133.

Homann HE，Hofschneider PH，Neubert WJ. 1990. Sendai virus gene expression in lytically and persistently infected cells. Virology，177（1）：131-140.

Homma M，Ohuchi M. 1973. Trypsin action on the growth of Sendai virus in tissue culture cells. J Virol，12（6）：1457-1465.

Huckriede A，Bungener L，Holtrop M，et al. 2004. Induction of cytotoxic Tlymphocyte activity by immunization with recombinant Semliki Forest virus：indications for cross-priming. Vaccine，22（9-10）：1104-1113.

Jones B，Zhan X，Mishin V，et al. 2009. Human PIV-2 recombinant Sendai virus（rSeV）elicits durable immunity and combines with two additional rSeVs to protect against hPIV-1，hPIV-2，hPIV-3，and RSV. Vaccine，27（12）：1848-1857.

Kaneda Y. 2010. A non-replicating oncolytic vector as a novel therapeutic tool against cancer. BMB Rep，43（12）：773-780.

Kato K，Nakanishi M，Kaneda Y，et al. 1991. Expression of hepatitis B virus surface antigen in adult rat liver. Co-introduction of DNA and nuclear protein by a simplified liposome method. J Biol Chem，266（6）：3361-3364.

Kinoh H，Inoue M，Komaru A，et al. 2009. Generation of optimized and urokinase-targeted oncolytic Sendai virus vectors applicable for various human malignancies. Gene Ther，16（3）：392-403.

Lachman LB，Rao XM，Kremer RH，et al. 2001. DNA vaccination against neu reduces breast cancer incidence and metastasis in mice. Cancer Gene Ther，8（4）：259-268.

Leyrer S，Neubert WJ，Sedlmeier R. 1998. Rapid and efficient recovery of Sendai virus from cDNA：factors influencing recombinant virus rescue. J Virol Methods，75（1）：47-58.

第十一章 生 物 安 全

转基因技术在当代生命科学、生物医学与药学领域正在产生巨大的影响，其中病毒转基因技术是最具发展潜力的分子生物学技术。然而在基因治疗、基因药物和病毒载体活疫苗等领域的生物安全问题从一开始就受到高度关注，相关生物安全的要求也是基因治疗临床实践和基因药物生产与应用获准的必需条件。本章主要介绍生物安全实验室、重组 DNA 技术、基因治疗、基因药物、病毒载体及载体活疫苗的生物安全问题及国家相关要求的基本知识。

第一节 生物安全实验室与转基因生物安全

生物安全（biosafety）意指安全构建、转移、处理和使用那些利用现代生物技术获得的遗传修饰生物体，避免其对生物多样性和人类健康可能产生的危害或潜在的不利影响。狭义指现代生物技术的研究、开发、应用及转基因生物的跨地区或越境转移可能对生物多样性、自然生态环境和人类健康产生潜在的危害性。广义指与生物有关的各种因素对社会、经济、人类健康及生态系统所产生的危害或潜在风险。

一、生物安全实验室

（一）概念和分级

转基因技术操作需要具有特定条件和管理措施的生物安全实验室（biosafety laboratory）。生物安全实验室，也称生物安全防护实验室（biosafety containment for laboratory），是通过防护屏障或安全设施与空间、操作程序和管理措施，以避免或控制被操作的有害生物因子发生危害而符合生物安全要求的实验室（包括动物实验室）。

生物安全实验室由主实验室、辅实验室和辅助用房组成。世界通用生物安全水平标准是由美国疾病控制中心（CDC）和美国国家卫生研究院（NIH）建立的。依据处理对象生物危险程度的不同，实验室的生物安全水平可以分为 4 个等级（表 11-1），即一级生物安全水平（基础实验室）、二级生物安全水平（基础实验室）、三级生物安全水平（防护实验室）、四级生物安全水平（最高防护实验室）。其中四级生物安全水平对生物安全隔离的要求最高，一级生物安全水平最低。从事动物活体操作的实验室的相应生物安全防护水平分别以 ABSL-1、ABSL-2、ABSL-3、ABSL-4 表示。

表 11-1 生物安全实验室分级

级别	处理对象（对人体、动植物或环境的危害性）
一级（BSL-1，P1）	危害较低，不具有对健康成人和动植物致病的致病因子；涉及非致病生物物质
二级（BSL-2，P2）	中等危害或具有潜在危险的致病因子，对健康成人、动物和环境不造成严重危害，但有有效的防治措施；涉及致病生物物质，但无传染性

续表

级别	处理对象（对人体、动植物或环境的危害性）
三级（BSL-3，P3）	高度危险性，可使人传染严重的甚至造成致命的疾病，或对动植物和环境具有高度危害的致病因子，通常有防治措施；涉及易形成气溶胶因而能通过空气传播的致病生物物质
四级（BSL-4，P4）	高度危险性，通过气溶胶途径传播或传播途径不明或未知的危险致病生物因子，无疫苗或特效药可控制

（二）我国的生物安全管理法规和制度

从 2003 年 SARS 流行以来，我国高度重视生物安全工作。国务院最先于 2003 年 5 月 7 日颁布中华人民共和国国务院令第 376 号《突发公共卫生事件应急条例》。2004 年 8 月 28 日，全国人大随后修订了《中华人民共和国传染病防治法》。以此为基础，2004 年 11 月 12 日，国务院进一步颁布了中华人民共和国国务院令第 424 号《病原微生物实验室生物安全管理条例》。这是对生物安全实验室从我国政府层面的明确界定。国家质量监督检验检疫总局先后发布《实验室生物安全通用要求》（GB19489—2004）和《生物安全实验室建筑技术规范》（GB50346—2004），并依据建设过程中积累的经验和收集的问题，分别于 2008 年和 2011 年做了进一步的改进，最新的文件是《实验室生物安全通用要求》（GB19489—2008）和《生物安全实验室建筑技术规范》（GB50346—2011），尤其是后者，从 2012 年 5 月开始执行。2006 年 5 月 1 日，国家环境保护总局发布《病原微生物实验室生物安全环境管理办法》。中国实验室国家认可委员会发布《实验室生物安全认可准则》（CNAL/AC30：2005），这是生物安全实验室认证的标准指导文件。卫生部针对医学病原微生物制定了相应的生物安全管理制度和办法，包括《人间传染的病原微生物名录》、卫生部令第 50 号《人间传染的高致病性病原微生物实验室生物安全管理审批办法》、卫生部令第 45 号《可感染人类的高致病性病原微生物菌（毒）种或样本运输管理规定》和《医疗废物专用包装物、标识》。农业部也相应出台了动物病原微生物安全的相关管理制度和办法，包括《动物病原微生物分类名录》、《高致病性动物病原微生物菌（毒）种或者样本运输包装规范》和《高致病性动物病原微生物实验室生物安全管理审批办法》。

依据这些法规、制度和管理办法，必须先依据所从事的病原体的种类，对病原体进行分类。依据病原体的分类，选择相应级别的生物安全实验室进行操作。而 4 种级别生物安全实验室的建筑技术和设计应符合《生物安全实验室建筑技术规范》（GB50346—2011），其中，BSL-1 和 BSL-2 应通过省级生物安全实验室备案认定，BSL-3 和 BSL-4 高致病性感染实验室应通过中国实验室国家认可委员会备案认定。

二、病原微生物分类

我国卫生部发布的《人间传染的病原微生物名录》，对医学病原体进行了明确的分类，共分为 4 类。其培养、感染、操作和运输等需在相应级别的生物安全实验室进行（表 11-2）。第一类和第二类病原微生物统称为高致病性病原微生物。

表 11-2　与微生物危险度等级相对应的生物安全水平、操作和设备

病原微生物类别	生物安全等级	实验室类型	实验室操作	安全设施
四类	基础实验室 一级生物安全防护（BSL-1）	基础教学与科研	微生物学操作技术规范	不需要；开放实验台
三类	基础实验室 二级生物安全防护（BSL-2）	初级卫生服务 检测、科研、教学	微生物学操作技术规范；加防护服、生物危害标志	开放实验台，此外需生物安全柜（BSC）用于防护可能生成的气溶胶
二类	防护实验室 三级生物安全防护（BSL-3）	特殊的检测、科研	在二级生物安全防护水平上增加特殊防护服、进入制度、定向气流	BSC及其他必备设备与设施
一类	最高防护实验室 四级生物安全防护（BSL-4）	危险病原体研究	在三级生物安全防护水平上增加气锁入口、出口淋浴、污染物品的特殊处理	Ⅲ级BSC或Ⅱ级BSC，并穿着正压服、双开门高压灭菌器（穿过墙体）、经过滤的空气

　　特别注意的是，以病毒载体为基础的转基因技术，是以野生型病毒为基础进行改造而成，依据《人间传染的病原微生物名录》，对于人类病毒的重组体（包括对病毒的基因缺失、插入、突变等修饰及将病毒作为外源基因的表达载体）暂时遵循以下原则：严禁两个不同病原体之间进行完整基因组的重组；对于对人类致病的病毒，如存在疫苗株，只允许用疫苗株为外源基因表达载体，如脊髓灰质炎病毒、麻疹病毒、乙型脑炎病毒等；对于一般情况下具有复制能力的重组活病毒（复制型重组病毒），其操作时的防护条件应不低于其母本病毒；对于条件复制型或复制缺陷型病毒可降低防护条件，但不得低于BSL-2的防护条件，如来源于HIV的慢病毒载体，为双基因缺失载体，可在BSL-2实验室操作；对于病毒作为表达载体，其防护水平总体上应根据其母本病毒的危害等级及防护要求进行操作，但是将高致病性病毒的基因重组入具有复制能力的同科低致病性病毒载体时，原则上应根据高致病性病原体的危害等级和防护条件进行操作，在证明重组体无危害后，可视情况降低防护等级；对于复制型重组病毒的制作事先要进行危险性评估，并得到所在单位生物安全委员会的批准。对于高致病性病原体重组体或有可能制造出高致病性病原体的操作应经国家病原微生物实验室生物安全专家委员会论证。在目录中未列出的病毒和实验活动，由各单位的生物安全委员会负责危害程度评估，确定相应的生物安全防护级别。如涉及高致病性病毒及其相关实验的应经国家病原微生物实验室生物安全专家委员会论证（表11-3）。

表 11-3　病毒分类名录和相应操作的生物安全要求

序号	病毒名称			危害程度分类	实验活动所需生物安全实验室级别				
	英文名	中文名	分类学地位		病毒培养	动物感染实验	未经培养的感染材料的操作	灭活材料的操作	无感染性材料的操作
1	Alastrim virus	类天花病毒	痘病毒科	第一类	BSL-4	ABSL-4	BSL-3	BSL-2	BSL-1
2	Herpesvirus simiae	猿疱疹病毒	疱疹病毒科B	第一类	BSL-3	ABSL-3	BSL-2	BSL-2	BSL-1

序号	病毒名称			危害程度分类	实验活动所需生物安全实验室级别				
	英文名	中文名	分类学地位		病毒培养	动物感染实验	未经培养的感染材料的操作	灭活材料的操作	无感染性材料的操作
3	Monkeypox virus	猴痘病毒	痘病毒科	第一类	BSL-3	ABSL-3	BSL-3	BSL-2	BSL-1
4	Variola virus	天花病毒	痘病毒科	第一类	BSL-4	ABSL-4	BSL-2	BSL-1	BSL-1
5	Human immunodeficiency virus（HIV）typy1 and 2 virus	艾滋病毒（Ⅰ型和Ⅱ型）	逆转录病毒科	第二类	BSL-3	ABSL-3	BSL-2	BSL-1	BSL-1
6	Other pathogenic orthopoxviruses not in BL 1，3 or 4	不属于危害程度第一或三、四类的其他正痘病毒属病毒	痘病毒科	第二类	BSL-3	ABSL-3	BSL-2	BSL-1	BSL-1
7	Poliovirus	脊髓灰质炎病毒 h	小 RNA 病毒科	第二类	BSL-3	ABSL-3	BSL-2	BSL-1	BSL-1
8	Adenovirus	腺病毒	腺病毒科	第三类	BSL-2	ABSL-2	BSL-2	BSL-1	BSL-1
9	Adeno-associated virus	腺病毒伴随病毒	细小病毒科	第三类	BSL-2	ABSL-2	BSL-2	BSL-1	BSL-1
10	Buffalo pox virus：2 viruses（1 a vaccinia variant）	水牛正痘病毒：2 种（1 种是牛痘变种）	痘病毒科	第三类	BSL-2	ABSL-2	BSL-2	BSL-1	BSL-1
11	Cowpox virus	牛痘病毒	痘病毒科	第三类	BSL-2	ABSL-2	BSL-2	BSL-1	BSL-1
12	Herpes simplex virus	单纯疱疹病毒	疱疹病毒科	第三类	BSL-2	ABSL-2	BSL-2	BSL-1	BSL-1
13	Influenza virus	流行性感冒病毒（非 H2N2 亚型）	正黏病毒科	第三类	BSL-2	ABSL-2	BSL-2	BSL-1	BSL-1
14	Lentivirus，except HIV	慢病毒，除 HIV 外	逆转录病毒科	第三类	BSL-2	ABSL-2	BSL-2	BSL-1	BSL-1
15	Semliki forest virus	塞姆利基森林病毒	披膜病毒科	第三类	BSL-2	ABSL-2	BSL-2	BSL-1	BSL-1
16	Sendai virus（murine parainfluenza virus type 1）	仙台病毒（鼠副流感病毒Ⅰ型）	副黏病毒科	第三类	BSL-2	ABSL-2	BSL-2	BSL-1	BSL-1
17	Sindbis virus	辛德毕斯病毒	披膜病毒科	第三类	BSL-2	ABSL-2	BSL-2	BSL-1	BSL-1
18	Tanapox virus	塔那痘病毒	痘病毒科	第三类	BSL-2	ABSL-2	BSL-2	BSL-1	BSL-1

序号	病毒名称			危害程度分类	实验活动所需生物安全实验室级别				
	英文名	中文名	分类学地位		病毒培养	动物感染实验	未经培养的感染材料的操作	灭活材料的操作	无感染性材料的操作
19	Vaccinia virus	痘苗病毒	痘病毒科	第三类	BSL-2	ABSL-2	BSL-2	BSL-1	BSL-1
20	Hamster leukemia virus	金黄地鼠白血病病毒	逆转录病毒科	第四类	BSL-1	ABSL-1	BSL-1	BSL-1	BSL-1
21	Mouse leukemia virus	小鼠白血病病毒	逆转录病毒科	第四类	BSL-1	ABSL-1	BSL-1	BSL-1	BSL-1
22	Mouse mammary tumor virus	小鼠乳腺瘤病毒	逆转录病毒科	第四类	BSL-1	ABSL-1	BSL-1	BSL-1	BSL-1
23	Rat leukemia virus	大鼠白血病病毒	逆转录病毒科	第四类	BSL-1	ABSL-1	BSL-1	BSL-1	BSL-1

三、实验室转基因技术生物安全

（一）重组 DNA 操作安全隐患

包括病毒转基因在内的所有转基因生物技术的核心是重组 DNA 技术。重组 DNA 就是对不同来源的遗传信息进行重新组合，从而创造自然界以前可能从未存在过的生物体或生物因子，称为遗传修饰生物体（genetically modified organism，GMO）。用遗传工程和重组 DNA 技术可设计和构建出许多新的基因转移载体，以构建和使用 GMO，但之前首先需要进行生物安全评价。与该生物体有关的病原体特性和所有潜在危害可能都是新型的或不确定的。需要转移的 DNA 序列的性质、供体生物的特性、受体生物及环境特性等都需要进行安全性评价。了解这些因素有助于确定操作不同 GMO 需要的不同级别生物安全水平，从而决定使用何等级的生物和物理防护系统。

构建重组 DNA 和使用 GMO 可能存在的安全隐患主要有：对环境的不利影响；重新组合产生一种在自然界尚未发现的新的生物性状，有可能给现有的生态环境带来不良影响；人为制造出新型病毒，制造出来的带有抗生素抗性基因和具有产生病毒能力基因的新型微生物有可能在人类或其他生物体内传播，引起新的疾病流行；促使恶性肿瘤扩散，将肿瘤病毒或其他动物病毒的 DNA 引入细菌有可能导致恶性肿瘤发生的范围扩大；人造生物扩散，新组成的 GMO 如发生意外扩散，对自然和社会可能存在难以预料的危险。

（二）表达系统的安全性

转移的基因需要表达才能实现生物学功能。生物表达系统由载体和宿主细胞组成。该系统必须满足许多条件才能实现其能有效、安全的使用。如果转移的基因具有如下性质：来源于病原微生物的 DNA 序列，其表达可能增加 GMO 的致病性；毒素基因；基因产物具有潜在的药理学活性；插入的 DNA 序列性质不确定，则表达载体的操作需要较高的生物安全级别。在制备病原微生物基因组 DNA 库的过程中易于发生这些情况。

利用 DNA 重组技术，许多病毒的生物学性状可被用于改造成转移基因的载体，这些载体在基因治疗中具有广阔的应用前景（相关安全问题见后）。

（三）转基因动物和基因敲除动物

携带外源遗传信息的动物（转基因动物）应当在适合外源基因产物特性的防护水平下进行操作。基因敲除动物一般不表现特殊的生物危害，那些表达病毒受体的转基因动物一般不会感染该种系病毒。如果这种动物从实验室逃离并将转移基因传给野生动物群体，那么产生储存这些病毒的动物宿主理论上是可能的。对每一种新的转基因动物，有必要研究确定动物的感染途径、所需的病毒接种量及动物传播病毒的范围，从而可采取一切措施严密防护这种转基因动物。

（四）遗传修饰生物体的危险度评估

评估有关 GMO 的危险度，应包括供体和受体/宿主生物体的特性，如插入基因（供体生物）所直接引起的危害。如果知道插入基因产物具有可能造成危害的生物学或药理学活性，必须进行危险度评估，如毒素、激素、细胞因子、毒力因子、超敏反应原、致癌基因、抗生素耐药性等。与受体宿主有关的危害主要有：宿主的易感性；宿主范围的变化；免疫状况；暴露后果；宿主菌株的致病性等。危险度评估是一种获悉动态发展过程的需要，与科学研究的最新进展有密切关系。进行科学的危险度评估可以确保人类在未来继续重组 DNA 转基因技术中获益。

第二节　基因治疗生物安全

基因治疗是通过载体装入目的基因后再转入机体内，被转入的基因编码产生特定功能分子而发挥治疗疾病的作用，因此这种导入的基因可看作基因药物（gene drug）。作为一种全新的疾病治疗手段，基因治疗日益受到人们的关注。而作为一种新型药物，基因治疗类产品的安全性也已成为基因治疗评价的首要内容。基因治疗的安全性问题广义上多种多样，但主要的有以下几种。插入突变：例如，逆转录病毒载体转入宿主后可能引起插入突变，使细胞生长调控异常或发生癌变。表达调控：转入的目的基因一般不具有表达调控系统，故导入基因的表达水平高低可能会影响机体的一些生理活动。靶细胞污染的潜在危险：例如，经逆转录病毒-包装细胞系产生的含有目的基因的假病毒颗粒被转入受体细胞时，也有将其污染的潜在危险。一方面，包装细胞中对病毒 RNA 的包装并非绝对精确，可能导致有害基因的误包装并带来严重后果；另一方面，包装细胞也有可能产生复制型的病毒形式，其原因可能与病毒载体及辅助病毒相关的病毒序列相重组有关。Cornetta 等曾将双向性小鼠逆转录病毒静脉注射猴，发现有免疫缺陷出现，证明这种复制型的小鼠逆转录病毒在脊椎动物中具有致病性。

因此，用于基因治疗类产品不同于一般生物技术药物，其安全评价除遵循一般生物技术药物的原则外，还必须考虑其特殊的要求，即对载体安全性和表达产物毒性的评价。

一、载体安全性

基因治疗的载体系统包括病毒载体和非病毒载体。有效性和安全性是理想载体系统最基本的要求。载体安全性是指用于基因转移的载体不会引起宿主严重的免疫反应；不会导致生殖细胞的感染及插入位点的基因失活或基因突变；不会发生同源重组、回复突变从而导致产生野生病毒。病毒载体可用于基因功能研究、基因治疗、活载体疫苗、转基因动物等领域。

RNA 和 DNA 病毒均可作为基因转移运载工具。病毒载体具有天然嗜性，这一特性使其能有效转导外源基因进入靶细胞。然而在基因治疗中，既要有效利用病毒感染转移基因高效率之优点，又必须克服病毒载体的天然嗜性所带来的潜在安全性问题。

用于基因治疗病毒载体疫苗的安全性，是衡量疫苗的重要指标。病毒载体-包装细胞系基因转移系统的转移效率和稳定表达率较高，因此在体细胞基因治疗中占主要地位。细胞中存在的癌基因或原癌基因，在正常情况下并不表达，但逆转录病毒载体随机插入则有可能导致癌基因激活，并使细胞发生恶性转化。曾有 SCID 患者接受基因治疗而患上 T 细胞性白血病，进一步研究发现可能是逆转录病毒载体整合至基因组的过程中，激活了整合位点附近的原癌基因（*LMO2*），基因治疗中可能直接激活的原癌基因还包括 *MECOM* 和 *PRDM1* 等。Bushman 等在 2012 年提出了"安全港"的概念，即基因组上远离原癌基因的位点，可利用基因定点整合技术，将外源基因整合至基因组的"安全港"，以避免可能的原癌基因被激活。该研究还提出了人类基因组上的 3 个可能"安全港"AAV1、CCR5 和 ROSA26。除了癌基因和原癌基因外，病毒载体复制缺陷特性的改变也是潜在的危险。如逆转录病毒长期存在于机体时，人的基因组中含有大量的内源性逆转录病毒序列，若其与逆转录病毒载体序列进行重组，则复制缺陷性消失，可能会像逆转录病毒本身一样进行多个位点的整合，进而导致肿瘤发病率大大提高。Sands 向基因敲除品系小鼠和正常小鼠注射腺相关病毒（AAV），结果发现前者发展出肝肿瘤比例（33%～56%）要远大于后者（4%～8%），这唤起了人们对 AAV 载体临床使用安全性的关注。但是，逆转录病毒载体恢复其复制性的可能性极小，因为在人基因组中的内源性逆转录病毒序列与逆转录病毒载体间的启动子、增强子和 tRNA 结合位点有显著差异，可以有效防止重组病毒具有正常的功能；同时，正常细胞的恶性转化是一种多步骤的过程，有时涉及多达 10 余处的基因改变，而逆转录病毒载体是复制缺陷型的，在每个靶细胞中一般仅有单一的整合，因此相对是安全的。国外有研究对 1998～2005 年接受一次或数次 T 细胞免疫重建用于治疗 HIV 的患者进行随访，发现这些采用逆转录病毒载体进行基因治疗达 10 年的患者，导入的嵌合抗原受体基因仍能够发挥治疗效果；同时对患者进行外源基因插入位点分析和临床血液学检测，均未发现癌变或显著的免疫反应。从而证明遗传修饰 T 细胞是较为安全的基因疗法。

（一）逆转录病毒载体

逆转录病毒（retrovirus，RV）为 RNA 病毒，将其结构基因去掉换成外源基因，在体外的包装细胞内组装成含有目的基因的重组逆转录病毒即可用于基因治疗。RV 载体是目前应用最广泛的载体之一。逆转录病毒虽转染效率高但靶向性差，且只能转染处于分裂增殖期的细胞，与细胞基因组的整合具有随机性，故具有潜在的危险性，目前逆转录病毒载体多用于体外转染。逆转录病毒对灵长类有致病性，危险性较大，因此，使用 RV 载体时需要充分评价其安全性。这类载体的危险主要包括：①该病毒载体与靶细胞基因组整合可能引起基因突变；②人体有可能发生有复制能力的逆转录病毒感染；③无关序列也可能转移至靶细胞。目前，基因治疗所用 RV 载体为野生型逆转录病毒的遗传修饰生物体，保留了其感染靶细胞的能力，但没有复制能力。由于 RV 载体是由动物细胞产生的，易于污染其他微生物和毒素，因此产品必须通过内毒素检测和无菌试验（排除需氧菌、厌氧菌、真菌和支原体污染）。

（二）腺病毒载体

腺病毒（adenovirus，AV）载体在疾病的基因治疗、活载体疫苗、体外基因转导等领域发挥了重要作用。作为基因治疗的载体，AV 载体具有许多优点且安全性相对较高。AV 载体的安全问题主要有：免疫原性强，可引起机体产生较强的免疫反应，这是导致炎症或致病的重要危险因素；靶向性太差，几乎可以感染所有细胞；对肝细胞的天然嗜性容易造成腺病毒颗粒在肝脏中积累从而引起肝脏损伤。AV 载体的相关毒性非常复杂，其诱导的天然和获得性免疫反应与剂量、给药方式、目的细胞类型、组织类型及种属等都有关。

（三）腺相关病毒载体

腺相关病毒（adenovirus-associated virus，AAV）为单链 DNA 病毒，具有长期稳定整合的特点，且具有适用于表达生物活性物质的基因，在高滴度情况下也未发现引起炎症的不良反应，已有逐步取代腺病毒载体之势。该病毒载体无致病性，免疫原性低，不存在插入突变或致癌的危险，已被广泛应用于治疗帕金森病、癫痫、肌肉萎缩症等中枢神经系统疾病。目前，该病毒载体在动物实验和临床基因治疗中尚未发现有明显不良反应，因此被认为是目前最安全的病毒载体。

（四）单纯疱疹病毒

单纯疱疹病毒（herpes simplex virus，HSV）是目前唯一可以将外源基因和启动子导入神经系统的载体。HSV 感染的宿主范围广谱，可感染脊椎动物的各种细胞，这类载体也因此在一些神经系统疾病的基因治疗中具有非常好的应用前景。目前，用作基因治疗载体的主要是 HSV-1 型，该类载体不能整合入宿主细胞染色体，只能短暂表达。HSV 感染细胞后可引起明显的细胞毒性作用，因而显著降低 HSV 载体的治疗作用。目前的研究主要致力于降低病毒的细胞毒性，增强病毒载体的神经细胞靶向性。HSV 可引起口唇及生殖道黏膜感染，具有嗜神经性和潜伏感染性质，这一特性常被用来进行脑部肿瘤的基因治疗，但由于 HSV 对人类有明显的致病性，能够从潜伏状态被激活，故所引起的神经毒性及潜伏性感染具有潜在的安全问题。

（五）其他病毒载体

可用作基因治疗的病毒载体还有痘病毒、EB 病毒、杆状病毒等。痘病毒为双链 DNA 病毒，主要用于制备疫苗。痘病毒载体在应用于人体时，因免疫原性强，且有明显的致细胞病变作用，从而限制了其在临床应用。重组杆状病毒载体是昆虫细胞表达载体，后发现也可以在哺乳动物细胞中表达，因此也可用于基因治疗。

二、表达产物安全性

基因治疗类产品的毒性评价也是安全性评价的重要组成部分。一般情况下大多数基因治疗中均可检测到蛋白质表达产物。基因治疗类产品不同于普通药物，需要根据不同载体和外源基因设计相应基因表达产物的安全性评价试验。

（一）免疫学

异源性表达产物在机体内可引起免疫反应，产生中和抗体并诱发细胞毒性，若基因表达产物与宿主体内的自身蛋白具有同源性，则可能引起自身免疫反应。

（二）分子遗传学

应评价外源目的基因在不同时间导入动物体内靶组织与非靶组织（特别是生殖系统）后的分布情况、存在状态及表达情况。

（三）致癌性

无论自体或异体细胞经基因操作后，均须进行致癌性实验，包括软琼脂细胞生长实验和裸鼠体内致癌实验。

（四）毒性反应

1. 载体导入系统与目的基因

病毒载体与转入的目的基因可能导致的毒性至关重要，其安全性评价包括急性毒性试验和长期毒性试验。根据不同表达产物或产品的不同，选择毒性试验所用的剂量也不同，一般参考原则为低剂量或与临床拟使用剂量相同。

2. 给药途径

尽可能模拟临床给药或导入的方式。毒性反应检测指标包括常规检测项目和基因治疗效果。某些给药途径需要提供相关资料，例如，皮肤、皮下、肌肉给药途径的方案需提供局部刺激资料；动物体内毒性试验需要添加物或导入体内某些重要脏器如心脏、脑、肝脏等的资料。

3. 动物实验模型

选择合适的动物模型对基因表达产物的毒性评价也十分重要。由于基因治疗类产品的生物活性与种属或组织特异性相关，安全性评价不能按传统毒性试验设计，而应使用相关种属动物的动物模型，对基因表达产物和基因转运系统的生物反应要与在人体预期出现的反应相关，必要时，可在人类疾病的动物模型上进行基因治疗类产品的安全性研究，确定实验动物在病理生理发生改变条件下的安全性。

三、关于基因治疗和病毒载体活疫苗生物安全的要求

自 20 世纪 90 年代以来，我国卫生管理部门及相关国家权威机构相继为规范基因治疗及相关基因药物、病毒载体活疫苗的前期实验室基础研究、动物实验和后期临床试验等所有涉及生物安全的问题制定了明确的要求和指导原则，其中对许多技术和产品的安全性评价的具体操作程序和标准、详细步骤等都有严格的要求。卫生部药政管理局主要参考了美国 FDA 1991 年制订的《人的体细胞治疗及基因治疗条件》及美国已批准的几个临床试用方案的文件和新近发展的基因导入系统的资料，结合我国的实际，制订了在我国进行人的体细胞治疗与基因治疗临床研究的质控要点。2003 年卫生部发布了《以病毒为载体的预防用活疫苗制剂的技术指导原则》。其中对基因药物安全性评价的要求包括以下几个方面。复制型病毒的检测：严格检查复制型病毒并制定相应的标准。特种添加物：除细胞培养及保存所用的试剂外，如使用明胶、缝线或金属粒子等其他添加物，应对此类物质进行动物安全性研究。分子遗传学的评估：应对目的基因在体内的存在状态及分布情况进行研究。目前用于载体的病毒有疫苗株和非疫苗株，对非疫苗株应进行严格的安全性研究。

（叶嗣颖 华中科技大学同济医学院）

复习思考题

1. 不同类型的病毒载体转基因技术涉及的生物安全操作要求。
2. 不同类型的病毒载体转基因技术涉及的生物安全问题。
3. 基因治疗和病毒载体活疫苗涉及的生物安全问题。

参 考 文 献

Bogoslovskaia EV，Glazkova DV，Shipulin GA，et al. 2012. Safety of retroviral vectors in gene therapy. Vestn Ross Akad Med Nauk，（10）：55-61.

Cornetta K，Fan Y. 1997. Retroviral gene therapy in hematopoietic diseases. J Clin Apher，12（4）：187-193.

Dong B，Moore AR，Dai J，et al. 2013. A concept of eliminating nonhomologous recombination for scalable and safe AAV vector generation for human gene therapy. Nucleic Acids Res，41（13）：6609-6617.

Donsante A，Miller DG，Li Y，et al. 2007. AAV vector integration sites in mouse hepatocellular carcinoma. Science，317 （5387）：477.

Emmert EA，ASM Task Committee on Laboratory Biosafety. 2013. Biosafety guidelines for handling microorganisms in the teaching laboratory：development and rationale. J Microbiol Biol Educ，14（1）：78-83.

Liu F，Qiao FF，Tong ML，et al. 2011. Further evaluation of a novel nano-scale gene vector for *in vivo* transfection of siRNA. J Cell Biochem，12（5）：1329-1336.

Miller JM，Astles R，Baszler T，et al. 2012. Guidelines for safe work practices in human and animal medical diagnostic laboratories. Recommendations of a CDC-convened，Biosafety Blue Ribbon Panel. MMWR Surveill Summ，61：1-102.

Reuter JD，Fang X，Ly CS，et al. 2012. Assessment of hazard risk associated with the intravenous use of viral vectors in rodents. Comp Med，62（5）：361-370.

Sadelain M，Papapetrou EP，Bushman FD. 2012. Safe harbours for the integration of new DNA in the human genome. Nat Rev Cancer，12（1）：51-58.

Suerth JD，Schambach A，Baum C. 2012. Genetic modification of lymphocytes by retrovirus-based vector. Curr Opin Immunol，24（5）：598-608.

Themis M. 2012. Monitoring for potential adverse effects of prenatal gene therapy：genotoxicity analysis *in vitro* and on small animal models *ex vivo* and *in vivo*. Methods Mol Bio，891：341-347.

第十二章　临床试验伦理

《纽伦堡法典》（1948 年）为人体试验的开展提供了最重要的伦理指南，国际医学科学组织委员会（CIOMS）在日内瓦发布的《涉及人类受试者的生物医学研究国际伦理准则》（2002 年修订）成为指导各国制定相关伦理审查办法的指南。基因治疗、基因工程和病毒载体疫苗的伦理学相关内容，必须遵循世界医学组织（World Medical Association，WMA）制订的《赫尔辛基宣言》（2000 年）相关研究的伦理学原则。该宣言经历了广泛的协商和质疑，并多次更新，其中的许多指导性、法规性规定，已成为上述研究涉及伦理学内容的金标准。我国卫生部颁布了《人的体细胞治疗和基因治疗临床研究质控要点》（1993 年）；SFDA 颁布了《人基因治疗研究和制剂质量控制技术指导原则》（2003 年）和《预防用以病毒为载体的活疫苗制剂的技术指导原则》；《药品注册管理办法》及《生物制品注册分类及申报资料要求》（2007 年）。这些规则较为详细地规定了我国基因治疗和病毒载体疫苗研究的技术标准和操作规范。

一、基因治疗的伦理学问题

基因治疗（gene therapy）是指外源的基因物质在载体的协助下转移至人体内，替补体内的缺陷基因并表达治疗性产物，以达到治疗疾病的目的，包括体细胞和生殖细胞基因治疗两种途径。前者将正常基因转移到体细胞，只涉及体细胞的遗传改变，已被广泛用于严重疾病的治疗，且符合社会伦理道德，较易被大众接受；后者是将正常细胞基因转移到患者的生殖细胞使其发育成正常个体，这是理想的从根本上治疗遗传性疾病的方法，但因基因转移效率不高，至今尚无实质性进展，且在伦理学上有较多争议。

近年来，多项基因治疗或标记方案在多个国家进入临床试验，干预人类基因的范围也从单基因遗传病扩大到常见的多基因遗传病、艾滋病和肿瘤等。但这些方案安全性和疗效较差，严重的不良事件时有发生。例如，1999 年 9 月，美国 18 岁少年 Jesse Gelsinger 不幸成为第一例直接因基因治疗而死亡的临床受试者；2002 年 9 月，法国两例 X 染色体连锁严重结合免疫缺陷（X-SCID）的患儿，在接受基因治疗后罹患白血病。因此，重视基因治疗相关的安全性和伦理学问题，积极稳妥地保护受试者的权益是非常必要的。用于基因治疗的相关临床试验必然会提出新的伦理学考验，这涉及相关理论不成熟带来的风险、由基因转移的毒理性衍生出的伦理问题及对相关风险研究的不断深入。由于转移的基因毒理性在事前仍不明确，伦理委员会在评估其风险和效益时面临挑战，这种与基因转移相关的风险意味着基因治疗的不确定性比传统疗法更大，而传统药理机制研究却无法准确预期其结果。此外，基因治疗临床试验的复杂性还体现在必须通过本国的伦理委员会评估（如在加拿大可进行美国私人资助的试验，但在英国则不被允许）。同时，伦理委员会和研究者必须密切注意试验计划及其进展，因为试验可能对受试者产生潜在的、严重的和未知的危害。

　　基因治疗是否符合社会伦理道德？这是一个非常敏感的问题，历来备受争议。目前的伦理学争议主要集中在体细胞基因治疗、生殖细胞基因治疗和基因修饰这3个方面。而对于生殖细胞进行遗传操作以防治疾病、甚至改进人类某些遗传性状等技术，是争议的焦点问题。

（一）体细胞基因治疗涉及的伦理学问题

　　目前，体细胞基因治疗得到社会各界的普遍认同和接受。首先，基因治疗要考虑到疾病的严重性、基因转移到机体过程中的免疫反应及载体病毒激活等，在将风险降低到最低程度的同时最大化增加患者的受益。较为理想的办法是能够定点整合到靶细胞的基因中，并在细胞中进行长期特异高效的表达。其次，要重视患者的选择，贯彻知情同意，注意信息的告知、理解及患者同意的能力和自由表示的能力。最后，要保护个人隐私、避免利益冲突，同时对治疗方案进行严格的审查和监测。

（二）生殖细胞基因治疗涉及的伦理学问题

　　生殖细胞基因治疗为许多疾病提供了真正的治愈机会，有时候，这是治疗某些疾病唯一有效的方法，但干预的后果是难以预料的。首先，从医学生物学角度考虑，由于种系细胞的遗传操作所转移的遗传物质可随生殖细胞传给后代，可能会因为打乱人类固有的遗传信息系统而带来难以预见的后果。而且现有的生殖细胞基因治疗是否会对后代产生影响，需要长时间的考查，而一旦产生不可预知的伤害，其影响将会是永久的。其次，从社会伦理学方面考虑，国际上普遍认为种系细胞的基因治疗改变了生殖细胞的遗传组成，相当于人类自己扮演"上帝"的角色，剥夺了婴儿继承未经遗传操作改变的亲代基因组的权利。同时，反对生殖细胞基因治疗的人认为今天的人们没有权利替未来世代的人决定是否愿意改变遗传，这涉及代际伦理问题。

（三）基因修饰可能引发的伦理学问题

　　基因修饰可将修改后的目的基因片段导入宿主细胞内或从基因组中删除特定的基因片段，能够改变宿主细胞基因型或者使得原有基因型得到加强。基因修饰不仅可用于基因治疗，还可以修饰后代的遗传组成，这带来了相关的伦理学问题。例如，在修饰基因的过程中是否会产生人们尚未了解的新病原体，从而对人类造成健康危害？人体系统在修改某个基因后，是否会使其他基因的结构和功能发生不利于人类遗传或健康的改变？此外，非治疗性基因修饰如基因增强或改变身高、肤色甚至智力等，既可能产生不可预测的危害，又可能导致道德滑坡，鼓励增强特定表型性状，甚至导致人类不平等的"优生学"，并引发商业利益的驱动。这在伦理学上是得不到辩护的。

　　目前，尽管基因治疗的临床试验已有多种方案获得预期疗效，但是各国政府对基因治疗均采取慎之又慎的态度，除少量批准应用体细胞基因治疗外，一般禁止将生殖细胞基因治疗用于临床。部分发达国家都有专门官方机构负责加强该领域的监督管理。

二、病毒载体疫苗的伦理学问题

疫苗的使用对象主要是健康人群，因此，病毒载体疫苗的临床试验所面临的伦理问题更受关注。主要是以下几个方面。

（一）风险的定义及其处理

医学研究的首要目的是改进疾病的预防、治疗和诊断等，需要不断评价和更新相应措施，以保证医学研究取得最大程度的效果、效率、可及性和质量。很多研究存在着各种各样的风险和负担，如果风险和负担高于可能的效益，则研究必须停止。病毒载体的疫苗并非没有风险，需要对其风险进行评估并试图降到最低，如对接受病毒载体疫苗人群和对照组进行随访。随访时间必须仔细确定，同时考虑突发病例和疫苗的不良反应。

（二）知情同意和弱势人群的特别考虑

受试者往往是弱势人群，在经济和医药方面处于不利地位。在进行疫苗临床试验之前，必须与受试者签署正式的知情同意书；或者有正式的记录和相关证人。试验人群一般要排除身体和精神上的残疾，除非研究目的与这些残疾直接相关。如果研究工作需要未成年人或儿童，则必须获得其直系亲属或监护者的书面同意。此外，如果病毒载体疫苗的受试者是弱势群体，需要进行特别的必要保护，包括制订知情同意书的计划和过程必须考虑其敏感性。同时必须用受试者熟悉的语言描述疫苗研究的指导细节、研究目的及可能的不良反应。

（三）伦理审查机构的批准

受试者往往希望知晓疫苗研究是否得到伦理审查机构的正式批准，而此伦理审查机构往往是一些地方伦理团体，开展研究工作时需向其咨询意见和许可。这点在解决某些地区传统文化习俗与试验冲突的问题时显得尤为重要。

（四）研究人员需提供健康关怀

研究工作人员有责任对患者提供医疗服务，此外他们还需获得知情同意书及收集数据等。如果提供健康关怀和研究者为同一人，可能会导致患者对参与试验感到压力，或者厌恶甚至拒绝参与。

（五）试验疫苗与安慰剂的对比

引起了大量争议的是必须有新的干预措施来对抗诸如安慰剂等。反对者认为如果有效的措施有条件使用，安慰剂就不应该使用；也有赞同者认为只要可通过有效治疗不至于危及生命或导致严重发病，安慰剂对正确评估干预措施的效果具有重要作用。现在还有一种"中间立场"，即认为存在不可抗拒理由时可允许进行安慰剂对照试验，但要保证接受安慰剂者不会受到严重伤害，并且将风险降至最小。

（六）研究人员有保证疫苗有效性的义务

现代伦理学思想强调疫苗试验在公平公正的基础上需保证其有效性和安全性。焦点在于如何向所有试验参与者保证：通过试验可证明一种新的疫苗（或药物）对受试者是有效的，同时如何对受试者所在地区的公众作出安全有效的保证。

（七）试验参与者的受益

越来越多的专家认为成功的疫苗试验必须对所有受试者有效。试验参与者的利益涉及"互惠性公平"，即对参与者时间上和可能风险的补偿。在证实有效疫苗的研究中，受试者接受疫苗，而未给予疫苗的对照者最终也被给予疫苗。作为阴性对照结果，接受无效疫苗和安慰剂的人群也应该按常规接受有效疫苗。

（八）受试者所在地区人群的受益

疫苗临床试验的初衷并非是纠正财富和资源的不公平待遇。但是现在许多国际和地方的组织、委员会和有影响力的个人支持"可分配公平"的概念，要求对研究的福利进行公平的分配。往往在发展中国家进行临床试验研究时，项目的发起和资助必须对研究地区的居民提供可能的利益支配。例如，发达国家可购买在贫穷国家经过试验验证的疫苗和药物，但是贫穷国家往往缺乏资源，无法获得有效的疫苗和药物。因此 WMA 声明中提到了对受试者所在地人群提供"合理可能性"的利益。WHO 伦理委员会操作方针指出，要考虑相关地区人群疫苗试验的可用性和可负担程度。美国生物伦理指导委员会（NBAC）也有相似的规定。由此，在与疫苗制造商或资助者的早期谈判中，要考虑到可持续性和长期性。

有伦理学家认为疫苗临床试验多由公司和企业控制，大多数临床医学试验的驱动力不是以医学研究为目的，而是源于对利润的追求。所有的研究工作者不论疫苗研究在哪里实施，都有责任去遵守最高伦理标准，并且影响和监督试验相关的资助部门和企业。而杂志有责任拒绝刊登不符合伦理要求的科学研究，即使该研究非常出色。

综上所述，病毒载体疫苗临床试验的伦理学要求主要可归纳为以下 4 点。

尊重（respect）。要尊重患者、受试者和他人的知情权、自主选择权、隐私权和维护生命的尊严。在病毒载体疫苗和药物的临床试验中，试验者不得对患者/受试者进行不正当的引诱，研究者和资助单位不可假借"商业机密"的幌子隐瞒严重不良事件。要培养和建立研究者和患者/受试者间相互尊重、相互信任的关系。

不伤害（nonmaleficence）。在疫苗临床试验前，研究者必须确保方案的科学性、安全性，不伤害是第一位的。而客观的风险/受益评价或伤害/受益的分析评价是避免伤害的有效手段。

有利（beneficence）。预防或解除患者病痛是疫苗或药物临床试验的直接目的及最终归宿。当受试者无法从中获益，或研究风险较大时，受试者/患者无义务继续参加试验研究。

　　公正（justice）。公正包括"程序公正"、"回报公正"和"分配公正"。具体体现在：各级伦理委员会在审查申请方案时要按照既定程序一视同仁；受试者由于参加临床研究受到伤害乃至身体残疾丧失能力时，有权获得经济上或其他形式的相应补偿；对生物医学资源进行宏观分配时，国家应对研究发展的投入进行公平分配，即要确定哪些疾病应该优先得到资源分配。

（王晓春　安徽理工大学）

复习思考题

　　1. 以病毒载体为基础的基因治疗临床试验所涉及的伦理。
　　2. 以病毒载体为基础的疫苗临床试验所涉及的伦理。

参 考 文 献

Bruce DM. 2006. Moral and ethical issues in gene therapy. Hum Reprod Genet Ethics，12（1）：16-23.

Chan S，Harris J. 2006. The ethics of gene therapy. Curr Opin Mol Ther，8（5）：377-383.

Coleman J. 1996. Playing god or playing scientist: a constitutional analysis of state laws banning embryological procedures. Pac Law J，27：1331-1399.

Cribb R. 2004. Ethical regulation and humanities research in Australia: problems and consequences. Monash Bioeth Rev，23（3）：39-57.

Crigger BJ，National Bioethics Advisory Commission. 2001. National Bioethics Advisory Commission Report: ethical and policy issues in international research. IRB，23（4）：9-12.

Deakin CT，Alexander IE，Hooker CA，et al. 2013. Gene therapy researcher's assessments of risks and perceptions of risk acceptability in clinical trials. Mol Ther，21（4）：806-815.

Dettweiler U，Simon P. 2001. Points to consider for ethics committees in human gene therapy trials. Bioethics，15（5-6）：491-500.

Edelstein ML，Abedi MR，Wixon J，et al. 2004. Gene therapy clinical trials worldwide 1989-2004 an overview. J Gene Med，6（6）：597-602.

Emanuel EJ，Miller FG. 2001. The ethics of placebo-controlled trials-a middle ground. N Enql J Med，345（12）：915-919.

Emanuel EJ，Wendler D，Grady C. 2000. What makes clinical research ethical? JAMA，283（20）：2701-2711.

Enserink M. 2000. Bioethics. Helsinki's new clinical rules: fewer placebos，more disclosure. Science，290（5491）：418-419.

Idanpaan-Heikkila JE，Fluss S. 2004. The CIOMS view on the use of placebo in clinical trials. Sci Eng Ethics，10（1）：23-28.

Kimmelman J. 2003. Protection at the cutting edge: the case for central review of human gene transfer research. CMAJ，169（8）：781-782.

Lowenstein PR. 2008. Clinical trials in gene therapy: ethics of informed consent and the future of experimental medicine. Curr Opin Mol Ther，10（5）：428-430.

Marshall E. 2003. Gene therapy. Second child in French trial is found to have leukemia. Science，299（5605）：320.

Patterson D. 2000. New guidelines on ethical considerations in HIV preventive vaccine research. Can HIV AIDS Policy Law Newsl，5（2-3）：20-24，21-24.

Robillard JM，Whiteley L，Johnson TW，et al. 2013. Utilizing social media to study information-seeking and ethical issues in gene therapy. J Med Internet Res，15（3）：e44.

Scholler J，Brady TL，Binder-Scholl G，et al. 2012. Decade-long safety and function of retroviral-modified chimeric antigen receptor T cells. Sci Transl Med，4（132）：132ra53.

Selgelid MJ. 2007. Ethics and drug resistance. Bioethics，21（4）：218-229.

Smith KR，Chan S，Harris J. 2012. Human germline genetic modification：scientific and bioethical perspectives. Arch Med Res，43（7）：491-513.

Sullivan DM，Salladay SA. 2007. Gene therapy：restoring health or playing God? J Christ Nurs，24（4）：199-205.

World Medical Association Inc. 2009. Declaration of Helsinki：ethical principles for medical research involveing human subjects. J Indian Med Assoc，107（6）：403-405.

附录 常用的网址

基因治疗网　http：//www.genetherapynet.com/

临床试验网址　http：//www.clinicaltrials.gov/

美国基因和细胞治疗协会　http：//www.asgct.org/

欧洲基因和细胞治疗协会　http：//www.esgct.eu/

基因治疗杂志　http：//www.nature.com/gt/index.html

分子治疗杂志　http：//www.nature.com/mt/index.html

人类基因治疗杂志　http：//www.liebertpub.com/hum

基因医学杂志　http：//www.wiley.com//legacy/wileychi/genmed/clinical/

中国生物技术信息网　http：//www.biotech.org.cn/information/102220

Invitrogen 公司　http：//www.invitrogen.com

Vectorbiolabs 公司　http：//www.vectorbiolabs.com/vbs/index.html

Cellbiolabs 公司　http：//www.cellbiolabs.com/

GeneDetect 公司　http：//www.genedetect.com/rave.htm

Viraquest 公司　http：//viraquest.com/

Clontech 公司　http：//www.clontech.com/

Agilent Technologies 公司　http：//www.genomics.agilent.com/en/home.jsp

汉恒生物科技公司　http：//www.hanbio.net/services/item/42

吉凯基因化学技术公司　http：//www.genechem.com.cn/

莫洛尼氏鼠白血病病毒转基因技术　http：//www.wikigenes.org/

The Gene Transfer Vector Core　http：//www.uiowa.edu/～gene/index.html

人类免疫缺陷病毒转基因技术　http：//www.hiv.lanl.gov/content/index

InvivoGEN 公司　http：//www.invivogen.com/index.php

Lentiviral Plasmids　http：//www.addgene.org/lentiviral/faqs/

Lentiviral and Retroviral Vectors

http：//www.labome.com/method/Nucleic-Acid-Delivery-Lentiviral-and-Retroviral-Vectors.html

OriGene 公司　http：//www.origene.com/

Lentigen 公司　http：//www.lentigen.com/company/profile

SBI 公司　http：//www.systembio.com/lentiviral-technology/expression-vectors

Ark Therapeutics Group plc　http：//www.arktherapeutics.com/main/index.php

Genecopoeia 公司　http：//www.genecopoeia.com/product/special-lentivirus-service/

Qiagen 公司　http：//www.qiagen.com/

Genway biotech 公司　http：//www.genwaybio.com/

杆状病毒转基因技术

http：//www.biocontrol.entomology.cornell.edu/pathogens/baculoviruses.html

Gentaur 公司　http：//baculoexpression.com/index.php

AB Vector 公司　http：//www.abvector.com/index.htm

载体搜索数据库　http：//genome-www.stanford.edu/vectordb/vector.html

甲病毒

http：//en.wikipedia.org/wiki/Alphavirus

http：//virology-online.com/viruses/Arboviruses2. htm

中国生物工程开发中心　http：//www.cncbd.org.cn

中国生物安全信息网　http：//www.biosafety.com.cn/

美国生物安全协会　http：//www.absa.org/

欧洲生物安全协会　http：//www.ebsaweb.eu/

亚太生物安全协会　http：//www.a-pba.org/

国家食品药品监督管理总局　http：//www.sda.gov.cn

国立健康研究院　http：//oba.od.nih.gov/oba/rac/Guidelines/NIH_Guidelines.htm

美国食品药品管理局　http：//www.fda.gov

（梁锦屏　宁夏医科大学）